彩图 1　乌梅极早

彩图 2　布莱特

彩图 3　黑珍珠

彩图 4　红灯

彩图 5　早大果

彩图 6　友谊

彩图 7　大紫

彩图 8　早红宝石

彩图 9　意大利早红

彩图 10　龙冠

彩图 11　美早

彩图 12　萨米脱

彩图 13　拉宾斯

彩图 14　先锋

彩图 15　芝罘红

彩图 16　那翁

彩图 17　佳红

彩图 18　红艳

彩图 19　艳阳

彩图 20　巨红

彩图 21　晚熟优系 8-102

彩图 22　布鲁克斯

彩图 23　佐藤锦

彩图 24　持续干旱导致樱桃树几乎枯死

彩图 25　樱桃根癌病

彩图 26　樱桃细菌性穿孔病

彩图 27　樱桃叶斑病为害叶片症状

彩图 28　樱桃灰霉病为害果实初期症状

彩图 29　樱桃褐腐病

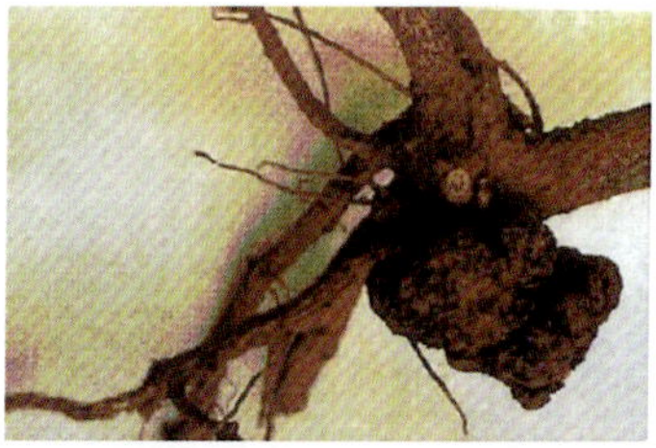

彩图 30　樱桃根癌病肿瘤

彩图 31　樱桃干腐病

高效种植致富直通车

甜樱桃高效栽培

夏国京　张力飞　编著

机 械 工 业 出 版 社

本书内容包括概述、甜樱桃优良品种、樱桃的生物学特性、甜樱桃育苗技术、甜樱桃园的建立、甜樱桃田间管理技术（土肥水管理、花果管理、整形修剪技术）、甜樱桃病虫害防治技术和樱桃果实采收与采后处理共八章。内容简要，技术实用，通俗易懂，添加了知识拓展、重要提示、典型案例等特色栏目，并附有樱桃生产管理年历，以帮助种植户更好地掌握技术要点。

本书可供广大樱桃种植户、相关技术人员及农林院校相关专业师生阅读参考。

图书在版编目（CIP）数据

甜樱桃高效栽培/夏国京，张力飞编著. —北京：机械工业出版社，2014.9（2018.5 重印）

（高效种植致富直通车）

ISBN 978-7-111-46958-2

Ⅰ.①甜… Ⅱ.①夏… ②张… Ⅲ.①樱桃－果树园艺 Ⅳ.①S662.5

中国版本图书馆 CIP 数据核字（2014）第 120767 号

机械工业出版社（北京市百万庄大街 22 号 邮政编码 100037）

总 策 划：李俊玲 张敬柱　　策划编辑：高 伟 郎 峰

责任编辑：高 伟 郎 峰 李俊慧　　版式设计：常天培

责任校对：张 力　　责任印制：刘 岚

三河市国英印务有限公司印刷

2018 年 5 月第 1 版第 5 次印刷

140mm×203mm · 7.75 印张 · 2 插页 · 200 千字

标准书号：ISBN 978-7-111-46958-2

定价：29.80 元

凡购本书，如有缺页、倒页、脱页，由本社发行部调换

电话服务	网络服务
服务咨询热线：010-88361066	机 工 官 网：www.cmpbook.com
读者购书热线：010-68326294	机 工 官 博：weibo.com/cmp1952
010-88379203	金 书 网：www.golden-book.com
封面无防伪标均为盗版	教育服务网：www.cmpedu.com

高效种植致富直通车
编审委员会

序

园艺产业包括蔬菜、果树、花卉和茶等，经多年发展，园艺产业已经成为我国很多地区的农业支柱产业，形成了具有地方特色的果蔬优势产区，园艺种植的发展为农民增收致富和“三农”问题的解决做出了重要贡献。园艺产业基本属于高投入、高产出、技术含量相对较高的产业，农民在实际生产中经常在新品种引进和选择、设施建设、栽培和管理、病虫害防治及产品市场发展趋势预测等诸多方面存在困惑。要实现园艺生产的高产高效，并尽可能地减少农药、化肥施用量以保障产品食用安全和生产环境的健康离不开科技的支撑。

根据目前农村果蔬产业的生产现状和实际需求，机械工业出版社坚持高起点、高质量、高标准的原则，组织全国20多家农业科研院所中理论和实践经验丰富的教师、科研人员及一线技术人员编写了“高效种植致富直通车”丛书。该丛书以蔬菜、果树的高效种植为基本点，全面介绍了主要果蔬的高效栽培技术、棚室果蔬高效栽培技术和病虫害诊断与防治技术、果树整形修剪技术、农村经济作物栽培技术等，基本涵盖了主要的果蔬作物类型，内容全面，突出实用性，可操作性、指导性强。

整套图书力避大段晦涩文字的说教，编写形式新颖，采取图、表、文结合的方式，穿插重点、难点、窍门或提示等小栏目。此外，为提高技术的可借鉴性，书中配有果蔬优势产区种植能手的实例介绍，以便于种植者之间的交流和学习。

丛书针对性强，适合农村种植业者、农业技术人员和院校相关专业师生阅读参考。希望本套丛书能为农村果蔬产业科技进步和产业发展做出贡献，同时也恳请读者对书中的不当和错误之处提出宝贵意见，以便补正。

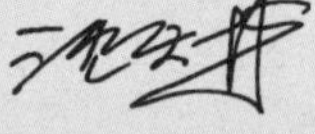

中国农业大学农学与生物技术学院

前言

甜樱桃是北方落叶果树中成熟最早的果品，素有“春果第一枝”的美称。其果实色泽鲜艳，晶莹美丽，营养价值和经济价值很高，被誉为“果中珍品”。但长期以来甜樱桃生产发展速度缓慢，一方面是因为长期把甜樱桃归为“小杂果”之列，未给予足够的重视；另一方面是由于甜樱桃独特的生物学特性使之栽培区域受到限制；还有就是广大生产者对甜樱桃的生长习性和栽培技术缺乏足够的了解，因此便有了“樱桃好吃树难栽”之说。

随着苹果、梨等大宗水果产量的持续增长，市场供应日趋饱和，相对效益呈下降趋势，甜樱桃作为高效益树种逐渐引起了人们的重视，成为农业产业结构调整的重要树种之一。广大果树科研工作者在栽培技术的研究，品种的引进、选育等方面都投入了大量的人力、物力和财力，做了大量的工作并取得了重要进展。但生产技术不配套、广大生产者对甜樱桃的生长结果习性和栽培技术缺乏基本的了解等问题也日益突出，极大地影响了甜樱桃生产效益的提高，从而影响了甜樱桃生产的健康发展。

为了适应我国甜樱桃快速发展的趋势，满足广大果树种植户和相关技术人员的要求，编者根据多年的教学和生产实践经验编写了此书。

需要特别说明的是，本书所用药物及其使用剂量仅供读者参考，不可照搬。在生产实际中，所用药物学名、常用名和实际商品名称有差异，药物浓度也有所不同，建议读者在使用每一种药物之前，参阅厂家提供的产品说明以确认药物用量、用药方法、用药时间及禁忌等。

在本书编写过程中，编者参阅了近年来有关樱桃专家、科研工作者的大量文献，并参考了部分相关资料，引入了相关图例，也均在参考文献中一一列出。在此，向有关文献的作者和提供资料、图表的同行们表示衷心感谢。

由于编者水平有限，书中不当之处在所难免，恳请广大读者谅解，并欢迎批评指正。

编　者

目 录

第三章　樱桃的生物学特性

第四章　甜樱桃育苗技术

第五章　甜樱桃园的建立

第六章　甜樱桃田间管理技术

第七章　甜樱桃病虫害防治技术

第八章　甜樱桃果实采收与采后处理

附录

参考文献

第一章 概述

甜樱桃，也称西洋樱桃、大樱桃，是樱桃的一个种，原生于欧洲、非洲西北部和亚洲西部，分布从不列颠群岛南至摩洛哥和突尼斯，东至瑞典南部、波兰、乌克兰、高加索和伊朗北部，还有一小群在喜马拉雅山脉南部。它是我国北方落叶果树中成熟最早的果树树种之一，素有“春果第一枝”的美誉。

第一节 甜樱桃的栽培历史与利用价值

一 我国甜樱桃的发展历史

我国栽培的甜樱桃品种主要为欧美品种，在我国北方地区表现很好，由于欧洲甜樱桃一般需 7.2℃以下低温 900～1400h 方可完成冬季休眠，因此不能在我国南方大面积栽培。因而，在我国南方省区仍以中国樱桃为主栽品种，同时，中国樱桃的优良品种极少，栽培品种中普遍表现出果小、味酸、采前裂果、落果等诸多缺点。

野樱桃在亚洲和欧洲各有两个大品种，互相没有任何联系，后来的其他樱桃品种都是培育出来的。樱桃在世界上主要分布在北半球，在我国主要产于安徽、辽宁、河北、陕西、甘肃、山东、河南、江苏、浙江、江西、四川等地。其生于海拔 300～600m 的山坡阳处或沟边。陕西省西乡县有西北最大的樱桃基地——樱桃沟，每年 4 月下旬举办樱桃节。中国贵州省安顺市境内镇宁布依族苗族自治县境内盛产樱桃。

我国甜樱桃的发展历史归纳起来有以下几个阶段。

第一阶段：1871 年美国传教士 J. L. Nevius 首次引入甜樱桃在烟台东南山栽培，主要品种是大紫、那翁、水晶。由此开始了甜樱桃栽培试验阶段。

第二阶段：20 世纪 80 年代，推广了红灯、意大利早红、芝罘红、红丰等品种，甜樱桃栽培走向商品化生产。

第三阶段：20 世纪 90 年代，从加拿大引入拉宾斯、先锋、斯太拉、萨姆、斯帕克里等品种。甜樱桃栽培走向扩大发展阶段。

第四阶段：21 世纪初，美早、砂蜜豆、黑珍珠、早生凡、萨米脱、桑提娜等优良新品种试验成功，甜樱桃栽培进入快速发展阶段。

我国是樱桃的起源地之一。《尔雅》中把樱桃称为“楔”，正义注云：“楔，一名荆桃，聆仲夏三月，羞以含桃。”在古代的传说中，当鲜红的樱桃刚露枝头，美丽的黄莺就飞来啄食它的果核，因而又名“莺桃”。《本草纲目》上说它若宝石般的果实，美如桃形，又似古代玉制珠串戴在颈项上的璎珞。璎与樱同音，后来就称为樱桃了。

樱桃品种繁多，著名的品种中有黄樱桃、紫樱桃、红樱桃、白樱桃等 20 多种。紫樱桃味道最美，是樱桃中的珍品，它们个个宛如珍珠玛瑙，小巧玲珑、光洁艳丽、鲜润多汁、甜酸适口，煞是惹人喜爱。樱桃历来就是水果中的珍品，其颗颗匀圆、粒粒红艳，与碧绿的枝叶相互掩映的那美丽的姿韵，又使人想到古人常把美女的嘴比作“樱桃小口”是多么贴切和诱人。

二 甜樱桃的利用价值

1. 甜樱桃的营养价值

甜樱桃果实的营养非常丰富，其含铁量居各种水果之首。现代研究证明，每 100g 新鲜甜樱桃果肉里含铁 0.4mg，与苹果、橘子、梨相似，而铁是人体血液中不可缺少的成分，可辅助治疗女性贫血、月经过多、崩漏等多种妇科病症。它的胡萝卜素的含量比葡萄、苹果、橘子高几倍。另外，100g 新鲜甜樱桃果肉中还含蛋白质 1.1g、粗纤维 0.4g、无机盐 0.5g，含钙 11mg、磷 27mg（表 1-1）。除此之外，甜樱桃还含有丰富的糖分。甜樱桃除生食外，还可加工成樱桃干、樱桃酱、樱桃汁、樱桃罐头等食品。

表1-1　甜樱桃果实成分（100g果肉中）

成分名称	含量	成分名称	含量	成分名称	含量
可食部	80%	钾	232mg	天冬氨酸	179mg
能量	46kcal	铁	0.4mg	脯氨酸	38mg
碳水化合物	10.2g	铜	0.1mg	亮氨酸	47mg
水分	83g	维生素C	10mg	蛋氨酸	16mg
灰分	0.5g	维生素E（T）	2.22mg	苯丙氨酸	31mg
蛋白质	1.1g	维生素A	35μg	色氨酸	9mg
脂肪	0.2g	胡萝卜素	210μg	组氨酸	13mg
膳食纤维	0.3g	烟酸	0.6mg	谷氨酸	88mg
钙	11mg	维生素B_1	0.02mg	丝氨酸	35mg
钠	8mg	核黄素	0.02mg	赖氨酸	29mg
锌	0.23mg	异亮氨酸	32mg	胱氨酸	10mg
锰	0.07mg	含硫氨基酸（T）	26mg	酪氨酸	18mg
磷	27mg	芳香族氨基酸（T）	49mg	缬氨酸	31mg
镁	12mg	苏氨酸	29mg	丙氨酸	36mg
硒	0.21μg	精氨酸	27mg	甘氨酸	26mg

2. 甜樱桃的药用价值

中医认为，樱桃性温，味甘微酸；入脾、肝经。有补中益气、祛风胜湿、收涩止痛、养颜驻容等作用。主治瘫痪、四肢不仁、风湿腰腿痛、食滞、腹泻、冷冻等症。明代医药学家李时珍在《本草纲目》中记载，樱桃有益气、祛风湿、透疹、解毒等多种药效。樱桃树的叶子也有温胃、止血、解毒之功能。

樱桃全枝皆是妇科良药。取樱桃叶500g，加水煎汤坐浴，每日1次，可治阴道滴虫。将樱桃枝烧灰为末，黄酒送服，能治疗妇女膝冷、痛经、小腹冷痛等症。用樱桃根30～60g，加水煎汤服用，具有调气活血之功用，善医妇女气血不和、肝经火旺、手心潮热、闭经等症。

常吃樱桃和喝樱桃汁对防治关节炎和痛风有一定作用。已患关节炎者，常食樱桃有助于患处的消肿，减轻疼痛。感受风寒湿邪而致腰腿疼痛、关节麻木者，用米酒浸泡樱桃1周后，早晚各服1次，每次50mL，有一定效果。樱桃中含有一种特殊物质，每天吃20个带有酸味的樱桃，对抑制关节炎和痛风引起的疼痛有一定疗效。

樱桃有止渴生津的作用。咽炎患者，早晚各食鲜樱桃1次，每次40~50个，有一定作用。但樱桃性温热，不宜多食，多食致身体不适者，可用甘蔗汁饮服解之。热性病及虚热咳嗽者忌食。樱桃核仁，水解后产生氢氰酸，药用时应防止中毒。

樱桃果实的生长发育期短，其间一般不打药，因此不易被农药污染，是真正的“绿色食品”。樱桃果实一般用于鲜食，也适宜制成各种加工制品，如樱桃罐头、樱桃汁、樱桃酒、樱桃脯、樱桃酱、樱桃羹、樱桃干、什锦樱桃等。近几年鲜果及其加工制品每年都有一定量出口。

樱桃花期早，是早春的蜜源植物，也可促进早春蜂群的繁殖和发展。樱桃树姿秀丽，花朵繁茂，果实肉质细软，酸甜适口。可以大力发展观果采摘节等旅游项目，增加产品的附加值，为广大果农创造出更大的经济效益。

【知识拓展】 樱桃主要种类

樱桃为蔷薇科李属樱桃亚属果树。目前我国栽培的有以下四个主要品种。

（1）中国樱桃　原产于我国，分布很广，主要分布于黄河流域和长江流域，是落叶果树中成熟很早的一种果树。山东省的泰山、莱阳、海阳、安丘、莒南县等地均有规模栽培。小乔木或灌木。花白色或稍带红色。果实较小，约1.1~1.4g，有红、黄两种类型，果肉软，不耐储运，货架期极短。果柄有长短两种。易生根蘖，耐寒力较甜樱桃弱。用其无性繁殖的苗木作为甜樱桃的砧木，亲和力好，适应性强，根癌病轻。但应注意，用其实生种作砧木容易出现病毒性死树现象。

（2）甜樱桃　即欧洲甜樱桃、西洋樱桃，俗称大樱桃。起源于欧洲和亚洲西部，1880年前后引入我国栽培，主要集中于山东的烟台和辽宁大连。近几年，其栽培在山东中南部山区也渐成规模。生长快，树体乔化，抗寒力较差，无严重病虫害，栽培较容易，比中国樱桃结果迟，成熟也较晚。果成熟期自5月中旬至6月下旬，果实硬度较中国樱桃大，耐储运，商品性能高。果个大，一般品种均大于5g，大的可达10g以上，圆形或卵圆形，果柄长3~4cm，果肉与果皮不易分离，肉质有软肉、硬肉两种，味甜，离核或黏核。颜色有紫和黄两大品种群。

（3）酸樱桃　酸樱桃又名欧洲酸樱桃。欧洲、亚洲西部自古就有栽培。灌木或小乔木，树势强健，易生根蘖。花白色。果实中等大小，圆形，鲜红色或紫红色，果肉浅黄色，味酸，果皮与果肉易分离，品质一般，不耐储运，耐寒性强，结果早，一般利用根蘖繁殖。成熟期同甜樱桃。在我国樱桃产区散生栽培。

（4）毛樱桃　原产中国，分布较广，但主要分布于华北和东北地区，灌木，萌蘖力强，抗旱，耐寒，适应性强。果个小，单果重1.5g左右，果皮鲜红、黄、黄白和白色。因叶片、果皮上均有短茸毛，故称毛樱桃。果柄极短。味甜至酸，略带涩，可鲜食或用于加工。成熟期早，华北为5月上中旬，东北、内蒙古为6月上中旬。可作为李和部分桃的矮化砧木。

第二节　世界甜樱桃生产概况

甜樱桃原产于欧洲，公元1世纪便有栽培，但正式经济栽培由16世纪开始，当时栽培品种很少。18世纪初美国引入栽培。我国甜樱桃栽培始于19世纪70年代，由西方传教士和侨民、船员引入，品种也仅限于那翁、养老、大紫、小紫等一些果个小、品质差、不耐储运的品种。至20世纪80年代，世界上甜樱桃主要分布于欧洲各国、美国、加拿大、前苏联、南非、以色列、日本、中国、澳大利亚、新西兰等国。近20年，世界甜樱桃种植业一直是一项高效产业，其采收面积和产量波动上升，1995年采收面积为336966公顷，2004年达到375781公顷。1995年产量为164.6万吨，2006年达到187.3万吨。美国是世界甜樱桃产量增长最快的国家，1995年为15万吨，2005年增加到25万吨。据联合国粮食及农业组织资料显示，目前世界甜樱桃栽培面积和产量位于前三位的是美国、土耳其和伊朗。2005年美国甜樱桃出口4.84万吨，土耳其出口3.48万吨。从2002年起我国已成为世界前四位甜樱桃净进口国。

据国际鲜果贸易杂志《Eurofruit》报道，世界樱桃（包括甜樱桃和酸樱桃）年产量约230万吨，81%产于欧洲，13%产于北美，亚洲产量很少。甜樱桃在世界各国的分布情况见表1-2。

表1-2　甜樱桃在世界各国的分布情况

国家	主产区	主栽品种	产量/万吨
保加利亚	西南部	—	4.5
匈牙利	佩斯、巴奇-其什孔、绍莫吉、索博尔奇、索尔诺克、赫维什、巴兰尼亚等	贝嘎诺、兰伯特、先锋、海德芬根	3.2
波兰	克拉科夫等东南部地区	—	3.7
捷克	波西米亚南部	—	3.6
德国	波茨坦、格拉、埃尔福特、美因茨、福东姆、因加海姆等	海德芬根	13.6~17.7
美国	加利福尼亚、俄勒冈、华盛顿等	宾库、大紫、那翁、先锋、兰伯特、雷尼尔、斯坦勒	12.0~16.4
日本	山形、山梨、长野、福岛、秋田、青森等	南阳、最上棉、佐藤锦系、红格洛利、塞内利、正光锦等	2.0
英国	肯特郡	先锋、美顿光荣、斯坦勒、莫拉等	—
奥地利	上奥地利、下奥地利等地	海德芬根、伯兰特、兰伯特等	2.2
比利时	圣出登、博格隆	伯兰特、海德芬根、那翁等	0.5
前苏联	乌克兰	—	8.0

（续）

国家	主产区	主栽品种	产量/万吨
丹麦	菲英岛、西兰德	先锋、萨姆、莫登格老尔	—
法国	布尔格捏、普罗旺斯-科特阿东、米的皮尼斯、罗讷-阿尔卑斯	伯兰特、那翁、先锋、海德芬根	9.6～11.4
意大利	维罗纳、夏乐诺、巴喏、科利、布莱斯西亚登等	伯兰特、德望特、佛利维亚、先锋等	14.8～16.8
荷兰	白士韦、林伯格	梅科兹、斯内登斯史伯特	—
挪威	哈当格、奥斯陆、东挪威、西挪威	先锋、胜利、施密特、萨姆等	0.07
土耳其	—	—	9.6～10.5
葡萄牙	—	—	4.6

近年来，美国和澳大利亚甜樱桃的栽培面积和产量大幅度地增长，并大量出口到日本、东南亚和我国的台湾、香港等地。

20世纪中叶，世界各国都相继开展了甜樱桃及其砧木的育种工作，并相继育成了许多优良品种，如加拿大以培育自花结实品种为主要育种目标，育成了拉宾斯、斯坦勒；英国以培育樱桃矮化砧木为主要育种目标，已育成半矮化砧木考特；美国俄勒冈州用马哈利和马扎德杂交育成M×M系列砧木；比利时育成GM系列砧木品种；德国选育出多个性状优良的无性系甜樱桃矮化砧木，称吉塞拉系列，这个系列包括“吉塞拉5”“吉塞拉6”“吉塞拉7”“吉塞拉12”。

我国自20世纪60年代开始研究甜樱桃，由大连市农业科学研究院育成的樱桃大果形系列新品种红灯、佳红、巨红和红艳等，目前已在我国甜樱桃生产上占主导地位，其综合性状均达到国际先进水平。

第三节 我国甜樱桃生产现状

一 甜樱桃生产情况

1. 栽培区域逐渐扩大

我国樱桃栽培以前仅限于辽东半岛和山东半岛。目前我国甜樱桃栽培区基本可划分为四个区：环渤海地区、陇海铁路沿线地区、西南高海拔地区和分散栽培区。

环渤海地区包括山东、辽宁、北京、河北、天津，是我国甜樱桃商业栽培起步最早的地区。果农已经得到栽培甜樱桃的高回报，种植积极性高，栽培面积和产量迅速增加。该地区带动了国内其他地区甜樱桃种植业的发展。陇海铁路沿线地区包括江苏、安徽、河南、陕西、甘肃等地，该地区甜樱桃栽培起步较晚，1988 年以前极少有生产栽培。早熟和交通便利是该地区发展甜樱桃的两大优势，故甜樱桃种植业已呈加速发展之态势。西南高海拔地区主要指四川和云南海拔较高，年日照时数在 2000h 以上、能满足其低温需要量又不发生严重冻害的地区。分散栽培区包括南疆露地栽培区和辽宁北部、吉林、黑龙江、宁夏等保护地栽培区。进入 20 世纪 90 年代，甜樱桃生产在我国有了突飞猛进的发展，无论是栽培数量、范围，还是产量、效益均发生了很大变化。根据我国甜樱桃主要生产省市的估计数，我国现有甜樱桃栽培面积约 5.62 万公顷，主要栽培区为山东、辽宁、陕西、四川、北京、河南、河北、甘肃、山西、云南、新疆等地，最集中的栽培区为山东烟台、辽宁大连。

【典型经验】　大连地区甜樱桃生产状况

目前大连市甜樱桃栽培面积 2 万余公顷。其中发展速度快、面积大、政府支持力度大、群众积极性高的是金州区，至 2007 年已经完成了全区 6667 公顷的栽培面积，有意将金州区建成大连市樱桃示范区。为此，区委、区政府在 2004 年 11 月底召开了由各乡镇主要领导参加的动员会，并确定了全区栽植樱桃的优惠政策：①集中连片 66.7 公顷以上的地块，政府财政补助苗木款一半，政府投资全套水利设施。②集中连片 0.67 公顷以上的地块，政府财政补助 150 元/亩

(1 亩 = 667m²) 连续补助 5 年。③贫困村（全区共 20 个）栽植所需的樱桃苗木，全部由政府提供。

目前，全市栽培面积在 33.3 公顷以上的樱桃园，金州区有农业良种示范场甜樱桃园 33.3 公顷；石河街道大山村 80 公顷，五十里黄旗村 133.3 公顷；向应镇城西村农业生态园区 33.3 公顷，望海村 66.7 公顷，盛园酒厂农场 66.7 公顷；七顶山付家农业科技示范园区 66.7 公顷，陆海村 66.7 公顷，付家高速路西 33.3 公顷；二十里堡前半拉村、韩家村农民自发栽植 60 公顷；大魏家后石村 33.3 公顷。旅顺口区有铁山街道张家村 53.3 公顷；双岛湾街道胡家村 33.3 公顷，台山西村 96.7 公顷；江西街道江西村 80 公顷，隋家村 80 公顷；北海街道泥河村 40 公顷，袁家沟村 33.3 公顷；龙头街道东北山村 66.7 公顷；奶牛场英歌石樱桃园 66.7 公顷。

瓦房店市有得利寺镇西李屯村 80 公顷，卢屯村 66.7 公顷；驼山乡付庙村 120 公顷；松树镇松树村 120 公顷；炮台镇现代农业园区樱桃园 33.3 公顷。普兰店市有大冶轴农业公司樱桃园（瓦窝镇王屯村）306.7 公顷，大连弘峰企业集团樱桃园（大刘家镇）200 公顷。大连开发区有盛泽现代农业园区樱桃园 100 公顷。董家沟街道英歌石村 66.7 公顷。

2. 栽培品种与砧木多样化

甜樱桃引入我国栽培，很长一个时期仅有那翁、大紫、黄玉、养老等几个古老品种，均存在果个小、产量低、品质差、不耐储运等缺点，故大连市农业科学研究院自 20 世纪 60 年代开始了全国唯一一家的甜樱桃新品种选育研究，先后育成并推广了红灯、佳红、巨红、红艳、红蜜、明珠和晚红珠等优良品种。这些品种的育成，不仅打破了我国樱桃育种的空白，而且增加了我国樱桃品种资源，延长了鲜果供应期，增加了农民收入。另外，随着国际间交流的加强，引种工作也取得了很大成就，几年间我国果树工作者从美国、意大利、加拿大、日本等国先后引进了 PC7144-6、雷尼、意大利早红、拉宾斯、先锋、艳阳、萨米特、佐藤锦、红南阳、红手球等品种，极大地丰富了樱桃的品种组成。

在这些樱桃栽培品种中，鲜食品种占 95% 以上，产量占 90% 以上，其中红灯约占 40% 的面积和 35% 的产量，其他鲜食品种中，地方小樱桃品种约占 10% ~12% 的面积和产量。

砧木品种主要有马扎德，CAB-6P，CAB- 11E，吉塞拉5、6、7号，毛把酸，Maxma F14，Massard F12，马哈利樱桃，F- 1，考特，矮生马哈利，F12，青肤樱等。山东产区以青肤樱为主，陕西推广马哈利；山樱，也称辽宁本溪山樱，辽宁省应用较普遍。其余砧木品种广泛散布，没有形成集中分布区。其主要砧木的特点是：

（1）**大叶草樱**　根系发达，嫁接亲和力高，抗涝性强，无大小脚现象，抗寒性稍差。

（2）**本溪山樱**　根系发达，抗寒性强，耐瘠薄，但抗涝性差，小脚现象较重。

（3）**马哈利**　嫁接后树体抗流胶病强，但小脚现象严重，须根不发达，易出现早衰现象，生产上应控制产量。

（4）**考特**　根癌病严重。

（5）**莱阳矮樱**　树体流胶病严重。有小脚现象。

3. 栽培技术日臻完善

世界甜樱桃产量曾一度出现下滑趋势，主要原因有裂果、鸟害严重、采收费工、死树等。近几年，随着科研水平的提高，生产上出现的诸多技术问题都得到了相应的解决。修剪方式发生了改变，从以往的大树冠多分枝变为现在的低于矮冠高密度栽培，加大了夏季修剪力度、加强了病虫害防治、架设了防雨棚、防洪排涝以及防风防鸟措施的应用，变粗放管理为精细栽培。

4. 经济效益大幅度增加

甜樱桃以往被视为小杂果而不受重视，产量低，效益差。随着人们生活水平的提高，甜樱桃变成了高档果品，由20世纪90年代初的5～10元/kg。增至目前的20～40元/kg，而且产量也逐年提高，由原来平均亩产400kg至现在的1000～1500kg（高产园可达2000～2500kg），获得了高额的经济效益，一度被果农视为“摇钱树”和“发财树”而大力发展。

5. 鲜果供应期延长

由于保护地樱桃生产和储运保鲜工作的发展与加强，樱桃鲜果已不再是6月水果市场的专利品种了，春节前后南半球生产的鲜果即可在市场上见面，早春4月初自产的温室樱桃逐渐上市，6月是露地鲜果供应高峰期。由于储运保鲜技术的提高，至8、9月仍可品尝到鲜红味美的极品樱桃。而且目前采用的袋装育苗、高山育苗、强制制冷设施等，使其早休眠、早春化，鲜果上市时间日渐提早。

6. 进出口贸易量逐渐加大

中国是樱桃国际贸易国家之一，进口量排名世界第四位，进口果品来自于南半球，进口地主要是广东等我国南方经济较发达的省，用于调节水果供应淡季的果品种类。国内生产的鲜食樱桃主要以内销为主。根据全国20个城市果品市场调查，1995～2003年，全国鲜食樱桃的销售额年增长率为10%左右。国内市场鲜食樱桃售价稳中有降，批发价为5～8元/kg，山东烟台集中栽培区离园价基本稳定在5～6元/kg，其他产区面积小，单价高，大约在7～8元/kg。在常温下，鲜食甜樱桃不耐储运，货架期短，是销售额增长缓慢的主要原因。2007年，我国甜樱桃出口已出现良好的势头，据报道，烟台市已有5000kg甜樱桃出口泰国、印度尼西亚、英国等国。大连将批量出口甜樱桃到阿联酋，山东省生产的甜樱桃出口韩国已正式解禁。

二 甜樱桃产业发展中存在的问题

1. 新产区产业发展相对滞后

近年来，陕西、甘肃、四川、北京等新产区的甜樱桃生产发展较快，但这些地区甜樱桃产业的规模仍较大连、烟台等传统的甜樱桃生产区有较大的差距。据分析，我国甜樱桃栽植面积约80%集中在环渤海地区，而这些地区甜樱桃果实成熟期多在5～6月。不同地区产业发展的不平衡和储运技术落后使得甜樱桃应市期过于集中的问题更为突出。

2. 栽培管理技术有待提高

在我国大连、烟台等传统的甜樱桃生产区，中上等管理水平的盛果期甜樱桃园，每亩产量通常在1500kg左右，与世界主要生产国的单位面积产量差别不大。但多数果园因品种、砧木选择不当，栽培管理技术落后，进入盛果期的时间较晚，或因根癌病、病毒病等引起树体早衰，降低了果园的经济寿命。在甜樱桃栽培的新产区，因缺少品种区域试验等大型科研项目的技术支撑，选择适栽品种和相关的配套栽培技术等与产业发展紧密相关的一些关键技术目前还没有完全解决，生产上普遍存在着投产晚、单产低的问题。近年有关部门对来自苗木、接穗和根系土壤传播的病虫害检疫不严，致使根癌病、花叶病毒等多种危害较大的检疫性病害在山东、河南、陕西樱桃产区传播危害，给生产造成了较大损失。

3. 储藏和运输技术落后

甜樱桃属不耐储运的果品，储藏期和货架期均远低于苹果、梨等大宗水果，而我国甜樱桃的储运保鲜技术却远落后于苹果、梨等大宗水果。目前，我国甜樱桃自动化冷库和气调库储藏仅处于试验或小规模应用阶段，大宗的甜樱桃商品仍只能就近供应市场，而较少进入大中城市的果品超市。笔者认为，储藏和运输技术落后在很大程度上制约着产业规模的发展。

4. 果品市场体系不完善

果品市场体系建设不完善是阻碍我国甜樱桃产业发展规模的另一个重要因素。目前我国甜樱桃生产的主要方式是以农户为单位分散经营的小规模果园，由于市场信息流通不畅，农民经纪人、运销商、中介组织等中间流通环节的主体地位并未形成，具有价格形成机制的大型农产品批发市场数量少，区域分布不均衡，果品市场流通的方式主要是农户自产自销以及小商贩贩运，严重制约了产品流通的现代化进程。同时对甜樱桃产业发展有较大的负面影响。

三 甜樱桃发展建议

1. 加强甜樱桃产业重大关键技术的科研工作

分析我国甜樱桃产业发展现状，甜樱桃投产晚、单产低、储运技术落后的重要原因是一些影响产业健康发展的重大关键技术尚未完全解决，目前应重点开展以下重大关键技术的系统研究工作。

1）加强不同产区樱桃优良品种的生态适应性研究，良种良砧与良法配套。建立与规模化相适应的标准化栽培技术，提高果品质量，提倡绿色环保的生产方式，在生态适宜区推广绿色果品生产。努力实现丰产稳产。

2）建立樱桃病毒检测中心、国家级樱桃良繁中心，对国内主要品种和砧木进行病毒检测，引进和生产无病毒抗性砧木和品种，建立无病毒苗木采穗圃：开展商业性病毒检测工作，加大扶持生产樱桃嫁接苗木的现代化苗木企业的建设，力争实现甜樱桃苗木生产无毒化。

3）强化樱桃采后保鲜、储运销售技术的研究。研发经济高效的储藏设施和保鲜剂，逐步解决冷链物流体系各环节的技术问题，提高生产装备技术水平，实现采后保鲜、储运的标准化、规模化、专业化管理，大幅度延长鲜食樱桃的应市期。

4）规划甜樱桃育种目标、育种手段和分工合作，对我国主栽品种特别是特色品种进行品系选优，形成我国樱桃选育种科研体系。加强我国樱桃野生资源的收集、保存、研究和利用工作。

2. 优化我国甜樱桃产业布局

根据我国各甜樱桃产区自然条件、经济状况、现有规模、市场容量等因素综合分析，在今后的一段时期内，应稳定环渤海地区现有甜樱桃栽培面积，逐步扩大渭河、黄河、淮河沿线以北地区和西南高海拔地区的甜樱桃栽培面积，适度发展西北与东北地区的甜樱桃设施栽培。我国陕西南部、甘肃南部、云南、四川等省的部分适栽区，甜樱桃可在4月下旬上市。陕西关中、山西南部和河南适栽区可以在5月上中旬成熟上市，环渤海地区甜樱桃在5月下旬至6月中旬逐步上市。随着储运技术的改进和产品流通现代化进程的逐步实现，必将有效缓解甜樱桃产期集中的矛盾，从而有效地延长市场供应期，并进一步扩大各甜樱桃产区的发展规模。

3. 建立标准化生产体系，提高果品质量

目前我国以农户为单位分散经营的甜樱桃园，管理水平参差不齐，多数果农缺乏管理经验，这种现象在新产区表现尤为突出，在很大程度上影响了当地甜樱桃产业的效益，因此有必要在科学试验的指导下，建立不同产区的标准化生产体系，实现良种良砧与良法配套。各地在推广标准化生产体系中，要充分发挥农业科技推广部门的作用，对分散经营的甜樱桃园统一进行技术指导，引导果农科学管理。根据国内外市场的需求特点，应注重提高果品质量，重点发展绿色、无公害、有机鲜食樱桃。根据目前甜樱桃园病害严重的实际情况，应针对樱桃溃疡病、根腐病、病毒病等，建立可行的重大疫情预警体系和快速反应机制，配套相应的疫区隔离政策与补偿

机制，遏制危险性病虫害的入侵和传播。建立全国和地区性樱桃病虫害监测和防治网络，进行病虫害预测预报和病虫害综合防治研究与推广，控制樱桃主要病虫害的发生与危害。

4. 完善果品市场体系建设

我国甜樱桃产业规模的发展在很大程度上依赖完善的果品市场体系建设。果品的市场销售通常要经过批发（中间商）、储运、零售等环节，其中果品批发市场的“集聚—扩散”功能在果品销售中发挥了重要作用，因此，各产区应注重集中产地的现代化果品批发市场建设。根据甜樱桃不耐储运的特点，果品批发市场应配置中小型自动化冷库或气调库，逐步实现冷藏运输，以延长果品应市期和拓展非产地果品销售业务。构建市场信息网络，及时发布产品供求信息，实现市场信息通畅。以各级樱桃协会等农民合作社等组织为纽带，实行“公司＋农户”的经营模式，降低营销成本；以果品批发市场为平台，支持、引导果品经营商、农民个体运销户及经纪人参与甜樱桃果品的营销，充分发挥他们在拓展销售渠道中的作用；在果品销售地建立连锁超市，从产地采购农产品，经冷藏运输，直接进入零售市场；通过多种途径走新型产业化发展道路。

四 我国甜樱桃生产发展前景展望

目前，我国甜樱桃栽培遍布云南以北的23个省市，分为环渤海湾产区（山东、辽宁、河北、北京等），陇海铁路东段沿线产区（陕西、河南、甘肃、江苏、山西、安徽等），西南、西北高海拔产区（四川、云南、贵州、新疆、青海、西藏、宁夏等），北方寒地保护地栽培区（黑龙江、吉林、内蒙古等），以及南方亚热带栽培区（云南、上海、浙江等）5个栽培区域。2010年底，全国甜樱桃栽培面积约11万公顷，产量约35万吨。山东、辽宁、陕西栽培面积及产量分别位居全国的第1位、第2位和第3位。其中山东栽培面积为5万公顷，占全国栽培面积的45.6%，产量22万吨，占全国总产量的62.9%；辽宁栽培面积为2.8万公顷，占全国栽培面积的25.5%，产量5万吨，占全国总产量的14.3%；陕西栽培面积为1.3万公顷，占全国栽培面积的11.8%，产量3.0万吨，占全国总产量的8.6%；其余各省市占很小的比例。

随着设施栽培技术的进步，甜樱桃设施栽培也得到快速发展，并成为高效产业。全国甜樱桃设施栽培已有6700公顷，其中，促早栽培约4000公顷，防雨、防霜设施约2700公顷，主要分布在山东和辽宁。避雨、防霜栽培主要分布在大连、烟台、泰安、郑州。

由于我国甜樱桃栽培面积和产量较少，导致了国内樱桃的高价位。近年来露地栽培的甜樱桃市价为15～30元/kg，一些早熟地区达到50～60元/kg；而保护地的樱桃卖价达70～100元/kg，甚至更高。这样的高价位是一般工薪阶层无法接受的，但高价位却为农民带来极高的效益。一般情况下每亩成龄樱桃园可产果750～1000kg，产值超过1万元。因此种植甜樱桃成为超高利润的种植业。我国人口众多，要达到世界平均消费水平，还需要更大的结果面积。但我国甜樱桃适栽区域有限，很多地区无法种植甜樱桃，人们要想吃到鲜美的甜樱桃只有靠国内长途运输。

另外，由于樱桃鲜果的高价位，致使我国的甜樱桃加工量很少，根本无法批量生产。由此可见，我国的甜樱桃生产仍处于供不应求的状态，未来很长一段时间仍有很大的发展空间。

第二章
甜樱桃的优良品种

樱桃属植物有120多种，分布于北温带比较冷凉地区。世界上作为果树主要栽培的樱桃仅有4种，即中国樱桃、欧洲甜樱桃、欧洲酸樱桃和毛樱桃，供砧木用的有马哈利樱桃、山樱桃、沙樱桃等。

欧洲甜樱桃简称甜樱桃，也称大樱桃。英文中也称 Wild Cherry（野樱桃）、Gean（野生甜樱桃）、Mazzard（马扎德甜樱桃，为甜樱桃的野生种，产于欧洲西部）或 Sweet Cherry（甜樱桃），是大部分食用樱桃的源种。从欧洲到亚洲西部均有分布。

属种：*Prunus avium*

属名：李属 *Prunus*

科名：蔷薇科 Rosaceae

属种名定名：*Prunus avium* L.

公元1世纪甜樱桃在欧洲已经开始栽培利用。本种栽培历史较久，栽培品种很多。据有关报道，全世界目前已登记的甜樱桃品种达2000多个，但生产中广泛栽培的品种大约600多个。时至今日，甜樱桃已发展成为世界性果树，品种资源非常丰富。甜樱桃在中国栽培始于1880年前后，经朝鲜仁川引入。我国规模化生产始于20世纪80年代，收集到的品种资源150个左右，但在生产中广泛栽培的效益较好的仅有30余个品种。

第一节　甜樱桃形态特征

我们所说的甜樱桃是指欧洲甜樱桃，为落叶乔木，树高一般为

10～30m。树皮灰褐色，有光泽；小枝浅红褐色，无毛。冬芽卵形，无毛。托叶线形，有腺齿，长达1cm，早落；叶柄长2～5cm，无毛，具1～3腺体；叶片倒卵状长圆形、椭圆形或卵圆形，长6～15cm，宽4～8cm，基部广楔形或圆形，先端短渐尖，边缘具圆钝重锯齿，齿端有褐色腺，表面无毛，背面被短柔毛。花数朵成伞形花序，无总梗；花梗长2～6cm，无毛；花直径2.5～3.5cm；花萼筒钟状，上部微缢缩，无毛，萼裂片全缘，无毛，反折；花瓣白色或微带粉色；雄蕊多数，花柱无毛，约与雄蕊等长。核果球形或卵球形，径1.1～2.5cm，暗红色至黑紫色，多汁。开花期4～5月，果熟期6～7月。

果实可鲜食，也可制成果酱、果酒及罐头等。木材轻柔，褐色，磨光好，可制家具等。也可供观赏。

第二节　甜樱桃优良品种简介

现在甜樱桃的品种如果按照成熟季节，大致分为早、中、晚熟品种，但是优良的樱桃品种的标准应该具备以下特点。

早产（3年结果）、早丰（5年生亩产500～1000kg）、果实经济性状好（果个大、果形好、果色艳丽、果柄较短、果肉硬、抗裂果、口味上乘、成熟期一致、果品价格高）、高产、稳产（花期耐低温）等。

选择樱桃品种时，应本着硬肉型品种为主体，大约占70%以上，早、中、晚熟品种兼顾，适当发展黄色和鲜食加工都适宜的品种。早、中、晚熟品种的比例，不同区域应有所不同。辽宁南部、京津及河北北部晚熟栽培区，可为2∶3∶5；山东东部和河北中南部，以4∶3∶3为宜；陇海铁路沿线，可为5∶3∶2。

多年来生产表现稳定且优良的品种有：乌梅极早（彩图1）、莫利、布莱特（彩图2）、红灯、先锋、萨米脱、拉宾斯、斯坦勒、甜心、艳阳、滨库等。近几年引进表现优良的新品种：砂蜜豆、美早、斯帕克里、黑珍珠（彩图3）、早生凡等。目前有希望的品种：桑提娜、8-102、考迪娅。有待于进一步试验观察的品种：斯达克艳红、红手球、兰勃特、巨晚红、瑞吉娜、西尔维亚。

从颜色分类，有纯黄色品种：月山锦（明珠）；黄色（浅红色）

品种：雷尼、巨红、水晶、高砂、红绣球等；红色品种：红灯、美早、先锋、萨米脱等；紫黑色品种：黑珍珠、黑兰特、萨姆等。

下面介绍以下几个有代表性的甜樱桃品种。

一 早熟品种

1. 红灯

大连市农业科学研究所于1963年由那翁×黄玉杂交育成，1973年命名为红灯（彩图4）。红灯是一个大果、早熟、半硬肉的红色品种，是20多年来在全国各地发展最快的品种之一。其树势强健，枝条直立、粗壮、树冠不开张，必须用人工开张角度。叶片特大、较宽、椭圆形，叶长约17cm，宽9cm；叶柄较软，新梢上的叶片呈下垂状；叶缘复锯齿，大而钝；叶片深绿色，质厚，有光泽，基部有2~3个紫红色肾形大蜜腺。芽的萌发率高，成枝力较强，外围新梢冬季短截后，平均发枝3~4个，直立枝发枝少，斜生枝发枝多。其他侧芽萌发后多形成叶丛枝，一般不形成花芽，随着树龄增长，叶丛枝转化成花束状果枝。该品种开始结果期一般偏晚，4年开始结果，6年生以后才进入盛果初期。

红灯果实大，平均单果重9.6g，最大果达13.0g；果梗短粗，长约2.5cm，果皮深红色，充分成熟后为紫红色，有鲜艳光泽；果实呈肾形，肉质较软，肥厚多汁，风味酸甜适口。可溶性固形物为14.5%~15%，半离核，核较小、圆形。

【提示】红灯品种在烟台一般5月中下旬成熟，果实发育期45天左右；果实耐储运；其连续结果能力强，丰产性好。采收前遇雨有轻微裂果。是生产中广泛栽培的优良主栽品种。

2. 早大果

早大果（原名Крупноплодная），编号为乌克兰2号。由乌克兰农业科学院灌溉园艺科学研究所用白拿破仑、瓦列利、热布列、艾里顿的混合花粉杂交育成（彩图5）。1997年山东省果树研究所从乌克兰引入，审定编号：鲁农审2007060号。国内译为“早大果”。

早大果是乌克兰大果型优良新品种。果个较红灯大，平均单果重11~13g，大果可达18g。果实广圆形。果梗较长、粗。果皮较厚，果色艳丽美观，果实初熟期果面着鲜红色，逐渐变为紫红色，8～10天变为紫黑色。果面蜡质层厚，晶莹光亮有透明感。果实阔心脏形，缝合线紫黑色，果顶下处有一明显隆起。梗洼较浅、较广。果柄较长、较粗。果肉紫红色。果皮较厚，果肉较软，黏核，汁多味美，酸甜可口，可溶性固形物16.8%，品质上等。

该品种树体健壮，树冠自然开张，枝条细软，新梢基部斜上方向至水平方向生长，有些新梢前端呈斜下方向生长，有利于整形修剪，是区别于其他品种的重要特性。叶片长椭圆形、较厚，叶色深绿，锯齿较钝，先端锐尖。容易成花，结果早而丰产。夏季高接的树，第二年即形成花芽，第三年开始多量结果。对冻害的抗性较强。在同一园中，花期较红灯晚4～5天，而果实成熟期却比红灯早4～6天，果实生育期为32～35天。适合于在早春温度高的地方或保护地栽培。河南省漯河地区“五一”可成熟上市。

该品种自花不实，栽培中应注意选用开花晚的品种作授粉树，如红灯、先锋、早红宝石、抉择、友谊（彩图6）、胜利、拉宾斯等。在大连地区嫁接苗定植后3年结果，成龄树每亩产1000kg以上。果个比较整齐，成熟时间也较一致，极少有双果现象。优质商品果率较高。成熟后在树上可挂果15天，硬度不变。但晚采时果实紫红色，表面光泽度不是很好。

【提示】 早大果品种抗寒性较强，易成花，果实大，品质优，丰产。缺点是树体较大，应及时采用控冠措施。在湿度较大情况下裂果较重。是一个有发展前途的早熟大果型品种。

3. 大紫

大紫为前苏联品种。是目前我国栽培面积较大的早熟优良品种，商品性高，又是优良的授粉树种（彩图7）。该品种树势强健，幼树期枝条直立生长，随着树龄的增长逐渐开张；萌芽力高，成枝力强，节间长，树冠大而疏松；当年生小枝红褐色，较细；叶片大，长卵圆形，平均长11～18cm，宽6.5～8cm，故有“大叶子”之称；叶柄具黑紫色蜜腺2个；花白色，花期1周；果实中等大小，平均单果重5.5～7.5g，最大可达11g，果实心脏形至宽心脏形，稍扁；果梗较长而细，易脱落；果皮成熟后紫红色，较薄，具光泽，不易裂果；

果肉浅红色或红色，细嫩多汁，味甜微酸，具芳香，可食率高达97%，品质佳；果实发育期45天；较耐储运。

【提示】 大紫品种丰产，生产中常作为副栽品种或授粉品种栽培。

4. 抉择

抉择是从乌克兰引进的早熟甜樱桃品种。果实圆心脏形，果柄长，单果重与红灯相近，平均单果重9g，果皮、果肉紫红色，较硬多汁，质细，酸甜适口，风味好。可溶性固形物含量16%。果核小，半黏核，鲜食品质佳。成熟期比红灯早3~5天，果实发育期42天左右；该品种成花容易，结果早，丰产性好，嫁接树定植后第三年结果，以花束状果枝结果为主，盛果期每亩产1533.3kg，发展前景广阔。多雨年裂果比红灯略轻。抗旱，抗寒，适应性强。栽培时应选微酸性、有水浇条件、排水较好的地块。

【提示】 抉择品种是一个较好的早熟品种，生产中也常作为副栽品种或授粉品种栽培。

5. 早红宝石

早红宝石为乌克兰品种（彩图8）。特早熟，是目前我国最早熟的甜樱桃品种。果实宽心脏形；果柄长；平均单果重6~8g；果皮紫红色，有玫瑰红色果点，外观漂亮，有光泽；果肉红色，细嫩多汁，可溶性固形物含量15%左右，风味酸甜，核小可食率高，品质佳；不耐储运；抗裂果性差；果实发育期28天左右；丰产性好，嫁接后第三年结果，以花束状果枝结果为主，盛果期每亩产1060kg；生产中常作为副栽品种或授粉品种栽培。

6. 意大利早红

意大利早红是法国原产的樱桃早熟品种（彩图9）。于1990年引入山东烟台。具有早实、早熟、丰产稳产的特点，3年结果，5年丰产，是甜樱桃中颜色美观、风味香甜、颇有推广价值的早熟优良品种。单果重8~10g，最大12g，果实为短鸡心形，紫红色，果肉红色，细嫩，肉质厚，硬度中等，果汁多，品质上等，可溶性固形物含量11.5%，含酸量0.68%，无裂果。在河北昌黎5月下旬成熟，果实生育期35~40天。幼树生长快，新梢生长量可达1.5~2m，多数新梢具有二次生长特点，树体健壮，树姿开张，幼树萌芽率和成枝力均强。

该品种适应性强，抗寒、抗旱，在比较瘠薄的砾质和沙壤土上栽培生长结实良好。自花结实，自花授粉，花朵坐果率可达40%左右，异花授粉坐果率更佳。适宜的授粉品种有红灯、芝罘红等。因早熟性强，也是当前保护地栽培的首选品种。

7. 龙冠

甜樱桃龙冠由中国农业科学院郑州果树研究所用那翁与大紫杂交选育而成。1996年5月通过河南省农作物品种审定委员会审定（彩图10）。

果实个大，平均单果重6.8g，最大可达12g。果形呈宽心形。果柄长。果皮宝石红色，晶莹亮泽，艳丽诱人。果肉及汁液呈紫红色，汁较多，酸甜适口，风味浓郁，品质优良，含可溶性固形物13%~16%，总酸0.78%，维生素C 457mg/kg。果实肉质较硬，耐储运性好，常温下货架期6~7天。果核呈椭圆形，黏核。在郑州地区5月中旬成熟，比大紫早熟7~8天。果实发育期40天左右。自花坐果率在25%以上，产量高而稳定，盛果期（6年）每亩产量可达1200kg。树势强健，抗逆性强，在中原地区比较干燥的气候条件下能正常生长、结果。幼树发枝力较弱，需通过多次摘心促进发枝，扩大树冠。通过拉枝，开张主枝角度，缓和树势，提早结果。花芽抗寒性较强，开花整齐，自然授粉坐果率在25%以上，产量稳定，盛果期每公顷产量可达1.8万~2.2万kg。适宜授粉品种为红蜜和3-9（中国农业科学院郑州果树研究所选育的另一甜樱桃优系）。适宜的砧木为中国农业科学院郑州果树研究所选育的中樱2号（中国樱桃的一个优系），应用莱阳矮樱桃作砧木，可使龙冠树体减小1/3，可进行促成栽培。

> **【提示】** 龙冠品种适宜保定、石家庄、廊坊等地区栽培。

二 中熟品种

1. 美早

美早（9c7144-6）引自美国（彩图11）。果实圆形至短心脏形，顶端稍平或微凹陷。极少有畸形果。果个匀整，抗裂果，平均果重13.2g，最大果重18.5g。可溶性固形物含量17.6%。可食率达92.3%。果皮紫红色或暗红色、光彩照人，果肉硬脆，肥厚多汁，品质优良。

美早树势强旺，树姿半开张，萌芽力、成枝力强，以中短果枝和花束状果枝结果为主。伴有腋花芽结果，中长枝缓放后易形成一串短果枝和花束状果枝，在没有任何抑制措施的情况下，当年生枝条上均不同程度的有腋花芽分化现象。所以苗木定植后，第二年就能见到个别株开花结果。烟台地区6月上中旬成熟。美早具有良好的丰产性及稳产性、耐储运、抗裂果、花期耐霜冻等优点，果品易达到出口标准。是一个值得推广发展的优良新品种。

2. 萨米脱

萨米脱（Summit）又名皇帝，由加拿大夏地农业研究所育成的中晚熟品种（彩图12）。1988年由烟台果树研究所引进。

萨米脱树势强健，丰产性能极好，每亩产量可达2500kg。初果期多以中、长果枝结果，盛果期以花束状果枝结果为主。萌芽率高，成枝力强，果个大，平均单果重11～13g；果实心脏形，稍长；果皮薄而韧，紫红色，充分成熟时紫黑色，有光泽；肉质硬，可溶性固形物含量17.9%，糖度14.6%，总酸0.78%，酸味少，风味浓，品质佳。果实发育期55天左右，6月中下旬成熟，比那翁品种晚2～3天。采前遇雨裂果较多。萨米脱，果个大、色紫红，肉质硬，品质佳，极丰产，果实成熟期集中，较耐储运，是一个很有希望的丰产品种，可推广发展。

3. 拉宾斯

拉宾斯（Lapins）由加拿大夏地农业研究所于1965年以先锋×斯坦勒杂交育成，为自花结实的短枝型品种，是加拿大重点推广品种之一（彩图13）。于1988年引入山东烟台。

果实大型，平均单果重8g。果形近圆形或卵圆形。果梗较短、粗，不易萎蔫。成熟时果皮紫红色，有光泽，美观，果皮厚韧。果肉红色，肥厚，脆硬，果汁多，含可溶性固形物16%，风味佳，品质上乘。烟台6月中下旬成熟，抗采前落果。树势强健，树姿较直立。自花结实并可作其他品种的授粉树，早果丰产性均佳。一般定植后第四年丰产。裂果轻。树体紧凑，短枝型，树冠大小为一般品种的2/3。由于秋天落叶进入休眠早，较耐寒。

4. 先锋

先锋樱桃又名凡。该品种是加拿大哥伦比亚省育成的黑色品种（彩图14）。在欧、美、亚洲都有栽培。于20世纪90年代引入我国。

先锋樱桃果实短心脏形或肾脏形，平均果重7～8g，最大果重10.5g，果皮浓红色，有光泽，艳丽美观，果皮厚且韧，果肉玫瑰红色，肉质较硬脆、肥厚、汁液多，可溶性固形物含量17%左右，甜酸适口，风味好，品质佳，可食率为92.1%，果实耐储运，抗裂果。果实生育期50～55天。在郑州地区，4月上中旬盛花，果实5月底成熟。在河北昌黎地区6月中下旬成熟。先锋樱桃树势强健，幼树新梢生长直立，树姿较直立，树冠紧凑，枝条粗壮，1年生枝条棕褐色，老枝紫红褐色，成枝力强。幼树期生长旺盛，结果期树中花粉量多，花药易开裂，所以先锋是一个优良的授粉品种。但先锋自花不实，需配置授粉树，斯坦勒、那翁、滨库等都是它的良好授粉品种。丰产，抗寒性强，适于机械化采收，其缺点是易感果腐病，注意防治。

【提示】 先锋由于抗寒性比较强，适种范围比较广。主要适合种植于我国的山东省、辽宁大连、天津、北京、江苏、连云港至甘肃省天水的陇海铁路沿线地区及云、贵、川的高海拔地区。

5. 滨库

美国甜樱桃品种，为红色硬肉类型。果实宽心脏形；果个大小整齐，果柄短，平均单果重7.2g；果皮厚，浓红至紫红色；果肉粉红色，肉质致密、硬脆、多汁，可溶性固形物含量15%，味酸甜适度，品质好，果肉可食部分占89.2%；抗裂果；较耐储运；果实发育期55天左右；丰产稳产，适应性较强。现分布于大连、烟台、泰安、郑州等地。

6. 芝罘红

1979年烟台市芝罘区农林局在芝罘区上夼村发现的一个偶然实

生株。原称烟台红樱桃，于1998年经山东省科委组织专家鉴定，为避免与大紫的异名相混淆，正式定名为芝罘红（彩图15）。在烟台及鲁中南地区栽培，生长结果表现良好。

果实大型，平均单果重8.1g，大者9.5g。果形宽心脏形，顶部平，缝合线明显，整齐均匀。果梗长而粗，不易与果实分离，采前落果较轻。果皮鲜红色，具光泽。果肉浅红色，质地较硬，汁多，酸甜适口，含可溶性固形物16.9%，风味品质上等。果皮不易剥离。离核，核较小，可食部分93.3%。成熟期较早，比大紫晚3~5天，与红灯同期成熟，果实发育期50天左右，一般5月底至6月初即可采收。果实成熟期较一致，一般2~3次可采完。该品种异花结实，建园时需配置红灯、那翁、水晶、斯坦勒、滨库等品种作为授粉树。

该品种树势强健，生长旺盛，树体高，树冠较大，半开张。枝条粗壮直立。萌芽率高，幼树1年生枝短截或甩放，萌芽率达89.3%。成枝力强，1年生枝进行中短截后，可抽生中长枝5~6个。进入盛果期后，以花束状果枝和短果枝结果为主。各类果枝结果能力均强，结果枝占全树生长枝的78%，丰产性强。叶片较大，长倒卵圆形，浅绿色。芝罘红果个大，早熟，外形美观，品质好，果肉较硬，耐储运性强，丰产，适应性较强。

7. 那翁

那翁（Napoleon）又名黄樱桃、大脆、拿破仑、黄洋樱桃（彩图16）。起源不详，18世纪在德国、法国、英国已有栽培。19世纪80年代前期由韩国仁川引入山东烟台，目前是烟台、大连等地的主栽品种之一。

果实较大，平均单果重6.5g，最大9g。果形心脏形或长心脏形，果顶尖圆或近圆，缝合线不明显，有时微有浅凹，果形整齐。果梗长，与果实不宜分离，落果轻。果皮乳黄色，阳面有红晕，偶尔有大小不一的深红色斑点，富光泽。果皮较厚韧，不易离皮。果肉浅米黄色，肉质脆硬，汁多，含可溶性固形物14%~16%，甜酸可口，品质上。果核较大，果肉可食部分占94%，鲜食、加工兼用。在烟台6月中旬、鲁中南地区6月上旬成熟。成熟时遇雨易裂果。

那翁幼树树势强健，树姿较直立。成龄树长势中庸，树冠半开张，呈圆头形或半圆形。萌芽率高，成枝力中等。枝条粗壮，稀疏，节间短，树冠紧凑。盛果期树多以花束状结果枝、短果枝结果为主，中长果枝较少结果。结果枝寿命长，结果部位外移较慢，高产稳产。叶片较大，厚而浓绿，长倒卵形或长椭圆形。自花结实力低，适宜授粉品种为大紫、水晶、红灯等。那翁适应性强，丰产性状好，也较耐储运，花期耐寒性较弱，果实成熟期遇雨易裂果。有水浇条件的地方栽培最为理想。

另外，还有大连市农业科学研究所杂交选育的佳红（彩图 17）、红艳（彩图 18）和红蜜等。

三 晚熟品种

1. 艳阳

艳阳（Sunburst）是加拿大夏陆研究站以先锋 × 斯坦勒杂交育成，是拉宾斯的姊妹品种（彩图 19）。果个特大，单果重 12 ~ 13g，最大可达 22.5g，果实圆形，果柄较长，果皮红色，光泽度好，果肉较软，特殊年份有裂果现象，是一个个大质优的中晚熟优良品种。抗裂果性极强，抗寒性较强，无病毒病。优良的授粉树为红南阳、拉宾斯、斯坦勒、红灯、佳红等。

自花结实率 23.5%，花粉量大，丰产，生产中常作授粉品种栽培。果实发育期 55 ~ 60 天，在烟台地区 6 月中旬成熟，成熟期整齐。适宜北京、烟台等地区栽培。

2. 雷尼

雷尼（rainier）为美国品种。是美国华盛顿州立大学农业实验站于 1954 年用滨库 × 先锋杂交选育出的中熟品种。因当地有一座雷尼山，故命名为雷尼。现在为该州的第二主栽品种。1983 年由中国农业科学院郑州果树研究所从美国引入我国，1984 年后在山东试栽，表现良好。该品种花量大，也是很好的授粉品种。

果实大型，平均单果重 8.0g，最大果重达 12.0g；果实宽心脏形，果皮底色为黄色，富有鲜红色红晕，在光照好的部位可全面红色，十分艳丽、美观；果肉白色，质地较硬，可溶性固形物含量达15% ~ 17%，风味好，品质佳；离核，核小，可食率达 93%。烟台地区 6

月中旬成熟。

该品种树势强健，枝条粗壮，节间短；叶片大，色深绿；树冠紧凑，枝条直立；分枝力较弱，以短果枝及花束状果枝结果为主。早期丰产，栽后3年结果，5~6年进入盛果期，5年生树株产能达20.0kg。花粉多，自花不实，是优良的授粉品种。适宜授粉品种为滨库、先锋、拉宾斯。抗寒性强，较抗裂果，耐储运。是一个生食与加工兼用的品种。

此外，还有大连市农业科学研究所培育的巨红（彩图20）、晚熟优系8-102（彩图21）等。

【典型经验】

1991年烟台市芝罘区黄务村村民韩某，通过对小樱桃嫁接改良后，单个果体比小樱桃增大3~5倍，营养价值更高。此项技术得到了国家的重点奖励，拨款500万在黄务修建了甜樱桃培育基地。后来改良品种越来越多，种植面积也越来越大，逐渐被各地果农所种植。

四 鲜食加工兼用型品种

目前，鲜食加工兼用型品种主要有雷尼、早大果、大紫、那翁、海波绕斯、司力姆、甜安、友谊等，有些品种已经在上文介绍过了，这里不再一一赘述。

五 加工品种

目前生产中加工用的品种一般多采用酸樱桃或中国樱桃系列的品种。酸樱桃和中国樱桃虽不属于甜樱桃品种，但是在甜樱桃园中栽培一些酸樱桃或中国樱桃品种，不但可以起到授粉作用，还可满足不同时期采摘和观光的需要。

例如，吉林红樱桃1号，该品种是从加拿大引进的酸樱桃品种伊温斯，2004年11月通过吉林省农作物品种审定委员会审定。果实近球形，单果平均重5.5g，紫红色，果肉成熟时黄色，汁多，酸中带甜，味极好，为加工优良品种。还有玻璃灯（酸樱桃、琉璃泡、长把酸、毛把酸），这是一个古老的酸樱桃品种，分布于山东、河北、辽宁等地。果实圆球形或扁圆形，平均单果重4~5g；果皮红色或紫红色，肉软味酸，树体抗寒性较甜樱桃强。主要用于加工罐头和果汁。此外，莱阳矮樱桃是莱阳市林业局从中国樱桃中选育的优良品种，分布于山东、陕西、河南、河北等地。果实圆形或卵圆形，味酸甜，平均单果重2～3g，果皮红色、橙黄色或黄色，肉软味酸甜，树体抗寒性较甜樱桃差。中国樱桃果实既可鲜食，又可加工果汁和罐头。

除了以上分类方法外，还可以根据颜色分类，一般分为黄、红、紫色三类。黄色樱桃，果面黄色，有时阳面有红晕。代表品种有那翁、佐藤锦、雷尼尔、巨红等；红色品种很多，例如：红灯、芝罘红、意大利早红等；紫色樱桃，果面紫红色至深紫色，代表品种有大紫、拉宾斯、滨库等。在生产实际当中，在着色条件好的情况下，黄色樱桃可能变为红色樱桃，红色樱桃也可能变为紫色樱桃。因此，在美国一般分成深色樱桃和浅色樱桃两类。

还有，根据果肉硬度分为硬肉、软肉和半硬半软三类。硬肉品种肉质硬、脆、储运性好，适宜制罐头，但常常容易裂果，代表品种有那翁、红丰等；软肉品种肉质软，储运性较差，但一般不裂果或者裂果较轻，代表品种有大紫、黄玉等；半硬半软品种性状居中，代表品种有红灯等。

又如，根据果实大小进行分类。一般根据单果重分为特大型果（平均单果重大于10g）、大型果（平均单果重8～10g）、中型果（平均单果重6～8g）、小型果（平均单果重4～6g）、极小型果（平均单果重小于4g）。

此外，根据生长特性可分为紧凑型（短枝型）和普通型两种，紧凑型如紧凑型先锋、短枝型斯坦勒等，而多数樱桃属于普通型；根据开花结实特性还可分为自花结实品种，如斯坦勒、拉宾斯、斯塔克艳红等，其他多数樱桃品种均属于异花结实品种。

第三节　甜樱桃主栽品种的选择

一般情况下，甜樱桃的主栽品种要求具有果个大、颜色好看、抗裂果、风味佳、耐储运等特性，但事实上，任何一个品种都不可能完美无缺。肉质硬度大的品种，一般储运性能虽好，但往往裂果较严重；色泽鲜红艳丽的品种，商品价值虽高，但易遭鸟害；果个大的品种，虽受市场欢迎，但易受碰压伤。因此，选用品种时，首先考虑主要经济性状，对可能出现的不良性状，通过采用品种间的合理搭配和运用综合的栽培管理技术予以克服。此外，不同地区生态条件差别较大，生产中可能出现的问题也不尽相同，在选择品种时还要考虑当地的生态环境条件。

一 成熟期

根据成熟期的早晚分为早熟、中熟和晚熟三类。甜樱桃以成熟早、上市早占据主要优势，一般成熟越早，经济效益越高。例如，在华北地区，早熟品种的成熟期多在雨季到来前，一般不容易发生裂果。因此生产上应以选择早熟品种为主。中熟品种果实发育期50～60天，晚熟品种果实发育期超过60天，最长可达80天。目前，生产中多选择早熟品种，但是应注意早中晚品种的合理搭配，延长鲜果供应期。

例如，适宜栽培区偏南地区（山东半岛、黄河中游地区、皖西地区等）物候期早，果实成熟早，早熟品种可以更早供市，商品价值会更高，这些地区应以早熟品种为主，成为重点早熟栽培区。而偏北地区（辽宁大连等地区）物候期晚，相同品种的果实成熟期比偏南地区晚很多，这些地区的早熟品种供市期与南部地区中、晚熟品种的成熟期相近，因此没有市场竞争力，而这些地区的晚熟品种的成熟期，是南部地区无鲜果成熟供市时，则有很大的市场空间，所以应以晚熟品种为主，成为晚熟品种优势区。

另外，以旅游观光、采摘的生产园，早、中、晚熟品种比例应均等，不突出主栽，果实颜色上也应红、黄色均等，以延长采摘时间。

二 果个大小

在水果中，甜樱桃果个相对较小，因而在选择品种时，果个大小是重要的考虑因素。甜樱桃单果重一般都在5g以上，最大果重可达20g，多数品种单果重在9～11g之间。目前生产上，早大果、红灯、布鲁克斯（彩图22）、萨米脱、雷尼、滨库、友谊等，均为大果品种。

三 果实风味

甜樱桃以甜味为主，酸甜味浓，就目前品种来看，佐藤锦（彩图23）的风味最佳，布鲁克斯、红宝石甜味浓，早大果、雷尼、黄玉、滨库、那翁、芝罘红、拉宾斯、先锋、友谊、烟台1号等风味属上等，红灯风味淡，红蜜仅有甜味。

四 丰产性

在正常年份，丰产的品种有萨米脱、桑提娜、友谊、拉宾斯、先锋、芝罘红、红丰、雷尼、红灯等。

五 色泽

按人们的爱好和消费习惯，深色（红色或紫色）品种比浅色（黄色）品种在市场上更有竞争力，因此，生产中应以深色品种栽培为主。早大果、红灯、美早、桑提娜、先锋、甜心、滨库、拉宾斯、萨米脱等都是较好的深色品种。但浅色品种中不乏一些丰产、果较大、肉硬、风味好的优良品种，如佐藤锦、雷尼、烟台1号等，也可作为主栽品种发展。

六 抗裂果

在甜樱桃生产中，裂果是影响果实品质的一个非常重要的因素。品种间抗裂果性有一定差异。莱州早红、甜心、拉宾斯、萨米脱、斯坦勒等品种，都是抗裂果的品种。

七 适地适栽

选择与当地自然条件相适应的品种，做到适地适栽。选择品种时首先要考虑温度、降水、日照等气候条件，栽培品种必须与之相适应，如适栽区域的偏北地区，要尽量选用耐寒力较强、抗裂果的中、晚熟品种，偏南地区应选择需冷量低、抗裂果的早、中熟品种；晚霜危害严重的地区，要选择花期耐霜害的品种。

环渤海地区选择中晚熟品种栽培；陇海铁路沿线地区选择极早熟和早熟甜樱桃品种栽培；西南高海拔地区可以利用其不同海拔选

择极早熟和极晚熟的品种栽培，这是此地区甜樱桃生产的优势；南疆等分散栽培区选择早、中熟品种。

【提示】 为提高生产效益，首先应选择与栽培目的和当地自然条件相适应的品种，其次是选择综合性状优良的品种。

第三章
樱桃的生物学特性

第一节 形态特征

一 根系

樱桃的根系主根不发达，主要由侧根向斜侧方向伸展，一般根系较浅，须根较多，但不同种类有一定差别。一般用作甜樱桃砧木的马哈利樱桃、考特和山樱桃根系比较发达。中国樱桃根系较短，主要分布在5～30cm深的土层中（图3-1）。

图3-1 不同樱桃种类的根系

砧木繁殖方法不同，根系生长发育的情况也不同。播种繁殖的砧木，垂直根比较发达，根系分布较深。用压条等方法繁殖的无性系砧木，一般垂直根不发达，水平根发育强健，须根多，固地性强，在土壤中分布比较浅。

土壤条件和管理水平对根系的生长也有明显的影响。土壤沙质、透气性好、土层深厚、管理水平高时，樱桃根量大，分布广，为丰产稳产打下基础；相反，如果土壤黏重、透气性差、土壤瘠薄、管理水平差时，根系则不发达，也影响地上部分的生长和结果。目前生产上常将多效唑在土壤中施用，对樱桃根系的生长有抑制作用，从而也能控制地上部分旺长。但是多效唑如果用量过大时，能产生对根系的毒害，而很难恢复，甚至使部分根系死亡。

【提示】嫁接的樱桃树根系易发生根蘖苗，常围绕树干丛生出大量根蘖苗，实际上这也是嫁接亲和力较差的一种表现（图3-2）。

图3-2　根茎部萌生根蘖苗

二　枝干

樱桃属于落叶乔木树种。甜樱桃树冠大小和杏树比较相似，一般高达4~5m，通常小树有中央主干，大树中央主干不明显，形成圆头形或扁圆头形。枝条外皮比较光滑，有横向皮孔（图3-3），枝干上有时能形成花束短枝，这是和其他果树有区别的一个特点。

三　芽与花芽分化

樱桃的芽单生。按其性质分为叶芽和花芽两类。无论枝条的性质如何，甜樱桃枝的顶芽均为叶芽，而侧芽有的是叶芽有的是花芽，这因树龄和枝条的生长势不同而不同。一般幼树或成龄树旺枝上的侧芽多为叶芽。成龄树上生长势中庸或偏弱枝上的侧芽多数为花芽。从形态上看叶芽瘦长，呈尖圆锥形；花芽较肥胖，呈尖卵圆形，两者有较明显的差别（图3-4）。结果枝上的花芽通常在果枝的中下部，花束枝除中央是叶芽外，四周都是花芽。

图 3-3　樱桃枝条光滑的外皮上有横向皮孔

图 3-4　樱桃的芽

樱桃的侧芽都是单芽，这与其他核果类果树不同，即每个叶腋间只形成一个叶芽或花芽，没有桃、李那样的复生芽，因此，在修剪时必须认清叶芽和花芽，短截部位的剪口芽必须留在叶芽上，才能保持生长力，若剪口留在花芽上，一方面果实附近无叶片提供养分，影响果实发育，品质差，另一方面该枝结果后便枯死，形成枯枝。樱桃侧芽的萌发力很强，1 年生枝上的叶芽多数都能萌发，只有基部极少数侧芽有时不萌发而转变成潜伏芽（隐芽）。即使是直立的枝条其侧芽也都能萌发，这个特点有利于樱桃的修剪管理，容易达到立体结果。

品种间，大紫、小紫、黄玉等品种的萌芽率较高，滨库、那翁等品种的萌芽率稍低。甜樱桃的成枝力较强。健壮的幼树的长枝短截或缓放后，一般能抽生出 3～5 个及更多的长枝，形成所谓的“三杈枝”“四杈枝”或“五杈枝”。品种间，大紫、小紫的成枝力较强，那翁、红丰、黄玉的成枝力偏弱。不同年龄时期中，以幼树期成枝力最强，进入结果期后逐渐减弱，盛果期时有的甚至抽不出中、长枝。

甜樱桃的芽具有早熟性，有的在形成当年就能萌发，使枝条在一年中出现二次萌发现象，形成副梢。生产上可以利用这种特性，对苗木或者幼树进行人工摘心，促进分枝，扩大树冠，加速成形，尽早结果。据试验，对 3 年生大紫、那翁幼树的新梢摘心，比对照分枝数增加 90%～130%，树冠扩大 14.3%～33.3%，开花株率达到 10%左右。

樱桃幼树往往需要通过冬季短截来培养骨干枝和增加枝量。一般粗壮的枝条在剪口下能抽生出3~5条中、长发育枝，其余芽抽生短枝或叶丛枝。枝条冬季短截虽然能增加成枝力，但是能刺激叶芽生长旺盛而延迟结果。因此，在幼树有一定树形后，可以通过夏季摘心来增加枝量，一般在新梢长至10~15cm时摘心，摘心部位以下的叶芽有1~2个萌发成中、短枝，其余芽则抽生叶丛枝，在营养条件较好的情况下，叶丛枝当年可以形成花芽。所以，夏季摘心是增加分枝、加速成形、提早结果和早期丰产的重要手段。

樱桃潜伏芽大多是由枝条基部的副芽和少数没有萌发的侧芽转变而来。副芽着生在枝条基部的两侧，形体很小，通常不萌发，只有在受刺激时，如重回缩或机械损伤时，伤口附近副芽即萌发抽出新枝（图3-5），因此30多年的樱桃大树其主枝很容易更新，这是维持结果年龄，延长寿命的重要特性。

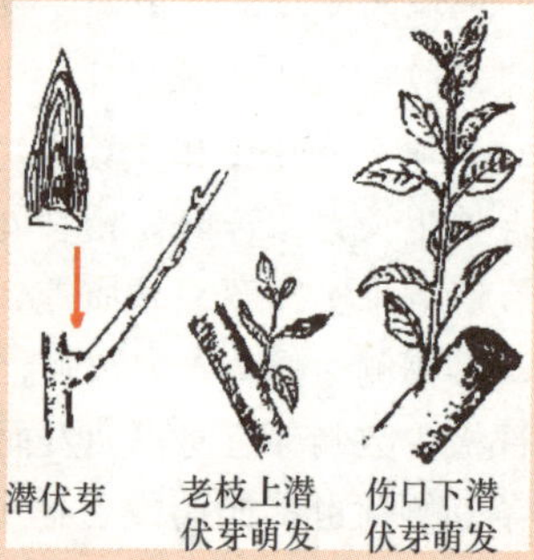

图3-5 潜伏芽及萌发情况

甜樱桃的花芽分化具有分化时期集中、分化过程迅速的特点。据于绍夫在烟台地区对那翁花束状果枝的观察，其花芽生理分化期，主要是在春梢停长，采果后10天左右。形态分化期在采果后的1~2个月。形态分化过程，可以划分为花原基显现期、花萼原基分化期、花瓣原基分化期、雄蕊原基分化期、雌蕊原基分化期5个时期。

【注意】 甜樱桃花芽分化期间，如果营养条件不良，会影响花芽质量，甚至出现雌能败育花。雌能败育花柱头极短，矮缩于萼筒中，花瓣未谢，柱头和子房已黄萎，不能坐果。

四 枝条与果枝类型

樱桃的枝条按其性质，可分为发育枝和结果枝两类。发育枝又称营养枝或生长枝，其顶芽和侧芽都是叶芽。幼龄树和生长旺盛的树一般都形成发育枝，叶芽萌发后抽枝展叶，是形成骨干枝、扩大树冠的基础。进入盛果期和树势较弱的树，抽生发育枝的能力越来越小，使发育枝基部一部分侧芽也变成花芽，发育枝本身成了既是发育枝，又是结果枝的混合枝。

结果枝枝条上有花芽、能开花结果，这类枝条称结果枝，按其长短和特性可分为混合枝、长果枝、中果枝、短果枝、花束状果枝5种（图3-6）。

1）混合枝：长度在20cm以上。中上部的侧芽全部是叶芽，枝条基部几个侧芽为花芽。这种枝条能发枝长叶，扩大树冠，又能开花结果。这种枝条上的花芽发育质量差、坐果率低、果实成熟晚、品质较差。

图3-6　樱桃生长期果枝类型

2）长果枝：长度为15~20cm。除顶芽及其邻近几个侧芽为叶芽外，其余侧芽均为花芽。结果后中下部光秃，只有顶部几个芽继续抽生出长度不同的果枝。初期结果的树上，这类果枝占有一定的比例，进入盛果期后，长果枝比例减少。

3）中果枝：长度为5~15cm。除顶芽为叶芽外，侧芽全部为花芽。一般分布在2年生枝的中上部，数量不多，也不是主要的果枝类型。

4）短果枝：长度在5cm以下。除顶芽为叶芽外，其余芽全部为花芽。通常分布在2年生枝中下部，或3年生枝条的上部，数量较多。短果枝上的花芽，一般发育质量较好，坐果率也高，是樱桃的主要果枝类型之一。

5）花束状果枝：是一种极短的结果枝，年生长量很小，仅为1~2cm，节间很短，除顶芽为叶芽外，其余均为花芽，花芽围绕在叶芽的周围。花芽紧密成簇，开花时好像花簇一样，故称花束状果枝。这种枝上的花芽质量好、坐果率高、果实品质好，是盛果期樱桃树最主要的果枝类型。花束状果枝的寿命较长，一般可达7~10年，那翁品种甚至长达20年。一般壮树壮枝上的花束状果枝花芽数量多，坐果率也高，弱树、弱枝则相反。由于这类枝条每年只延长一小段，结果部位外移很缓慢，产量高而稳定，各类果枝休眠期的形态如图3-7所示。

图3-7 樱桃休眠期的各类结果枝

以上几类结果枝因树种、品种、树龄、树势不同所占的比例也不同。甜樱桃在盛果期初期有些品种以短果枝结果为主，如大紫、小紫、养老、红蜜、红艳等，有些品种以花束状果枝结果为主，如那翁、滨库、雷尼、红灯等。但总的来说与树龄和生长势有关，在初果期和生长旺的树中，长、中果枝占的比例较大，进入盛果期和偏弱的树则以短果枝和花束状果枝结果为主。

五 叶

樱桃叶为卵圆形、倒卵形或椭圆形。先端渐尖，基部有腺体1~3个（图3-8），颜色与果实颜色相关。一般中国樱桃树叶较小，而甜樱桃树叶较大，另外中国樱桃叶缘锯齿多尖锐，甜樱桃锯齿比较圆钝。叶的大小、形状及颜色，不同品种有一定差异。

六 花

花为总状花序，有花1~10朵，多数为2~5朵。花未开时，为粉红色，盛开后变为白色，先开花后展叶。花瓣5枚，雄蕊20~30枚，雌蕊1枚（图3-9）。樱桃花的授粉结实特性，不同种类区别较大，中国樱桃与酸樱桃花粉多，自花结实能力强。欧洲甜樱桃除拉宾斯、斯坦勒、斯塔克、艳红等少数品种有较高的自花结实性外，大部分品种都明显地自花不实，而且品种之间的亲和性也有很大不同。因此，建立甜樱桃园时要特别注意配置好授粉品种，并进行放蜂和人工授粉。

图 3-8　叶的形态

图 3-9　樱桃开花状

七 果实

樱桃的果实较小，中国樱桃单果重仅 1g 左右，欧洲甜樱桃单果重一般为 5～10g 或更大一些。果实有扁圆形、圆形、椭圆形、心脏形、宽心脏形、肾形等；果皮颜色有黄白色、有红晕或全面鲜红色、紫红色或紫色；果肉有白色、浅黄色、粉红色及红色；肉质柔软多汁；有离核和黏核两类，核椭圆形或圆形，核内有种仁，或者无种仁。中国樱桃、毛樱桃成仁率高，可达 90%～95%，欧洲甜樱桃的成仁率低。

第二节　年生长周期与特点

樱桃一年中从花芽萌动开始，通过开花、萌叶、展叶、抽梢、果实发育、花芽分化、落叶、休眠等过程，周而复始，这一过程称为年生长周期。了解这一生长发育规律，可以采取相应的栽培管理措施，满足樱桃生长发育所需要的条件，达到优质、丰产、高效的目的。

一 萌芽和开花

甜樱桃对温度反应比较敏感，当日平均气温到10℃左右时，花芽开始萌动（北京地区在4月初）；日平均气温达到15℃左右开始开花（北京地区在4月10日左右），整个花期约10天，一般气温低时，花期稍晚，大树和弱树花期较早。同一棵树，花束状果枝和短果枝上的花先开，中、长果枝上的花开花稍迟。同一朵花通常开3天，其中开花第一天授粉坐果率最高，第二天次之，第三天最低。中国樱桃的花期比欧洲甜樱桃早15天左右。

又据在大连观察，甜樱桃不同品种的花期略有不同，但比酸樱桃早，是其受春霜危害较重的原因之一。中国樱桃的花期比甜樱桃早20～25天，故发展和栽培甜樱桃时，必须注意当地花期的气候条件（表3-1）。

表3-1　樱桃的物候期（月/日）

种和品种	花芽萌动	初花期	盛花期	终花期	叶芽萌发	新梢停止生长	果实成熟	落叶
早紫	4/10	4/25	4/28	5/9	4/16	6/2	6/2	9/27～10/11
那翁	4/13	4/28	5/2	5/16	4/25	6/12	6/7	9/23～10/11
毛把酸	4/5	5/2	5/4	5/16	4/21	6/7	6/2	9/25～10/9

二 新梢生长

叶芽萌动期，一般比花芽萌动期晚5～7天，叶芽萌发后约有7天左右是新梢初生长期。开花期间，新梢基本停止生长。花谢后再转入迅速生长期。以后当果实发育进入成熟前的迅速膨大期，新梢则停止生长。果实成熟采收后，对于生长势比较强的树，新梢又一次迅速生长，到秋季还能长出秋梢。生长势比较弱的树，只有春梢一次生长。幼树营养生长比较旺盛，第一次生长高峰在5月上中旬，到6月上旬延缓生长或停长，第二次在雨季之后，继续生长形成秋梢。

三 果实发育

樱桃属核果类，果实由外果皮、中果皮（果肉）、内果皮（核壳）、种皮和胚组成。可食部分为中果皮。果实的生长发育期较短，从开花到果实成熟需35～55天。甜樱桃的果实发育过程表现为三个阶段。

1）第一阶段为第一次迅速生长期，从谢花至硬核前。主要特点为果实（子房）迅速膨大，果核（子房内壁）迅速增长至果实成熟时的大小，胚乳也迅速发育。这一阶段的长短，不同品种表现不同，大紫为14天，那翁为9天。这阶段结束时果实大小为采收时果实大小的53.6%～73.5%。这说明这阶段时间虽不长，但果实生长迅速，对产量起重要的作用。

2）第二阶段为硬核和胚发育期。主要特点是果实纵横径增长缓慢，果核木质化，胚乳逐渐被胚发育所吸收而消耗，这阶段大体为10天。这个时期果实实际增长仅占采收时果实大小的3.5%～8.6%。如果此阶段胚发育受阻，果核不能硬化，果实会变黄，萎蔫脱落，或者成熟时多变为畸形果。

3）第三阶段为第二次迅速生长期，自硬核至果实成熟。主要特点是果实迅速膨大，横径增长量大于纵径增长量，果实着色，可溶性固形物含量增加。本阶段大紫需11天，那翁为17天，这个时期果实的增长量占采收时果实大小的23%～37.8%，这个阶段在迅速生长的同时主要是提高品质。甜樱桃果实的发育过程如图3-10所示。

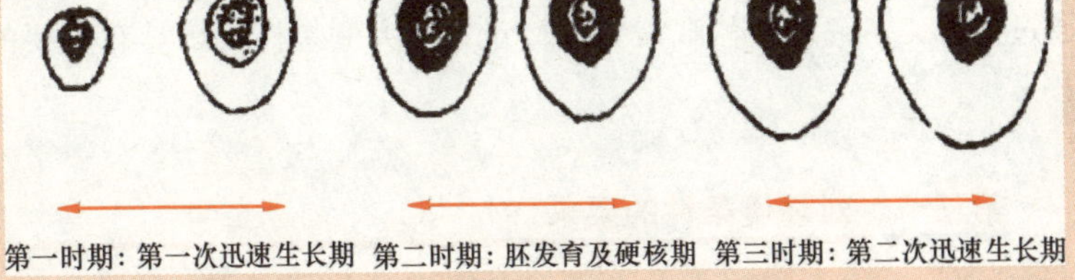

图3-10 甜樱桃果实的发育过程

⚠【注意】果实在发育第三阶段如果遇雨，或者前期土壤干旱，后期灌水过多易产生裂果现象。从果皮的解剖观察可见在果实缝合线部细胞排列不紧密，这是引起裂果的原因之一。生产上要保持稳定的土壤水分状况，维持树势，以防采前裂果。

四 花芽分化

甜樱桃花芽分化时间较早，在果实采收后10天左右便开始生理分化，而后转入形态分化。从解剖镜观察，开始形成苞片而后形成花原基，再进入花萼形成期，花瓣形成期及雄蕊和雌蕊原基形成期5个时期，历时1个多月，山东一般在6月下旬至7月上中旬。在正常情况下，甜樱桃每朵花只分化1个雌蕊，但在夏季高温干燥时，1朵花可以分化出2~4个雌蕊，第二年开花结果后，能结出2~4个果连在一起的畸形果，例如，在1997年夏北京地区高温干燥，1998年此地区生产的樱桃连体畸形果比例较多。为了促进花芽分化，在樱桃采收后要及时施肥浇水，补充果实的消耗，促进枝叶的功能，制造更多的光合作用产物，为花芽分化提供物质保证。

五 落叶和休眠

我国北方地区樱桃落叶一般在初霜开始时，大约在11月中旬。在管理粗放的情况下，由于病虫危害及干旱引起的早落叶，对树体营养积累、安全越冬会有不良影响，并且会引起第二年减产。落叶后即进入休眠期，树体进入自然休眠后，需要一定的低温积累，才能进入萌发期。根据日本佐藤昌宏的资料，甜樱桃在7.2℃以下需经过1440h，自然休眠才能结束。也就是说在7.2℃以下需两个月才能通过休眠，了解自然休眠需要的冷量，对大棚果树栽培具有重要的意义。

第三节 对环境条件的要求

一 温度

樱桃是喜温而不耐寒的落叶果树，中国樱桃原产于我国长江流域，适应温暖潮湿的气候，耐寒力较弱，故长江流域及北方小气候比较温暖地区栽培较多。甜樱桃和酸樱桃原产于亚洲西部和欧洲等地，适应比较凉爽干燥的气候，在我国华北、西北及东北南部栽培较宜。但夏季高温干燥对甜樱桃生长不利。甜樱桃不耐高温：6～9月高温干燥造成第二年双子果多。南方高温高湿，树体徒长，树冠郁闭。冬季最低温度不能低于－20℃，过低的温度会引起大枝纵裂和流胶（图3-11）。另外花芽易受冻害（图3-12）。在开花期温度降到－3℃以下花即受冻害，所以在发展樱桃时，不宜在过分寒冷的地区。

图3-11　冻裂的樱桃树干

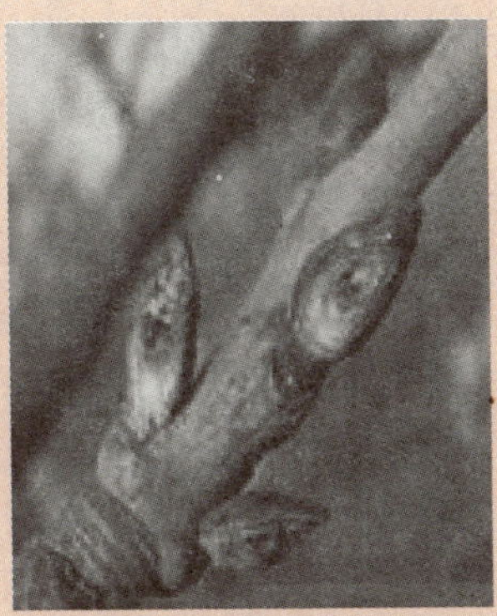

图3-12　樱桃受冻花芽

甜樱桃早春开花期早，影响樱桃产量最严重的是早春霜冻。据文献记载，樱桃由萌芽、开花到幼果生长的不同时期，对低温的耐力不同，其致害的温度在花蕾期为－2.5～－1.7℃；开花期和幼果期为－2.8～－1.1℃。温度变化不同，其危害程度也有差别，如果温度急剧下降，花芽受冻可达96%～97%，温度缓慢下降时则仅为3%～5%。

【提示】 甜樱桃对低温适应顺序是这样的，较耐寒的是甜樱桃的杂交种，其次是软肉品种黄玉、大紫和早紫等，再次为硬肉品种那翁、滨库等。

二 水分

甜樱桃对水分状况很敏感，既不抗旱，也不耐涝。果实成熟期间空气湿度大会造成裂果。甜樱桃栽培过程中忌干旱，需有水浇条件。据烟台1958年调查，甜樱桃5~6月果实发育期间，如果无灌水条件的，落果率达47%以上。土壤含水量为7%时，甜樱桃叶片萎蔫变色；土壤含水量为10%时，地上部停止生长。甜樱桃缺水不仅影响产量，而且果小并形成大量畸形果。尤其是在初夏干旱、供水不足的情况下，新梢生长受抑制并引起大量落果。2011年春季，持续干旱导致青岛等地大面积樱桃树几乎枯死（彩图24），因此，发展甜樱桃应有水源保障。

从世界各国甜樱桃的栽培分布区来看，大都选在靠近水系流域或近沿海地带。我国甜樱桃的主要栽培区目前多分布在环渤海的山东烟台、辽宁大连等地，这两地靠近海，年降雨量为600~900mm，空气也比较湿润。但这并不能限制降雨量少的地区栽培甜樱桃，像美国甜樱桃生产区华盛顿州的雅基玛和韦纳契，年降雨量不超过250mm，生长季降雨量不超过150mm。乌克兰甜樱桃产区主要分布在靠黑海沿岸的夏天干旱地区，年降雨量不超过300mm，7~9月很少降雨，但这些地区温度适宜，光照充足，有良好的灌溉条件，甜樱桃生长好，而且优质高产。

樱桃和其他核果类一样，根系要求较高的氧气，如果土壤水分过多，氧气不足，将影响根系的正常呼吸，树体不能正常地生长和发育，引起烂根、流胶，严重的将导致树体死亡。如果雨水大而没及时排涝，樱桃树浸在水中2天，叶子即萎蔫，但不脱落，叶子萎蔫不能恢复甚至引起全树死亡。

就抗涝性状而言，选择好砧木也很重要。据有关调查，酸樱桃（毛把酸）抗涝性最好，其次为考特，中国樱桃大叶品系好于中国樱桃小叶品系。在选用砧木时，可根据地下水位的高低和立地条件因地制宜。

【典型经验】 甜樱桃涝灾时注意防治早期落叶病

2012年8月上旬，辽宁省全省遭遇暴雨袭击，涝害给果树生产造成很大影响，其中不耐涝的甜樱桃受害严重。降雨造成土壤含水量及空气湿度增大，增加了樱桃褐斑穿孔病、叶斑病、细菌性穿孔病等病害的发生概率，甜樱桃根系受到不同程度危害，出现烂根、叶片萎蔫、黄化等症状，甚至出现死树。所以，要做好甜樱桃早期落叶病的防治工作，防止发生早期落叶，确保树体尽快恢复树势，提高树体抗逆性。

三 光照

樱桃是喜光树种，尤其是甜樱桃，其次是酸樱桃和毛樱桃，中国樱桃比较耐阴。光照条件好时，树体健壮，果枝寿命长，花芽充实，坐果率高，果实成熟早，着色好，糖度高，酸味少。光照条件差时，树体易徒长，树冠内枝条衰弱，结果枝寿命短，结果部位外移，花芽发育不良，坐果率低，果实着色差，成熟晚，质量差。有试验表明，甜樱桃花期的光照强度降低到自然光照的27.9%时，花粉发芽率由78.6%下降为72.1%。因此建园时要选择阳坡、半阳坡，栽植密度不宜过大，枝条要开张角度，保证树冠内部的光照条件，达到通风透光。

四 土壤

樱桃对土壤的要求因种类和砧木而异。土壤是甜樱桃树体赖以生存的基础，肥沃的沙质壤土、壤质沙土地和砾质壤土适合甜樱桃生长。甜樱桃为浅根系果树，即使选择根系强壮的砧木，也不会像苹果、梨的根系那样能扎入土壤深处。根系呼吸强度大，需要氧气多，土壤要疏松，透气性要好，因此，对土壤管理也有特殊的要求。

甜樱桃适宜在土层深厚、土质疏松、透气性好、保水力较强的沙壤土或砾质壤土上栽培。在土质黏重的土壤中栽培时，根系分布浅，不抗旱，不耐涝，也不抗风。樱桃树对盐渍化的程度反应很敏感，适宜的土壤pH为6.0~7.5，因此盐碱地区不宜种植樱桃。

樱桃很容易患根癌病（彩图25），土壤中有根癌病菌及线虫则容易传染根癌病。种植樱桃、桃、李、杏的老果园，土壤中根癌病菌多，不宜栽植樱桃树，更不宜作为发展樱桃的苗圃。如果树苗有根癌病，将引起更严重的后果。

目前，甜樱桃园土壤有机质含量普遍较低，大多不足1%，随着甜樱桃栽培面积的迅速扩展，在沙滩地、山岭地等不太适合的土壤条件下定植栽培越来越多。在这种情况下，必须按土壤类型进行严格改良。各种类型土壤的特性和改良重点如下。

1. 山丘粗骨土

土壤透气性较好，但干旱瘠薄，水土流失严重，保水保肥能力差，常因缺肥缺水使树体生长迟缓，叶片小、黄、质脆，生长能力差，经常发生缺素症（如缺锌、缺硼等）。应大量增施有机肥以提高土壤肥力水平和保水保肥能力。栽前整修梯田等水土保持工程，并注意深翻改土、加厚土层等。注意校正缺素症。

2. 沙滩地

透气性好，养分分解速度快，根系发达。但土壤瘠薄，漏水漏肥，肥水供应不稳定，树势易衰弱。肥水大量供应时，因根系发达，透气性好，容易引起短期旺长，如6月以后大量自然降雨引起的秋梢旺长。而且正因根量大，水分、养分耗竭快，加上易渗漏损失，雨季过后水分、养分极易缺乏，常导致秋季叶片早衰。另外冲积土平原沙滩地下部常存在黏板层和地下水位过高的问题。应大量增施有机肥并掺黏土，提高保肥保水及供肥供水能力。注意打破黏板层，降低地下水位，定植沟下部埋草改良土壤。

3. 石灰岩山麓、冲积平原黏土地

土壤保水保肥力强，但同期透水性差，根系分根少、密度小，雨季易积水引起秋梢旺长和新梢中下部叶早落。应深翻增施有机肥，掺沙或砾石改善土壤透气性。栽前挖排水沟。

4. 盐碱土壤

甜樱桃对土壤的酸碱度有一定的要求，pH为6.0~7.5的土壤最适合甜樱桃生长。但如果土壤的pH超过7.8时，则需土壤改良。沿海地区气候较适于甜樱桃生长发育，但土壤往往存在不同程度的盐碱。有效的改良方法是：在定植前挖沟，沟内铺20~30cm厚的作物秸秆，形成一个隔离缓冲带，防止盐分上升；大量施用有机肥，可以有效降低土壤pH；在施用钾肥时，采用硫酸钾，施用氮素化肥采用硫酸铵；勤中耕松土，切断毛细管，减少土壤水分蒸发，从而减少盐分在表土的积聚；采用地面覆草、地膜覆盖、种植绿肥等，均可有效地改良盐碱土壤。

五 风

樱桃的根系一般比较浅，抗风能力差。严冬早春大风易造成枝条抽干，花芽受冻；花期大风易吹干柱头黏液，影响昆虫授粉；夏秋季台风，会造成枝折树倒，造成更大的损失。因此，在有大风侵袭的地区，一定要营造防风林，或选择小环境良好的地区建园。

第四章
甜樱桃育苗技术

第一节　甜樱桃苗圃地的选择

生产优质健壮的苗木是进行甜樱桃优质高效生产的基础。苗木质量不仅直接影响苗木的成活率、树体生长状况和结果状况，而且还关系到甜樱桃对环境条件的适应性、抗逆性和经济寿命的长短。优良的甜樱桃苗木也是进行高产、优质和高效生产的重要保障。现将甜樱桃苗木繁育技术介绍如下。

一　适宜砧木的选择

砧木的选择在一定程度上能影响甜樱桃栽培的成败。适宜的砧木品种，其亲和性好、繁殖容易、固地性好，对土地条件、气候特点等有较强的适应性，对根癌病有高度抗性，且能提高樱桃产量和品质，促进早结果、早丰产等。实践证明，在山东的烟台地区，大叶型草樱桃对土壤适应性强，最适宜在沙壤土或砾质壤土上生长；对根癌病有良好的抗性；与甜樱桃品种嫁接亲和力强，根系分布深，粗根多；嫁接的甜樱桃长势健壮，固地性好，不易倒伏，易丰产。辽宁地区，选用本溪山樱桃比较好。

甜樱桃砧木类型较多，目前我国应用的主要有草樱桃、马哈利樱桃、欧洲酸樱桃、实生黄樱桃、青肤樱、山樱桃、莱阳短樱桃、吉塞拉系列、考特（Colt）、11-93 等，现将其特点介绍如下。

1. 草樱桃（包括大青叶、大叶草樱桃、小叶草樱桃）

树体为灌木或小乔木，嫁接亲和力强，植株健壮，须根发达，无主根，抗根癌病，对土壤适应性强，最适宜在沙质壤土或砾质壤土上生长。在黏重土壤上，如管理不善，7～8 年树嫁接部位容易流胶，严重时造成整株死亡。因根系较浅，嫁接后植株又比较高大，生长季节遇强风易倒伏。抗旱与抗寒能力均差，在华北各地发展欠佳。根蘖萌发力强，枝条能产生气生根，萌蘖分株或枝条扦插均易生根成活，扦插繁殖容易，繁殖系数高，当年每亩可出砧木 4000 余株，水平压条繁殖当年出圃成品苗 6000 余株。

【注意】 用草樱桃作为甜樱桃砧木，嫁接部位要低，定植时嫁接口应与地面持平或略深，可增加其抗旱能力和减少倒伏。

2. 马哈利樱桃

原产欧洲及亚洲西部，是欧美各国广泛采用的甜樱桃和酸樱桃砧木，中国引入后作为甜樱桃砧木。马哈利根系发达，固地性好，抗风能力强，耐寒（－30℃气温下不受冻害）、耐旱、耐瘠薄，抗盐碱地，但不耐涝。适合在壤土或沙壤土中栽培，在黏重土地中生长不良，大量结果后，树易衰弱，易感染根癌病。马哈利种子萌芽率高，多用种子繁殖。实生苗生长健壮，播种当年可供芽接，出苗率高。与甜樱桃嫁接亲和力好，嫁接树结果早、产量高、果实大、抗逆性强。马哈利属乔化砧，嫁接部位高时有矮化作用。嫁接苗进入盛果期后，要控制产量，负载量大时树势很快衰弱，严重的可致死。马哈利砧木易被蛴螬等地下害虫为害，应在幼虫出土期用高效、低毒、广谱杀虫剂 50% 辛硫磷乳油等药剂灌根防治。

3. 欧洲酸樱桃

根系发达，固地性强，实生繁殖，主根粗，细长根多，须根少而短。与甜樱桃品种嫁接亲和力强，长势健壮，树冠高大，丰产，寿命长。在黏重土壤上栽培，树体矮小，易感染根癌病，且易受枝干害虫为害。

4. 实生黄樱桃

实生黄樱桃是由河北省农林科学院昌黎果树研究所从甜樱桃的实生后代中选育出的，根深，抗旱，耐寒。实生繁殖时，种子发芽率较高，砧苗与甜樱桃品种间嫁接亲和力强，嫁接植株生长健壮，树体高大，易丰产。能适应较黏重土壤，但易患根癌病，枝干害虫也严重。

5. 青肤樱

扦插繁殖容易，嫁接成活率高。与甜樱桃品种间嫁接亲和力强，嫁接植株生长健壮，结果良好，作为甜樱桃硬肉品种的砧木，效果更好。青肤樱既不抗旱，也不抗风，更不耐瘠薄，作砧木时嫁接处易断裂。在黏重或沙质土壤上，根系发育不良，根较浅，易患根癌病，但栽培于土层深厚的肥沃沙壤土上效果较好。

6. 山樱桃

主产于辽宁本溪山区，与甜樱桃嫁接亲和力强，生长良好，不耐旱，但耐寒。对根腐病、根癌病抵抗力较好。仅适宜在气候较温暖潮湿的沿海地区和较肥沃的土壤上生长。山樱桃属大乔木，种子发芽率高，苗生长快，当年即可嫁接，嫁接成活率高达90%。嫁接苗生长健壮，三年即可结果。其缺点是作甜樱桃砧木时，有小脚现象，但从高接15年生大树来看，树势强，结果正常。用种子繁殖砧木苗，快而容易，生长旺，当年即可嫁接且成活率高，结果早。嫁接苗根深，有主根系，须根发达，抗旱性、抗寒性非常好。在同等条件下，山樱桃砧木嫁接苗抗抽条能力好，抗旱性好，是我国应用较广泛的樱桃砧木品种。

7. 莱阳矮樱桃（又名中华矮樱桃）

原产山东省莱阳市，是中国樱桃的一个矮生类型。树体矮小或呈小灌木，树势强健，树姿直立，分枝较多，节间短，叶片大而厚，果实产量高，品质好，当地也用作生产品种。根系较大，粗根多，分布深，固地性强，较抗倒伏。对土壤要求不严格，在山丘、河滩地均生长良好，但最好不要在黏土地上建园。嫁接亲和力好，成活率高，对根癌病抗性较强，早果性好，丰产。树体健壮，适应性强，具有明显的矮化、早果作用，是设施栽培理想的矮化砧木类型。莱阳矮樱桃以水平压条或扦插繁殖为主，用其作砧木嫁接时，接芽露出地面5cm以上。

8. 吉塞拉系列

引自德国的新优甜樱桃系列矮化砧，特点是矮化、早果、丰产、抗病毒、抗流胶病和根癌病，并且可栽植于黏重土壤上，树体开张，果实品质优，特别适合密植和温室大棚栽植，2～3 年可结果，3 年生株产能达 10kg，5 年生亩产可达 1200kg 以上；嫁接亲和力强，无小脚现象，抗旱、耐寒、耐盐碱，土壤和气候适应范围更广，扩大了甜樱桃的栽培区域；管理容易，对常见樱桃的细菌性、真菌性和病毒病害均有很好的抗性，包括根癌病、细菌性流胶病、洋李矮缩病毒病和樱属坏死环斑病毒病。吉塞拉系列在挂果后易出现"小脚"现象，应支撑和坑埋主干。加强肥水管理，防止早衰。综合性状较好的有吉塞拉 5、吉塞拉 6、吉塞拉 7 和吉塞拉 12，吉塞拉 5 还被列为欧洲最丰产的甜樱桃矮化砧木，其矮化效果及产量状况优良，树体矮小，适于设施栽培，嫁接树树体开张，分枝基角大，早果丰产性强，抗樱属坏死环斑病毒和洋李矮缩病毒，在黏土地上也能表现良好，萌蘖少，固地性好；吉塞拉 6，半矮化砧木，嫁接树树体开张，圆头形，开花早、结果量大，适应各种类型土壤，在黏土地上生长良好，萌蘖少，抗病毒病，固地性能好；吉塞拉 7，花量大，早果丰产性能强，嫁接树树体开张，适应范围广，抗旱、抗涝、抗病毒；吉塞拉 12，半矮化砧木，适应各类土壤，抗病毒，萌蘖少，固地性能好（图 4-1）。

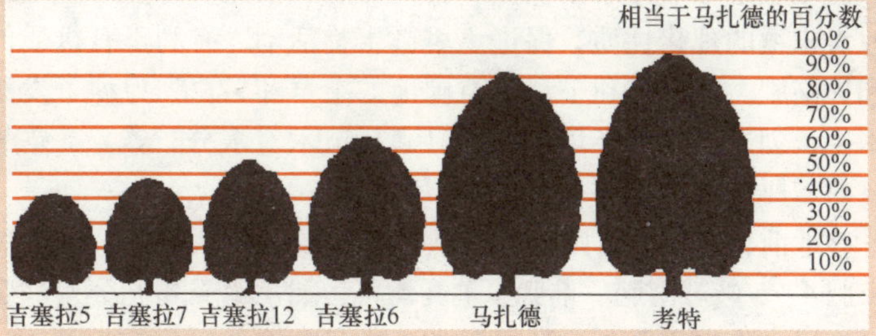

图 4-1　德国吉塞拉系列甜樱桃矮化砧木树体大小

注：马扎德为甜樱桃的野生种，产于欧洲西部，在欧洲作甜樱桃砧木已有 2000 多年的历史，是北美地区应用最普遍的甜樱桃砧木，在我国尚处于试验阶段，在辽宁大连、北京及河北昌黎等地有少量应用。

9. 考特

英国东茂林试验站于1958年用欧洲甜樱桃和欧洲酸樱桃杂交育成。与甜樱桃先锋和斯坦勒嫁接亲和性好。使用压条繁殖尚有困难，在英国现用组织培养进行繁殖。考特适合在湿润土壤中生长，不宜在背阴、干燥和无灌溉条件下栽培，抗病与抗寒力较强。

10. 11-93

大连市农科院选用长白山山樱与中国樱桃杂交选育而成，生长势强，根系好，嫁接亲和力强，无大小脚现象，抗寒，抗病，繁殖容易。一般采用压条或扦插繁殖，繁殖系数高。

二 苗圃地选择和整理

苗圃地质量的好坏直接影响甜樱桃种子萌发、幼苗生长和苗木质量及育苗成本的高低，对甜樱桃育苗至关重要；培育甜樱桃砧木苗的苗圃地应尽量避免土壤黏重、低湿和排水不良的地块，应该选择在排水良好，又有水浇条件的中性壤土或沙壤土上育苗。

适宜繁育甜樱桃优新品种的苗圃地，最好选择背风向阳、土质肥沃、不重茬、不积涝、排水良好，又有水浇条件的中性壤土或沙壤土。培育樱桃苗的圃地以地势平坦、坡度小于5°的缓坡为好，缓坡容易排水，不至于使苗木产生涝害。坡向南、东南、西南均可。

圃地整理是培育甜樱桃健壮苗木的重要措施。合理的整地措施能改良土壤的理化性质，促进土壤微生物活动，有利于有机质的分解和提高肥力，也有利于消灭苗圃地的杂草和害虫，为种子发芽和苗木生长创造良好的环境条件，以满足苗木对水分、养分、空气和热量的需要。

整地前，应根据苗圃地肥力状况，施足底肥。一般每亩施优质农家肥4~5吨。圈肥、堆肥、羊粪均可，如用鸡粪要充分发酵腐熟后再施用。除农家肥外，还可以加入少量复合肥，每亩10kg左右，与农家肥一起撒施。整地深度一般在20cm以上，同时要随耕随耙，以利于土壤破碎，减少水分蒸发。经过细致整地的苗圃地应疏松、细碎、平整、无残根和石块等。

甜樱桃育苗圃地，要在冬前撒施基肥，施后深翻。第二年春育苗前，再耕翻一遍，耙平整细。

【生产经验】 土壤消毒处理

土壤中有许多有害病菌和虫卵，生产经验告诉我们，播种前一定要对土壤进行消毒，杀死害虫。通常使用的杀菌剂是硫酸亚铁，每亩3~10kg，撒施畦面，翻入土中。或用五氯硝基苯与代森锌的混合剂撒入苗床，每亩5~6kg。也可用50%多菌灵可湿性粉剂或70%甲基托布津500倍混土后，播种前对土壤消毒。如果曾经是樱桃的苗圃地或者果园改建的重茬地，可用硝基三氯甲烷消毒，此法对于防治重茬苗圃地中土壤传播的病害有良好的效果。

甜樱桃砧木苗培育应根据育苗方法、砧木苗培育时间和圃地条件做床。一般播种育苗可将苗圃地制成低床，即耕后搂平耙细，做成南北向畦子，畦宽1m，长度视地形和水浇条件而定，以10~20m为宜。压条或扦插育苗，多雨地区，容易积水，可将苗圃地做成高床，床面高30~40cm。无论哪种苗床，均应留出作业道，以方便嫁接、施肥、打药等农事活动。

第二节 甜樱桃苗木培育

培育甜樱桃苗木，应先繁育砧木苗，再将甜樱桃的枝或芽嫁接在砧木苗上，从砧木播种（扦插）到嫁接出圃需两年完成。

一 砧木苗的培育

砧木苗的繁育方法主要有种子直播法、枝条扦插繁殖法、分株繁殖法以及组织培养繁殖法等。生产中山樱桃、马哈利、酸樱桃和中国樱桃多采用种子直播法来培育砧木苗，中国樱桃还可采用枝条扦插或分株等方法来培育砧木苗。吉塞拉因极少结果而无种子，扦插又不易生根，所以生产中多采用组织培养法来培育砧木苗。

1. 种子直播法

用种子繁殖砧木苗成本低，繁殖数量大，根系旺盛粗壮，是生产中应用最多的方法。

（1）种子采集与处理 砧木种子的采集必须在果实充分成熟后进行，采后洗净果肉并漂去秕种，于阴凉处将种皮稍微晾干，不可以暴晒和完全干燥，暴晒干燥会使种子丧失生命力，因此，种子表皮稍干后应立即沙藏，也就是层积处理。沙藏时，沙的湿度以手握成团松手即散为宜。沙藏坑应选择背阴冷凉干燥处，挖50cm深的长条坑，长、宽视种子数量而定，坑底先铺20cm厚的湿沙，将种子与干净过筛的细沙按1∶5的比例混拌均匀后，放入坑内或装尼龙纱网袋平放坑内，中间竖一秫秸把，上盖细湿沙且高出地面，坑上搭防雨盖，防止坑内积水引起烂种（图4-2）。种子储藏期间要定期检查，防止过干、过湿及鼠害等。砧木种子层积时间一般为100～180天，种子开壳后即可播种。若春季播种较晚，储藏坑温度超过2℃以上时，应将种子取出储藏至0℃冷库中，以防止萌芽达2mm以上，影响出苗率。

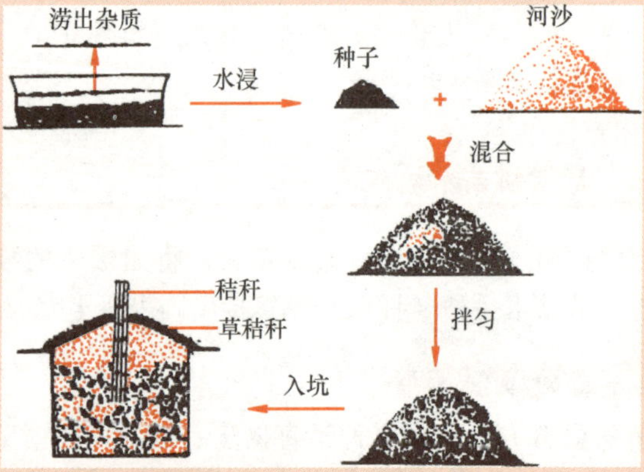

图4-2　种子层积处理过程

（2）播种及播后管理　春秋两季均可播种。春季播种时间为土壤解冻后，秋季播种应在土壤封冻之前。温室播种可在11月种子开壳后进行。多采用营养钵育苗，春季再移入露地栽培，播种时要先将层积好的种子进行室内催芽处理，室温保持在20℃左右，种子露白后，即可进行播种。

田间播种应选择背风向阳的地块，土壤质地为沙壤土或壤土，苗圃地应有灌溉和排水条件。播种方法一般采用垄播，因垄播便于嫁接和管理，播前细致整地，垄宽50～60cm，或平地开沟条播。播后压平底格，上覆潮湿细沙5～6cm厚，若土壤墒情不好，则开沟后先打底水再播种，不压底格，直接盖细沙。盖沙后上覆地膜保墒，待种芽顶土时，在膜上扎孔通风，出苗后顺行将地膜划开，2～3天后去除地膜。

山樱桃种芽顶土能力弱，种子上覆土或萌芽后再播种，都不能保全苗。每亩用种量山樱桃为8～10kg，中国樱桃为10～12.5kg为宜。

砧木苗出土后注意防治立枯病。生长期应加强肥水管理，适当蹲苗。嫩茎木质化后，要追施速效肥料，每亩追施尿素5kg，磷酸二铵5kg，共追2次，每次追肥后及时灌水。7月上、中旬以后适当控制肥水，并叶面喷施0.3%～0.5%的磷酸二氢钾，促使幼苗粗壮，便于嫁接和增强其越冬能力。8月下旬至9月上旬，若苗木粗度达0.4cm以上时可进行带木质部芽接。冬季最低温在－18℃以下的寒冷地区可于第二年春季嫁接。用中国樱桃种子播种的砧木苗，冬季需将根茎嫁接部位埋土防寒。

【小窍门】>>>>

识别毛樱桃种子与山樱桃种子

毛樱桃种子与山樱桃种子的大小与形状相似，生产中经常有将毛樱桃种子当做山樱桃种子误引的，提醒引种者注意。山樱桃种子较圆，每千克湿种子7600～8000粒，毛樱桃种子较山樱桃种子略大、略呈长椭圆，每千克湿种子6500～7500粒。

2. 枝条扦插繁殖法

枝条扦插繁殖法分为硬枝扦插和绿枝扦插两种方法，多用于繁殖中国樱桃苗。

（1）硬枝扦插　插穗采自母株外围的1年生发育枝，粗0.5～1.0cm、长15cm左右，上端剪平，基部剪成马耳形。若在冬季采条，暂不剪成插穗，每50～100根一捆，储藏于地窖或储藏沟内，用湿沙（湿沙的相对含水量60%）封存，扦插时再剪成插穗，冬季储藏期间，注意保持适宜的温、湿度，防止冻害和积水，也可在春季随采随插。

硬枝扦插多采用高畦宽行扦插和高垄扦插法。高畦每畦双行，行距30cm左右，株距15cm；高垄单行垄高10～12cm，垄距30cm，株距10cm，垄和畦上覆地膜。插前用ABT生根粉浸插条基部2～8h。然后将插穗呈60°斜插入内，倾斜方向要一致，地膜外仅露一芽，插后灌水（图4-3）。在发芽期间适量浇水，尽量减少浇水次数，以防降低地温影响生根。

【提示】 插后25天左右生根，生根后注意加强肥水管理，雨季注意排涝和病虫害防治，硬枝扦插一般到秋季时都可以达到嫁接粗度或出圃标准。

（2）绿枝扦插 多在6～7月，选择半木质化、粗度在0.3cm以上的当年生枝，剪成长度15cm左右的枝段作插穗，摘除其下部叶片，保留上部1～2片叶，并剪去叶片的1/2～2/3的先端部分，随采随插。扦插基质采用消毒的河沙、蛭石、珍珠岩等铺在苗床内，厚度20cm左右。扦插时，插条基部剪成斜面，蘸生根粉，呈70°斜插入基质中，深度为插穗长度的2/3（图4-4）。采用迷雾装置或拱棚设施保持空气湿度在90%以上，若无迷雾装置，则需用遮阳网遮阴，保持光照强度在20000lx左右（相当于在1000m^{2}中安装71个40W的日光灯），经常喷水并且每周喷一次杀菌剂。生根后，逐渐降低空气湿度，增加光照和通风量，待新梢长出10cm左右时，选阴雨天移栽至大田苗圃。移栽后及时浇水，刚移栽时，需遮阴才能保证较高的成活率，成活后加强病虫和肥水管理。绿枝扦插繁殖的砧木苗当年不能嫁接，易发生冻害的地区冬季需防寒保护，到第二年春、夏或秋季才能嫁接。

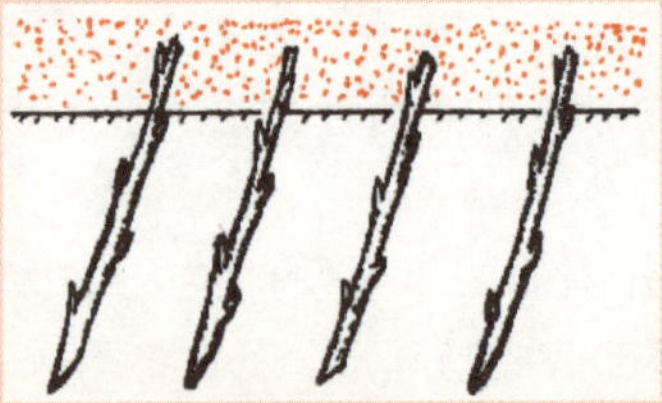

图4-3 硬枝扦插

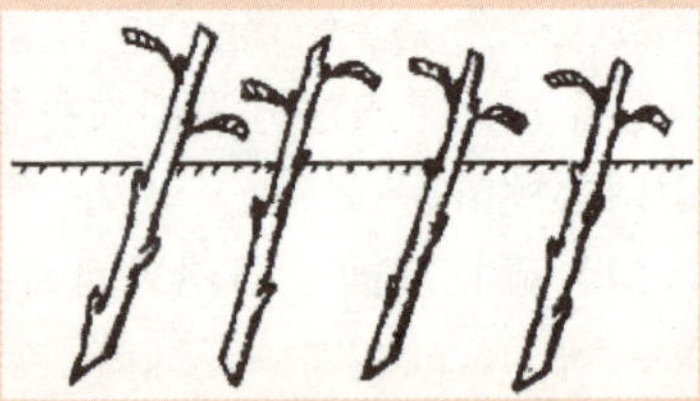

图4-4 嫩枝扦插

3. 分株繁殖法

分株繁殖法分为母树压条分株、母苗压条分株、母树培土分株和母苗平茬分株四种方法，多用于中国樱桃砧木繁殖。

（1）母树压条分株 选择丛状或开心形树形的、生长健壮、枝条粗细较一致的中国樱桃树作为母树，于春或夏季，将母树靠近地面的分枝或侧枝，呈水平状态压埋于地表下，生根后于秋季或第二年春季将已生根的压条剪断，分出新株（图4-5）。

图4-5 母树压条分株

（2）母苗压条分株 将1年生苗木呈45°角斜栽，株距约等于苗高，当苗木萌芽后，将苗木水平压倒并加以固定，上覆细沙或壤土约2cm，新梢长至5～10cm时，按10～15cm的间距留一新梢进行疏间，然后再覆壤土10cm左右，当苗高为30cm左右时再覆一次壤土，覆土前施入复合肥。秋季起苗时，分段剪成独立植株（图4-6）。

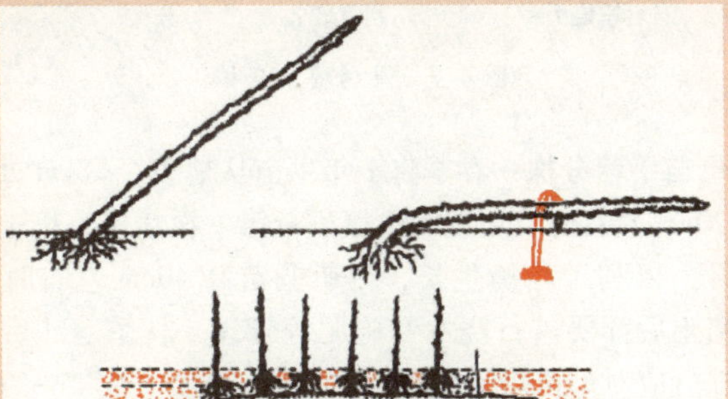

图4-6 母苗压条分株

【生产实例】 **樱桃水平压条技巧**

樱桃苗的水平压条与高空压条有一定的区别，水平压条是目前樱桃砧苗繁殖应用较多的一种方法。早春先按行距60~70cm，开深、宽各为20cm的沟，再将优良的1年生砧苗，顺沟斜栽于沟内，砧苗与地面的夹角为30°左右，株距大致等于苗高，栽后夯实并浇足底水。苗木成活后，侧芽萌发，抽生新梢，当新梢长至10cm左右时，将砧苗水平压入沟底，用小枝杈固定，并培土2cm左右覆盖苗干，然后浇水，以后随新梢生长，分次覆土，直至与地面齐平。

为促进樱桃苗生长，于6月上中旬结合覆土施尿素20kg/亩，苗木长势好的可于6月下旬至7月上旬在圃内嫁接，长势差的可在9月嫁接。秋季起苗时分段截成独立的砧苗。

（3）母树培土分株 选择丛状树形、生长健壮的中国樱桃或酸樱桃树作为母树，早春在树冠基部培起30cm高的湿土堆，促使根部发生根蘖苗，或枝条基部生根（图4-7）。落叶后或第二年春季萌芽前对已生根的萌蘖切离母株，形成独立的苗木个体。

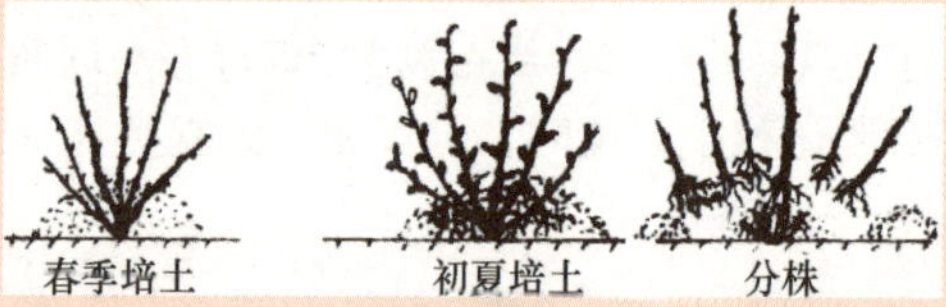

图4-7 母树培土分株

（4）母苗平茬分株 春季将1年生苗从地表5~8cm处剪断，待萌芽长出20cm左右时，用湿润土壤进行第一次培土，培土时将过密的萌蘖分开，以利于均衡生长，待萌蘖苗高40cm左右时再培一次土。两次培土后都要进行浇水和施肥等管理。秋季落叶后扒开土堆分株，分株后应对母苗培土防寒（图4-8）。

4. 组织培养繁殖法

此法培育樱桃砧木苗，不仅繁殖速度快，而且利于保护其优良特性。其方法步骤如下。

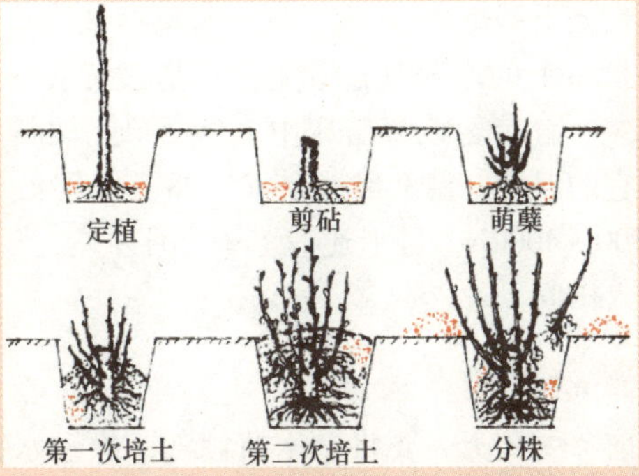

图 4-8　母苗平茬分株

（1）外植体消毒与接种　取田间当年新梢或 1 年生枝条，去叶、用自来水将表面刷洗干净，剪成一芽一段，放入干净烧杯，进入超净工作台消毒，常用消毒剂为 70% 酒精、0.1% 的新洁尔灭、0.1% 升汞（$HgCl_2$），三者可配合使用。先用 70% 酒精浸泡 2～4s，再放到 0.1% 新洁尔灭中浸泡 15min，再用 0.1% 升汞消毒 5～10min，其间用无菌水冲洗 2～3 遍，然后剥去叶柄、鳞片，取出带数个叶原基的茎尖接入培养基，半包埋。樱桃培养基多采用 MS 培养基，附加 BA0.1～1.0mg/L + IBA0.3～0.5mg/L，蔗糖为 30g/L。

（2）初代培养和继代培养　茎尖接种后放到培养条件为：光照 3000lx，8～10h，暗 14～16h；温度 26℃ ±2℃，经大约 2 个月左右的初代培养，每个生长点可长到 2～3cm 长，并已形成多个芽丛，这时便可进行继代培养，将每个芽丛切割下来，转接到培养基上进行增殖培养。其后，大约每 25 天左右进行一次继代培养，每次芽的增殖数约为 4～6 倍。

（3）生根培养　上述增殖培养的芽长到 3cm 左右时，即可用于生根。生根培养基多采用 1/2MS 培养基 + IBA0.1～0.5mg/L。有的种或品种需加生物素或 IAA 或 NAA 等，蔗糖 20mg/L。

接种在生根培养基上培养 20 天左右，芽的基部即可长出根，成为完整苗。生根苗长到 3～5cm 高时即可锻炼移栽。

（4）移栽　组培苗在人工培养条件下长期生长，对自然环境的适应性减弱。移栽前需要一个过渡阶段，即锻炼。锻炼方法为：将培养瓶移至自然光下锻炼2~3天，打开瓶口再锻炼2~3天后移栽。移栽时先洗净根系上的培养基，避免培养基感染杂菌致苗死亡。基质可放入育苗袋、育苗箱或育苗床中，上面罩上塑料膜，以保持较高的湿度和适宜的温度。温度保持在20~28℃，湿度为80%~90%，光照强度为3500~4000lx。经上述锻炼一个月左右，5月下旬至6月上中旬即可移入田间。

二 甜樱桃苗的培育

嫁接苗木前7~10天，要将砧木苗圃浇一次透水，待地表稍干时开始嫁接，嫁接前还应选取接穗，并备好宽0.6~1cm、长20cm左右的塑料条。

夏、秋季嫁接时，可在接前1~2天选取当年生木质化程度高的发育枝，取后立即去掉叶片，留短叶柄。春季嫁接的，需在上年的秋季落叶后选取1年生发育枝，用湿沙储藏或装在塑料袋内密封放在0~5℃条件下储藏，无冻害的地区可在春季萌芽前选取。

田间嫁接时，接穗应放在装有3~5cm深水的水桶中，远途携带时用湿布袋包装，内填湿锯末或湿纸屑。

培育甜樱桃苗木主要是采用嫁接的方法，嫁接时期分春、夏、秋三季，春季嫁接宜在3月中下旬开始，即树液流动后至萌芽初期进行，夏季嫁接宜在6月初至6月底，过晚当年成熟度不够，不易成苗。秋季嫁接宜在8月底至9月中旬进行，过早易萌发，不利越冬，过晚不易愈合。

1. 嫁接方法与嫁接时期

(1) 木质芽接法 木质芽接法是繁育甜樱桃苗最佳的一种嫁接方法，春、夏、秋三季都可应用，成活率高，但夏季采取木质芽接法较“T”字形芽接法愈合慢。

木质芽接法是先在接穗叶芽的下方约0.5cm处斜横切一刀，深达木质部，再在芽上方1.5~2.0cm处向下斜切，深达木质部2~3mm，削过横切口，取下带木质的芽片。然后在砧木基部选光滑处斜横切一刀，再由上而下斜削一刀达横切口，深度约为2~3mm，长度及宽度与芽片相等或略大。将削好的芽片嵌入砧木的切口内，使形成层密切吻合。若砧木粗度大于芽片，则要保证一侧的形成层对齐，然后用塑料条自下而上绑紧即可（图4-9、图4-10）。

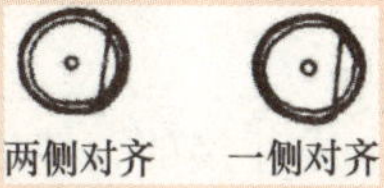

图4-9　对齐形成层

图4-10　木质芽接法

（2）“T”字形芽接法　嫁接时期为6月上旬至6月下旬，过早接穗皮层薄，芽嫩不易成活，过晚接芽护皮不易剥离，而且到秋季时苗木成熟度也不好，影响苗木质量。

先将砧木苗距地面2~5cm处的泥土抹干净，在其光滑处横切一刀，深达木质部，刀口宽度为砧木干周的近一半，并在切口中间处向下竖划一刀。然后削接芽，先在接芽的上方0.6~0.7cm处横切一刀，刀口宽度为接穗直径的一半，再由芽下1.5cm处向上斜削，由浅入深达横刀口上部，然后用左手拇指和食指在芽基部轻轻捏取芽片，再拨开砧木“T”字形接口，把芽片迅速插入，使芽片横刀口与砧木的横刀口对齐后捆扎（图4-11）。

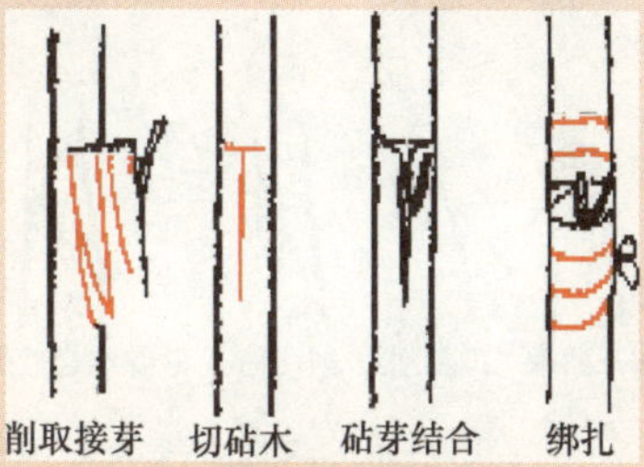

图4-11　T字形芽接法

【提示】采用“T”字形芽接法嫁接甜樱桃，对嫁接技术和接穗等要求严格，必须熟练掌握，才能提高成活率。

（3）改良舌接法　改良舌接法多用于高接换种，高接换种当年嫁接当年即可形成花芽。或常用于砧木粗度大于接穗粗度时的嫁接方法。嫁接时期为春季萌芽期。

先将砧木距地面5~10cm处剪断，在横切面一侧1/3处纵切一刀，长约3cm，然后自纵切口下端另一侧向上斜削至纵切口处，形成大斜面。接穗削法与砧木相同，接穗要保留3～4个芽，先在横断面1/3处纵切一刀长3cm，再把厚的一面削成长斜面，然后将接穗斜面与砧木的斜面插接在一起，形成层对齐，然后用塑料条绑紧即可（图4-12）。

2. 嫁接后的管理

（1）剪砧 夏季采用“T”字形芽接和木质芽接的，接后在接芽上留10片叶剪断砧木，或在接芽上5cm处折砧（图4-13），待接芽长出7～10片叶时松绑并剪断砧木；秋季嫁接的接后不剪砧，待第二年春萌芽时在接芽上1～1.5cm处剪断砧木，并松绑；春季木质芽接时，在接芽上留20cm左右剪砧，待接芽长出7～10片叶时在接芽上留1.5～2cm剪砧并松绑（图4-14）。

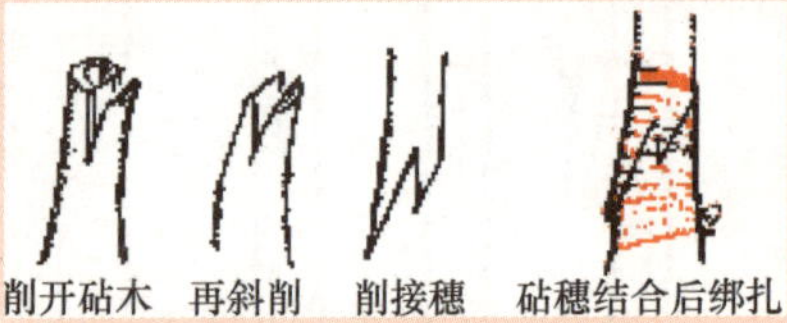

图4-12 改良舌接法

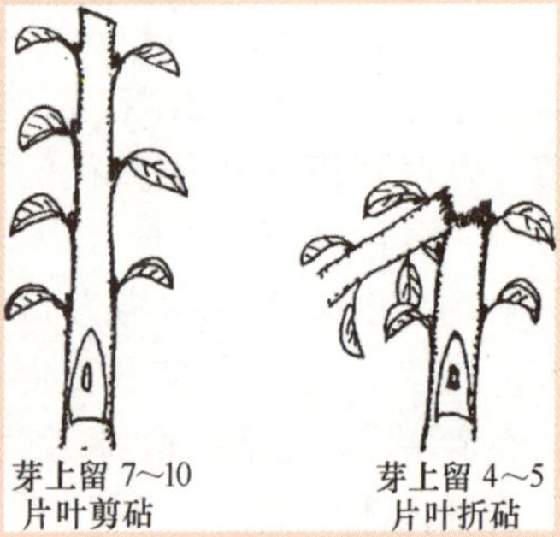

图4-13 夏季嫁接后砧木的处理方法

（2）检查成活率 夏季嫁接的接后10～15天应检查成活情况，接芽表皮新鲜、叶柄一触即掉的表明已成活，叶柄褐枯不掉的说明没成活（图4-15）。

（3）除萌 嫁接的苗木在接后要随时摘除接芽附近的萌蘖（图4-16），这项工作要多次进行。

（4）绑扶和摘心 接芽萌发后，遇风极易从嫁接口部位折断或弯曲，因此必须注意绑扶，待苗高60～80cm时进行摘心，摘去先端约20cm，当年可以培养成具有3～4个分枝的小幼树，摘心时期不能晚于6月末。

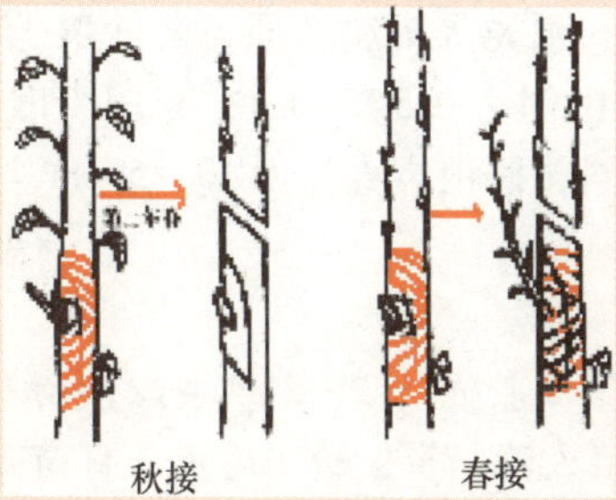

图 4-14　秋、春季嫁接剪砧时期和方法

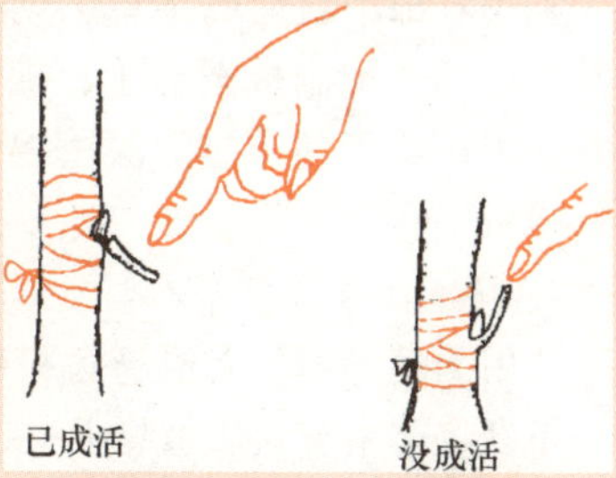

图 4-15　检查成活情况

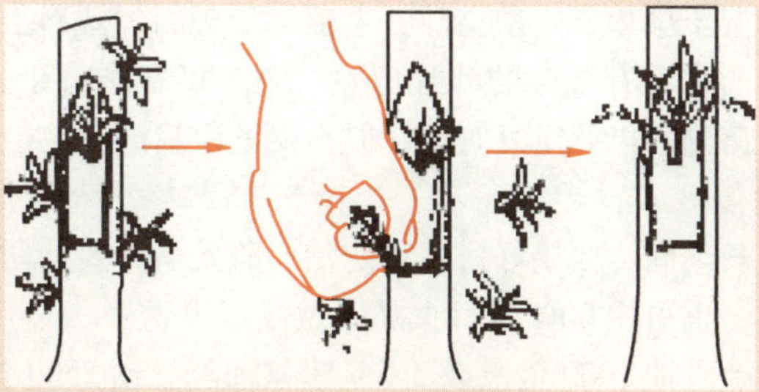

图 4-16　除萌蘖

【栽培禁忌】 苗木嫁接后注意事项

嫁接后不要浇水过早，如干旱必须浇水时可在一周后浇水，注意水不要漫到接口，以免引起流胶影响成活，并注意防治毛毛虫、蟒象、尺蠖、梨小食心虫和叶斑病。

三 甜樱桃幼树的培育

从事保护地甜樱桃生产，必须具备 4 年生以上树龄的结果幼树，露地不能安全越冬的寒冷地区，往往是采取南树北移的方法。为了降低运输成本，可采取露地假植方法培育结果幼树，冬季用拱棚保温或移入储藏沟保温，第二年春再移入露地假植培养，达 4 ~5 年生时再定植于保护地内。

1. 准备营养土和假植袋

利用农田中腐烂的杂草、豆秸、稻壳等为腐殖质，与沙壤土和发酵的湿鸡粪配制成营养土，配制比例为0.5∶2∶0.1；利用废旧的尼龙编织袋或无纺布袋为假植袋材料，假植袋直径为40～50cm，高30～40cm。

2. 假植方法

选用无病毒病、无根癌病和严重流胶病的1～2年生嫁接苗木，第一年春将苗木装入假植袋中央，填入营养土，撴实后置入育苗圃，按台田式栽植，株行距为1.5m×（1.5～2）m，台田面较地面高20～30cm，上窄下宽，栽后浇透水。秋季落叶后土壤封冻前将苗木连同营养袋起出，倾斜20°～30°排放在沟内，沟深30～40cm，假植袋之间用潮湿土壤填充不留空隙，上覆一层塑料，塑料上覆1～2层草苫，起苗前将没有脱落的叶片剪除。第二年春季萌芽前揭开防寒物，栽植于苗圃。以此重复管理，但不要重茬栽植。

3. 病虫害防治

苗木生长期间，要搞好病虫害防治。萌发后，要严防小灰象甲，可人工捕捉，也可用80%敌百虫晶体做成毒饵诱杀。6～7月可选用50%杀螟硫磷乳油1000倍液或2.5%溴氰菊酯乳油2500倍液防治梨小食心虫危害。7～8月喷1～2次65%代森锌可湿性粉剂500倍液、或40%多锰锌600～800倍液、或硫酸锌石灰液，预防细菌性穿孔病，防止早期落叶。卷叶蛾、刺蛾等害虫，可喷25%灭幼脲Ⅲ号2000倍液或50%敌敌畏乳油1000～1500倍液防治。

【生产实例】　山东吉塞拉矮化樱桃苗生产经验

吉塞拉系列砧木品种共同的特点是：与嫁接试验的所有欧洲甜樱桃品种嫁接亲和力强；对各种类型的土壤有广泛适应性，并非常适于黏重土壤栽培；这些砧木品种（系）的抗寒性都优于马扎德F12/1和考特；抗根癌病（这一性状对我国非常有利，我国现在所用的欧洲甜樱桃砧木感染根癌病很严重）。其中吉塞拉5、吉塞拉6和吉塞拉12耐多种病毒病和细菌性溃疡病；其嫁接甜樱桃品种早结果、早丰产，嫁接苗栽后第二年结果，4年丰产，其中的吉塞拉5嫁接的甜樱桃品种最丰产，其嫁接树第二年开始结果，第三年株产

10kg 以上。吉塞拉已被世界公认为适应性广、嫁接亲和力好、丰产和早果性极好的甜樱桃矮化砧木。

【前沿动态】 专利项目：矮化甜樱桃苗木生产方法

矮化甜樱桃苗木生产方法，是矮化甜樱桃采用野樱桃根系，以李子为矮化中间砧木。野樱桃种子春播，当年完成根系砧木与李子嫁接，李子半成品过冬，来年6月1日至7月1日之间完成李子与甜樱桃嫁接，嫁接后樱桃开始萌发至11月出圃。根系还可采用野杏、野桃砧木。采用本法培育的樱桃树，早见果、高产、稳产、成本低，且抗虫害能力强。

［专利号：00123323　发明（设计）人：王崇、田盛波］

四 苗木出圃

一般在苗木落叶后土壤封冻前进行起苗出圃，起苗时要尽量保持根系完整。先剔除病苗和嫁接未成活苗，然后根据苗干高矮、粗细，以及根系发育状况等进行分级。用于当地建园的，可直接定植。留待第二年春建园的，可选择背风而不积水的地方，挖深 1m 左右的假植沟，将苗木斜放其中，然后培土至苗高 2/3 处假植起来。

包装外运的苗木，可按等级每 50 ~ 100 株扎成 1 捆，根部用湿润草包包裹，以防根系失水。然后在每捆苗木上系好标签，注明品种、规格和数量，即可交付外运。

第五章 甜樱桃园的建立

甜樱桃在建园过程中，园地和品种的选择是关键，园区规划、栽植密度及授粉树的配置是基础。因此，科学合理地建好甜樱桃园，将对甜樱桃丰产、优质、高效栽培及延长经济年限起到重要的作用。

第一节 甜樱桃园的选择与建设

一 甜樱桃园的选择

选择年平均气温为10~12℃、土壤较肥沃、土层较厚（活土层60cm以上）、土壤pH为6.5~7.5、排水良好、非盐渍化、不积晚霜、风雹害轻、并有浇水条件的丘陵或平地建园。如果在山地建园要选阳坡或半阳坡。5年内不能在核果类重茬地上建园。果园周围环境应满足农产品安全质量——无公害水果产地环境要求国家标准GB/T 18407.2。

二 甜樱桃园的建设

樱桃园在栽植前应进行园地规划设计，包括道路、防护林、排灌系统、小区、品种配置、房屋及附属设施等。合理布局，统筹安排，并绘制平面图。

1. 小区规划

小区规划的原则是使同一小区内的土壤、小气候、光照等条件基本一致。小区面积、形状、道路宽窄要因不同地势而异。地势平坦、土壤差异较小的，每小区面积以10~20亩为宜；山丘地区地形复杂、土壤差异较大，小区面积要适当缩小，一般以5~10亩为宜，或以数道梯田为一个小区。平地小区多采用长方形，南北行向，小区长边应与风向垂直，以利防风；山坡地边长要与等高线平行，便于耕作和水土保持。

2. 道路建设

果园道路一般分干路和支路两种。干路供车辆机具通行，位于小区之间，其宽度根据运输量及常用车辆、机具种类（型号）设计，通常为3~5m；支路设于小区内，供田间作业用，一般情况下是将树的行距加宽1~1.5m即可；大面积园还应设主路，主路用以连接各干路和果品分级、包装、储藏加工等场所。山地、丘陵或梯田果园，多用梯田边缘、田埂作为支路，而干路和主路则应顺坡修筑迂回上下，以利水土保持。道路要与水土保持工程、防护林等设施统筹规划安排，以求节约用地。

3. 防护林建设

在风、沙、旱、寒害严重地区，为避免或减轻不利生态因子对甜樱桃生长发育的不良影响，应营造防护林。

防护林的防风效果，因林带的结构和宽度而异，一般防护范围为树高的25~30倍。防护林由主林带和副林带构成。主林带一般多与当地主害风向垂直，如因地势、河流等影响，也可有15°~30°的偏角，其宽度为5~10行（10~20m）；副林带与主林带垂直，一般宽2~4行（5m左右）。主林带间距300m左右，副林带间距500m左右。防护林树种的选择，要对当地自然条件适应能力强，与甜樱桃没有共同性病虫害，生长要迅速，经济价值比较高。

4. 排灌系统规划

排灌系统是果园的重要基础设施，在建园中要和其他设施工程统筹规划。

（1）灌溉系统 目前我国甜樱桃园的灌溉方式很多，传统的方法有沟灌、畦灌（树盘灌）、穴灌和喷灌，先进的方法有滴灌和渗灌。沟灌和畦灌要有水渠或水管，滴灌、渗灌和喷灌要有管路配套设施。不论哪种灌水方式，都必须安排好水源和电源。

(2) 排水系统 排水系统由干沟、排水支沟和排水沟组成，山地丘陵果园还要在园的上方挖截水沟，在排水沟末端修筑蓄水塘或水库。

【提示】 排灌系统要遵照灌水方便、排水畅通，节水、省地，有利于水土保持和减少施工量的原则规划安排。

5. 辅助设施规划

樱桃园的辅助设施包括管理用房、仓库（工具、农药、化肥库等）、机具室、药物配制池、分级包装场及饲养场（养猪场等）等，这些设施的规模要根据果园大小而定。配药池一般设在果园小区中心，仓库、包装场、养猪积肥场要设在作业室附近。

第二节 甜樱桃园的水土保持与土壤改良

在丘陵坡地或易涝地块建园，为防止水土流失和涝害，要有必要的水土保持工程，生产中常见的有台阶式梯田和鱼鳞式梯田两种。

(1) 台阶式梯田 在沿等高线栽植，坡面比较整齐时，可在1~3行树的范围内，修成整齐的台阶式梯田。这种梯田整齐，作业方便，是最好的形式。在条件允许的情况下，应尽量采用这种形式（图5-1）。

图5-1 台阶式梯田

(2) 鱼鳞式梯田 在园地坡度较大，栽植行距较小或树体已长大的情况下，修台阶式梯田，会因梯田面太窄，影响树体生长发育。这样只能在每株树的外方修成突出半圆状坝墙，形似鱼鳞，故称为鱼鳞式梯田（图5-2）。这种梯田因不便于作业，在新建园中应用较少，只在老

图5-2 鱼鳞式梯田

园改造中应用。

甜樱桃对土壤条件要求较高，适宜栽植的土壤是土层深厚、质地疏松、通透性好、保肥保水能力较强、土壤肥力较高的沙壤土和富含磷钾等矿质营养的砾质壤土。

对土质黏重、结构不良、沃土层浅、肥力很低的土壤，应进行土壤改良。土壤改良常用的方法是挖栽植沟或全园深翻。栽植沟一般宽 1.5m 左右，深翻的深度多为 0.7～1.0m。如园地土质很差，则应实施客土的方法改良，客土就是将其他地方的优质壤土换至该园中，目前，在辽宁大连甜樱桃栽培区，果农们通过多年生产实践，总结出将风化的富含磷、钾、钙、镁等营养元素的矿质石片土壤，作为客土来栽培甜樱桃，能取得很好的效果。土壤改良，因条件所限无法在栽前做好的，则应在栽树后逐年扩穴深翻（图 5-3）或者隔行深翻（图 5-4）。

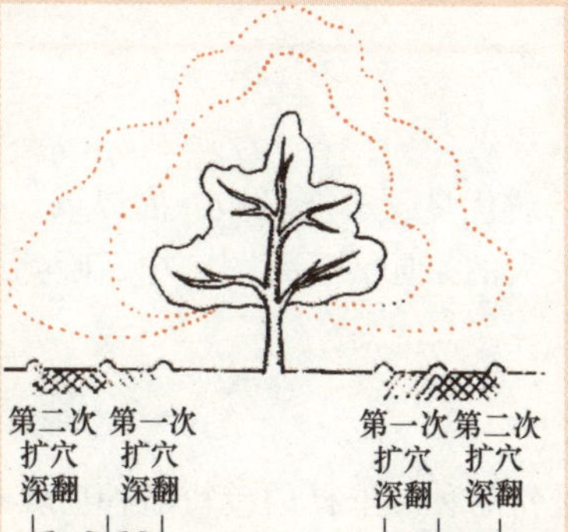

图 5-3　扩穴深翻

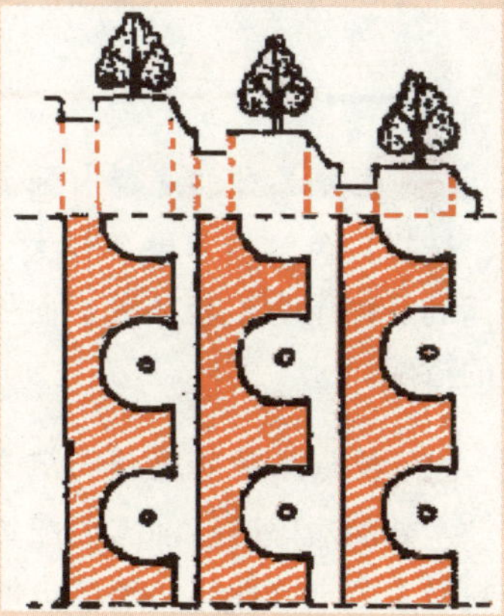

图 5-4　隔行深翻

第三节　整地与施肥

定植前，平原地区要进行土地平整，整地在秋季或初冬进行。山区丘陵要进行水平梯田整地，土层浅和沙石多的地块应进行客土改良。整好地后要配备水利设施，建立排水沟和蓄水坑，搞好水土保持。土地平整好后，按设计的株行距标记好定植点，以定植点为中心挖宽100cm、深80～100cm的定植穴或定植沟，把表土与底土分开堆放，回填时把表土放入沟或穴的底层。定植沟宜采用南北行向，这样有利于树体均衡采光。

结合挖坑整地，施入腐熟的有机肥，每亩施肥4000～5000kg，与土充分混合回填。土层深度30cm为幼树根系分布地层，可回填掺有少量复合肥、有机肥的原表土，肥料用量要少，回填后用水沉实。为使定植沟（穴）的土壤能够充分沉实，最好在土壤封冻前（秋末至冬初）完成土壤准备工作，以防苗木栽后下陷。

【提示】为了增加土壤深层有机质含量，改善土壤的通透性，可在回填土之前，在沟或穴的底层，放入20cm厚的杂草或者秸秆。

第四节 栽植技术

一 主栽品种的选择与配置

选择果色鲜艳、果个较大、品质优良、丰产稳产、抗裂果、耐储运的品种作为主栽品种。面积较大的果园，注意早、中、晚熟品种的搭配。

二 授粉品种的选择与配置

主栽的甜樱桃品种需要配置授粉品种。选择的授粉品种应具备花粉量大、丰产性好、经济价值较高等特点，且与主栽品种花期基本一致、亲和力强。大多数甜樱桃品种的花期能够相遇，相互可作为授粉品种。

这里需要说明的是，一些甜樱桃园虽然配置了授粉品种或进行了人工授粉，但结实率仍然较低，这是因为甜樱桃多数品种间异花授粉能结实，但也存在品种间异花授粉不结实的现象，而且品种间花期早晚差别较大，早花品种与晚花品种花期基本不相遇。因此必须配置花期相近而且授粉亲和力好的品种作为授粉树，才能保证较高的坐果率，确保丰产稳产。

甜樱桃开花物候期的早晚因品种有一定差异，如拉宾斯、莱州早红、那翁的花期较早，而塞艾维亚、雷洁娜等的花期较晚，开花早的品种与开花晚的品种花期基本不相遇。据美国密歇根州立大学园艺试验站调查研究，开花早与开花晚的品种之间花期相差5~12天。在确定授粉品种时，应考虑各品种开花期的早晚，授粉品种与主栽品种的花期应一致，或者比主栽品种早1~2天开花，这样才不会错过最佳授粉期。

【注意】 授粉品种本身必须是综合经济性状优良的品种，与主栽品种可互为授粉结实。事实上，多数品种花粉量均较大，花期也较相近，因此，在选择授粉品种时关键是选用能产生正常花粉和异花授粉能结实的品种。

甜樱桃主栽品种的适宜授粉组合见表5-1。

表5-1 甜樱桃主栽品种适宜授粉组合

主栽品种	适宜授粉品种
红灯	佳红、巨红、红蜜、红艳、大紫等
美早	雷尼、佳红、拉宾斯、滨库等
金顶红	佳红、拉宾斯、先锋、巨红等
得利晚红	佳红、红艳、拉宾斯、先锋等
萨米脱	拉宾斯、斯坦勒等
早大果	抉择、早红宝石等
莫利	拉宾斯、先锋、佳红等
大紫	红蜜、红艳、那翁、滨库等
先锋	雷尼、拉宾斯、那翁等
巨红	佳红、雷尼、红艳等
雷尼	滨库、佳红、巨红、拉宾斯等
早红宝石	抉择、早大果等
5-106	红艳、佳红、8-129等
8-129	红艳、雷尼、巨红等
8-102	红艳、佳红、巨红等

授粉品种与主栽品种的配置比例为1:(1～4)；配置方式为平地可隔行配置，丘陵梯田和高密植园进行行内配置。

三 栽植密度与方式

1. 栽植密度

一般情况下，株距2～4m、行距3～6m，每亩栽植33～111株，土壤肥沃的园地密度稍小些，土壤肥力较差的果园和矮化砧果园密度稍大些。

2. 栽植方式

平地果园采用南北行向栽植；山坡地采用等高梯田栽植。

3. 栽植时期与方法

(1) 栽植时期 春季土壤解冻后至苗木发芽前的3月下旬至4月上旬。

秋末冬初栽植有利于根系愈合，开春时根系活动早，早分生新根，早吸收水分和养分，使树体更早进入生长期。但由于甜樱桃抗寒力弱，露地越冬力弱，一旦栽后防寒措施不到位，就会发生抽条或严重冻害现象，降低成活率。所以秋末冬初栽植只适合甜樱桃在露地能安全越冬的地区和保护地栽培；越冬有冻害的地区，于秋冬季栽植，必须采用有效的安全越冬措施，如栽后将1年生苗木弯成45°左右，进行培土覆盖，春季气温升高后，去掉培土，进行定干。秋末冬初栽植一般是在10月末至11月上旬（土壤封冻前）。

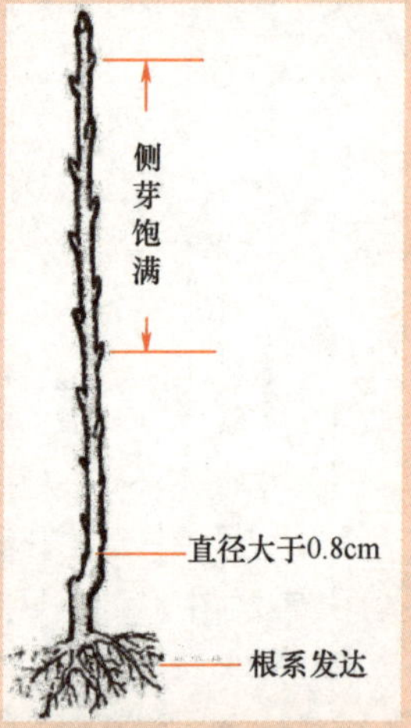

图5-5 优质苗木标准

北方露地栽培宜春季定植为好，具体时间要因地而异，华北地区（山东烟台等地）多在3月中下旬定植，而东北地区（辽宁大连地区）则在4月上旬定植，此时更有利于提高定植成活率。

(2) 栽植方法 要挑选符合质量标准、无病虫、无机械损伤的优质苗木（图5-5），按主栽品种和授粉品种的预定位置，放进定植穴中部，填土，轻提苗，保持根颈与地面平齐，边填土边夯实，埋至根颈处即可。栽后浇水，水下渗后，用土封穴，栽好后可用薄膜覆盖树盘，以增加地温和保持湿度，提高成活率。

【知识拓展】　　栽植前苗木处理

1 年生苗木，在栽前要将根系放于水中浸泡 12h 左右，使其吸足水分，如有条件应蘸上泥浆更有利于成活。

如果移栽大苗，起苗时要从树冠外缘向内挖，要保持根系完好不受伤、不断根；起出后立即栽植，远途运输的要用塑料将根系包严，里面撒些湿土或湿锯末，以防根系失水抽干。

为防根癌病、线虫等病虫害，根系栽前要用消毒药剂消毒，如用 0.5 波美度石硫合剂、或 30 倍液（K84）根癌灵等药剂沾根。

栽植时都要提住苗木主干，使苗直立于定植穴中间，先培土至根颈部，用手向上轻稳提苗，使苗木根系充分舒展，再边培土边夯实。培土夯实后的苗木嫁接部位要与地面齐平，或高于地表 5～10cm 为宜。矮化中间砧苗木则是接口与地面齐平（图 5-6）。

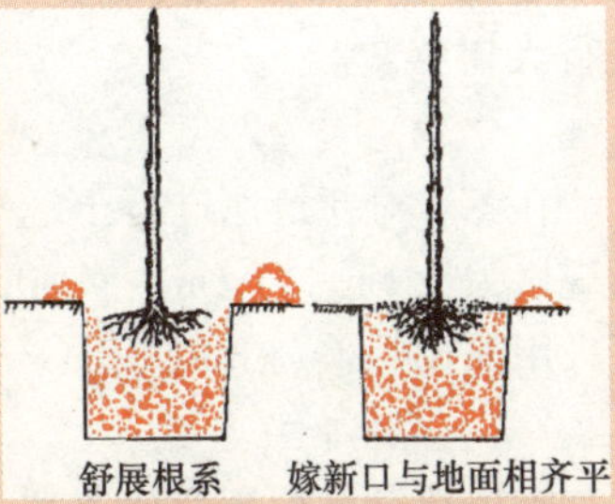

图 5-6　栽植方法

（3）苗木栽植后当年的管理

第一，苗木定植后要灌一次透水，通过水的渗透充分使根系与土壤密切结合，这是提高栽植成活率的一项重要措施。

第二，灌水后要及时松土，防止土壤板结和减少水分蒸发。为使苗木定植后能尽快恢复根系生长，提高成活率的另一个重要条件就是提高地温，为此在能够保持适宜墒情的情况下，尽量减少灌水次数，而增加中耕松土次数。

第三，中耕松土后应尽量覆地膜，利于保墒和提高土壤温度。如果在灌水后立即覆膜，由于这时土壤水分处于饱和状态，覆膜后水分蒸发又很慢，地膜的作用会使膜下造成高温高湿条件，会导致苗木烂根，而降低栽植成活率和苗木的生长发育。

第四，进入6月要视气候情况，及时除去覆盖的地膜，最好随之覆草。

第五，定植后到展叶前，要严防食叶性害虫（金龟子、象甲等）对芽、幼叶的危害，如能用长20～40cm、宽6cm左右的塑料袋，在苗木定干后，将前端（整形带）部位套上，并将袋的底部扎紧，这样既可有效防止害虫危害，又有防止大风抽干的作用，展叶后及时摘除塑料袋。

四 甜樱桃大树移栽技术

大树移栽，可以作为乔化或半矮化甜樱桃提早结果的一项实用技术措施。甜樱桃幼苗定值后，需要4～5年的生长才能有一定的经济产量。有的生产单位为了尽快取得经济产量与效益，尤其是利用温室进行甜樱桃的反季节促成栽培，为了提早见效益，必须进行大树移栽。

1. 新植地整地

在冬季对新植地进行土地平整，并按要求的株距定点挖穴。穴的规格为长1m、宽1m、深80cm。挖穴时将心土与表土分开堆放。可采用株行距2m×3m或3m×3m或3m×4m的方式。

2. 树体选择

树体选择的原则首先是树龄，必须是5年生以上的树，但不要超过10年生，而且主、侧枝分布要均匀，竞争枝和徒长枝少，花束状结果枝多，树势健壮。此外，枝干无癌肿病，根颈处无根瘤，其次是无冻害、流胶病、皱叶病毒病、桑白蚧壳虫等主要病虫害。

3. 起树与运输技术

起树时从树冠垂直投影下的树盘外围向内挖土，将土往外挖，外侧浅内侧深，外侧大约深30cm，内侧深50cm，挖土时不要碰伤主根系，更不要切断主根系，尽可能多地保留须根系。挖至距离坑中心20cm左右时轻轻试推主干，没有粗根系与土相连时，将树推倒。树体推到后立即用聚氯乙烯塑料膜将根系包严，即可运输。如果要进行远途运输，当日又不能栽植的，应将根系涂泥浆或喷生根剂后再用塑料包严。

⚠【注意】 运输车的护栏要用草帘或其他包装物裹严，并将树体固定好，保证途中不发生摇晃，以免在运输途中磨伤枝干。

4. 栽植

先将表土填入穴底面至1/3处，再将大树垂直放入穴中央，然后回填土、踩穴、打水盆、浇透水、封穴，每株浇水量不小于200kg。

5. 栽植后管理

移栽完成后树木固定是关键，用3~4个支架进行固定，以防倒伏。为提高地温并保墒，浇完水土壤不黏时将穴用地膜覆盖。栽后的浇水次数准则要以叶芽萌发后树叶不萎蔫为宜，通常情况下，栽后至雨季前需浇水5~8次。苗木成活后的6月中下旬除去地膜。

移栽甜樱桃树需要注意的是，大树移栽伤根很多，吸收功能较慢，为保持树冠与根系的相对平衡，防止蒸腾过强、失水太快，引起树抽干死亡，必须对树冠进行重度修剪。对放任生长的甜樱桃树，可结合剪枝进行整形。大树本身储备的养分比较充足，重剪后萌芽力增强，已形成花芽的大树会大量开花坐果，必须及时进行抹芽、摘花、控梢，减少养分的消耗，同时加强水肥管理和病虫害防治，提高移栽的成活率。

⚠【注意】 当气温低于-5℃时，及时覆盖保温材料，保持室温为5~9℃，保证树体不受冷、冻害。

为使树体尽快得到恢复，萌芽后除了要勤浇水外，还可喷布2~3次植物动力（2003）800倍液，如果花后叶片再发生萎蔫时，可在叶片发生萎蔫前，往树体及叶片上喷清水。也可在阳光强烈时短时间放下覆盖物遮阴。

移栽当年的花期，于花芽现蕾时及时疏除大量花蕾，以免开花结果过多影响树体恢复和花芽分化。当年留果量也不宜过多，每株最多留1.0~2.5kg，以恢复树势为主。

移栽当年的5月中下旬进行土壤施肥，每株施入复合肥1kg左右，5月下旬至7月中旬间，注意叶面喷施3~4次600倍液活力素

+500 倍液尿素，促进生长和花芽分化。8 月中下旬至 9 月初追一次有机肥 + 过磷酸钙肥。

6. 移栽后第二年的管理技术

移栽后第二年树势已恢复，易发生过旺生长现象，注意灌水不要过勤过多，适当控制水分和氮肥。除正常管理外，花后半月至果实采收后一个月的期间，叶面交替喷施 5 ~6 次 400 倍液活力素，或 300 倍液磷酸二氢钾，控制旺长，促进花芽分化。生长期进行摘除延长枝顶端的旺长的嫩梢，和主枝背上直立的徒长梢。如果长势偏旺可叶面喷施 PBO 果树促控剂控制。

第六章 甜樱桃田间管理技术

第一节 土肥水管理技术

甜樱桃树的所有生长活动，包括萌芽、展叶、开花、结果、果实发育、新梢生长，都集中在前半年，而花芽分化则主要集中在果实采收后的短时间内。越冬以前树体营养状况的好坏，直接影响到第二年的开花、结果状况。因此，甜樱桃树所有生长期的土肥水管理至关重要，现介绍如下。

一 土壤管理

甜樱桃根系呼吸强度大，对土壤的通透性要求较高，甜樱桃的根际需要保持良好的透气条件，因此甜樱桃园的土壤管理很重要。及时中耕除草，可以切断土壤的毛细管，减少土壤水分蒸发，保持适宜墒情，防止土壤板结。同时，可抑制杂草滋生，减少土壤养分消耗，还可以提高土壤的通气性。对结果树来讲，从萌芽至果实硬核期深翻松土，还有提高坐果率和促进花芽分化的作用。

甜樱桃苗的土壤管理主要包括扩穴改土、果园间作、果园地面覆盖等管理工作。

1. 扩穴改土

扩穴改土是甜樱桃园土壤管理最基本的工作。要使甜樱桃能够健壮生长，仅靠施用化肥是远远不够的，且多施化肥易使土壤板结，减弱土壤的透气性，破坏土壤团粒结构，降低果实品质。

在定植甜樱桃苗时，虽然已进行了深挖沟和施用有机肥料等操作，但随着树冠的扩大，根系只用一年时间就能长满原树盘，所以从定植后第一年的秋季开始，必须继续扩穴（沟），才能使根系得以向外围扩展。约在2~4年的时间内，要把全园扩穴一遍。在每年秋季（9~10月）为扩穴改土的最佳时机。因此时气温、土温均较高，根系仍处于活动状态，断根易愈合，第二年春新生根系数量多，能增强对养分和水分的吸收能力。并且结合扩穴可秋施基肥，利用冬季较长的时间使有机肥得以充分地分解，到春季能为树体生长提供充足的养分。如果在秋季来不及进行时，可在冬季或早春扩穴施基肥。当果园土壤为黏土时，除多施用作物秸秆和牲畜粪外，还应掺入沙土以改良土壤的透气性；果园土壤瘠薄时，应多施牲畜粪或作物秸秆，以增加土壤的有机质含量。

如果是挖坑定植，第一年应先在株间进行扩穴，第二年再在行间进行扩穴；如果是挖沟定植，从第一年开始就进行行间扩穴，不需要株间扩穴。每年扩穴，直至行与行之间、株与株之间完全扩通，使根系分布层没有死土层，有利于根系向行间延伸生长。扩穴沟深60~80cm、宽80~100cm。果园扩穴要和秋施基肥相结合，把农家肥与沟土或改良土壤用的沙土（或黏土）搅拌后填入沟内，然后浇透水。在扩穴时，不要损伤较粗大的根系。每年只能在树两侧扩穴，不要圆周式扩穴，避免伤根太多，影响树体生长。在4年生以上的甜樱桃园，要禁止全园深翻。

另外，要经常中耕松土或者浅刨树盘，尤其是雨季过后，要注意及时进行松土等作业，防止因深层土壤通透性差，使吸收根向地面生长，俗称“雨季泛根”，还可以防止杂草丛生与樱桃争夺养分。中耕深度一般以5~10cm为宜。中耕次数依降水情况、灌水次数和杂草生长情况而定，以保持樱桃园土壤疏松、无杂草为标准。

【提示】 雨水多的地区，中耕时应加高树盘土壤，进行树干培土，防止雨季涝灾发生。对于风大地区还可以起到加固树体防止倒伏的作用。

2. 果园间作

甜樱桃一般在定植后第一、二年可进行行间间作，第三年树冠已基本覆盖满园，便不能再间作。在定植密度较大的甜樱桃园，间作物最好以绿肥为主。幼树期间，为了提高经济效益，可在行间适当间作经济作物。间作物要种矮秆类，有利于提高土壤肥力的作物，例如：花生、绿豆等豆科植物、瓜菜类等，不宜间作小麦、玉米、高粱、白薯等影响甜樱桃生长的作物。间作时要留足树盘，树行宽要留2m。间作时间最多不超过3年，一般1～2年，以不影响树体生长为原则。甜樱桃园行间间作的作物种类，应具备下列条件。

1）植株矮小，不影响果树的光照。

2）生长期短，吸收水分、养分少，大量需肥水时间与果树错开。

3）根系较浅、短，不影响甜樱桃根系的生长。

4）病虫害较少，与甜樱桃没有相同的病虫害或不能是甜樱桃的主要病、虫害的中间寄主。

3. 果园地面覆盖

甜樱桃园的地面覆盖主要包括地膜覆盖、生草、覆草等。

（1）地膜覆盖 在甜樱桃园地膜覆盖时，要根据不同的使用目的而选用不同类型的地膜。如无色透明地膜以保持土壤水分、增温效果最好；黑色地膜以保墒、保温、除草效果较好；银色反光膜具有隔热和较强的反射阳光的作用，主要是在果实即将着色前覆盖，以增加树冠内部光照强度，使果实着色好，提高果实品质。

在进行地膜覆盖时要注意以下几个方面：第一，浇水后需待地里的水渗下，进行中耕松土后才能覆盖地膜。否则，会因土壤含水分过大，盖膜后水分不易散失，使土壤透气性降低，而引起根系腐烂。第二，地膜覆盖带不能过宽，一般幼树仅盖60～80cm宽，大树最多覆盖面积达到70%左右；第三，降雨后注意开口排水；第四，幼树到6月要撤膜或膜上盖草，防止地面高温。

（2）果园覆草 果园覆草一般在5～6月，将草均匀撒到树冠下，在根颈部位留出20cm的通气孔。覆草后，上面要用土少量稀疏的压着，防止风刮草飞。覆草甜樱桃园要加强防治地下鼠害；冬季注意防火；雨季要扒开水路，利于排水。

覆草的材料有麦秸、豆秸、玉米秸、稻草、野生杂草等。覆盖量一般为每亩用2000～2500kg。如果覆盖材料不足，要首先集中覆盖树盘。覆盖厚度一般为20cm左右。

覆草作业要注意以下几个方面：第一，把秸秆切成长5cm左右的小段，撒上尿素或新鲜的人、畜尿，将秸秆堆成垛，经初步腐熟后再覆盖。第二，覆盖前先浅翻土壤，覆盖后撒压少量土，防止草被风吹走。第三，生长季喷农药时，要向覆盖物喷施，以消灭潜伏其中的害虫。第四，多年连续覆草后若出现叶片颜色变浅，表明氮素不足，要及时喷1次0.3%～0.4%的尿素。每年覆盖的草最好是在下一年萌芽前，结合翻树盘将腐烂的草翻入土中。

果园覆草后能抑制杂草的生长，可减少水土流失、减少地面水分蒸发、保持土壤湿度的相对稳定，可有效地防止养分流失，提高冬季地温，降低夏季地温，提高土壤中有机质的含量，增加团粒结构和土壤养分（表6-1）。

表6-1　果园覆草对土壤结构和肥力的影响

项目	覆草年限/年	土壤容重/(g/m^3)	有机质(%)	碱解氮/(mg/kg)	速效磷/(mg/kg)	速效钾/(mg/kg)
覆草园	3	1.32	1.49	98	70	135
清耕园	—	1.46	0.68	93	62	66

注：该数据来源于山东烟台市牟平区龙泉镇汤西村。

山东烟台果农在甜樱桃园覆草后，花朵坐果率比不覆草的果园提高24.1%～27.2%（表6-2），平均单果重比对照高18.4%（表6-3），且花芽数量明显增加，收到了增产和提高品质的双重作用。

表6-2　果园覆草对那翁坐果率的影响

处　理	结果枝类型	调查花朵数/个	坐果数/个	坐果率（%）
覆草	花束状结果枝	863	501	58.1
未覆草		1052	326	30.9
覆草	短果枝	1200	744	62.0
未覆草		980	372	37.9

表 6-3　果园覆草对那翁单果重的影响

处　理	总果数	果重/g	平均单果重/g	比对照提高（%）
覆草	500	2912	5.8	18.4
对照	500	2432	4.9	

（3）果园生草　果园生草法是一种先进、实用、高效的土壤管理方法，在欧美、日本等国已实施多年，应用十分普遍。与其他土壤管理方法相比，果园实施生草有明显的优势，有较好的综合经济效益。近年来，我国开始实验推广果园生草，特别是那些水土流失严重、土壤贫瘠、劳动力又很紧张的果园，实施果园生草就显得更为重要和有意义。另外，实施果园生草也是生产绿色果品和无公害果品的重要技术措施。

据实验测定，在 30cm 厚的土层有机质含量为 0.5%～0.7% 的果园，连续 5 年种植鸭茅和白三叶草，土壤有机质含量可以提高 1.6%～2.0%（表 6-4）。

表 6-4　果园生草对土壤结构和肥力的影响

项目	覆草年限/年	土壤容重/(g/m^3)	有机质(%)	碱解氮/(mg/kg)	速效磷/(mg/kg)	速效钾/(mg/kg)
生草园	3	1.34	1.41	96	69	136
清耕园	—	1.46	0.68	93	62	66

注：该数据来源于山东烟台市牟平区龙泉镇汤西村。

在甜樱桃园里，不进行覆盖和经济作物的间作时，进行果园生草是一个很好的办法。果园生草既省工、省时，又可以提高土壤有机质含量，防止水土流失，调节地温，减少冻害和日灼等。果园生草时要选择浅根系、低干的禾本科、豆科或绿肥最好，如三叶草等。通常果园人工生草多选择豆科的白三叶草与禾本科的早熟禾草混种。白三叶草根瘤菌有固氮能力，能培肥地力；早熟禾耐旱、适应性强。两种草混种可发挥双方的优势，比单种一种生草效果好。

另外，在每年的青草生长季节，注意增施化肥，防止草与树争肥，夏季当草长至 20～30cm 高时要及时刈割，并铲除行间的高秆草类，树盘下面要保持清耕。一个生长季刈割 2～4 次，草生长快的刈割次数多，反之则少。草的刈割管理不仅能控制草的高度，而且还能促进草的分蘖和分枝，提高覆盖率和增加产草量，割下的草覆盖树盘。刈割的时间，由草的高度来定，一般草长到 30cm 以上时刈割。草留茬高度应根据草的更新的最低高度来定，与草的种类有关，一般禾本科草要保住生长点（心叶以下）；而豆科草要保住茎的 1～2 节。有些茎节着地生根的草，更容易生根。草的刈割应采用专用割草机进行。秋季长起来的草，不再刈割，冬季留茬覆盖。

【知识拓展】　果树重茬病及预防措施

实践证明，老果园更新改造重新栽植果树时，经常会出现苗木成活率低、生长不良，进入结果期后结果少、产量低、果实品质差，树体抗性低、树势早衰、寿命短等问题，从而导致经济效益极低，这称之为果树重茬病，也叫果树再植病。苹果、梨、桃、葡萄、杏、樱桃、枣等均易发生重茬病。

樱桃树很容易患根癌病，土壤中有根癌病菌及线虫则容易传染根癌病。种植樱桃、桃、李、杏的老果园，土壤中根癌病菌多，不宜栽植樱桃树，更不宜作为发展樱桃的苗圃。如果树苗有根癌病，将引起更严重的后果。因此，在土壤管理过程中要特别注意。

一、造成果树重茬病的原因

1. 前茬果树的抑制作用

1）前茬果树根系的分泌物，如桃、杏、李、樱桃树根系长期分泌出苦杏仁苷、樱桃苷等有毒物质，这些有毒物质大量积累，抑制重茬果树根系的呼吸作用，使根系变褐死亡，特别是苹果园土壤内，苹果根系长期分泌根皮苷，大量积累可强烈抑制重茬果树根系的生长。

2）前茬果树在土壤内的残留物，被土壤微生物分解产生有毒物质，果园土壤内存留有大量的根、枝和叶片，这些残留物内含有大量的有害苷类物质，特别是根内含量相当高。苹果园土壤内存留的根、枝和叶片，含有大量的根皮苷，所以对重茬果树也起十分强烈的抑制作用。

2. 土壤微生物危害

1）线虫：能破坏果树根系的内部结构，抑制果树生长，危害果树根系的线虫常侵食果树根系的表面组织或皮层细胞，使根尖失去活力，导致根肿大、变褐、坏死、根皮脱落、死亡。果树地上部生长相应减慢、衰弱。

2）有害真菌、细菌、放射菌、立克次体主要危害须根或根毛。

3. 土壤营养元素缺乏或过多

重茬果园的土壤内，常出现有的元素不足，使果树生长不良；也会使有的元素过多，发生毒害作用；或出现元素间拮抗，使果树难以吸收，造成果树生长不良。

4. 土壤排水和通气不良

老果园由于土壤松翻和灌水不当，或多年板结和积水，会造成有害微生物和毒害不断增加。

二、果树重茬病的预防措施

1. 土壤处理

目前世界各国把土壤处理作为控制果树重茬病的最基本措施，采取的方式有以下几种。

1）土壤消毒：以含有37%甲醛的福尔马林效果较好，成本较低，处理时将定植穴的土壤挖起，然后边填边喷福尔马林溶液，喷洒后用地膜覆盖，以杀死土壤内的线虫、真菌、细菌、放射菌和立克次体。或用70%溴甲烷加30%氯化苦混合剂处理，在每平方米的土壤内施入50g溴甲烷，再加入22.5g氯化苦，可起到土壤消毒作用。

2）土壤加热：利用夏秋季晴天，以地膜覆盖土壤，使土壤增温杀菌，土温超过50℃以上能起到杀菌作用，60℃以上效果最好。

3）深翻换土：在定植穴内深翻换土，把定植穴内的土壤移出，填入客土，然后栽植果树。

4）施用有益真菌：VAM真菌是与果树共生的内生菌根真菌，其菌丝体生活在果树根的皮层组织中，可扩大果树的吸收面，吸收果树不能吸收的营养元素和水分。在重茬果园的土壤内由于果树分泌物和残留物的有毒物质的积累，使果树有害的线虫和土壤微生物大量繁衍，使有益菌根真菌大量减少，所以在重茬地栽植果树时，在果树根际直接接种 VAM 真菌，可减轻果树重茬病的发生，能促进果树的生长和结果。土壤消毒后，再接种 VAM 真菌效果更好。

2. 果园轮作

果树栽植前在重茬地先种植豆科植物，如三叶草、苜蓿及食用豆类作物或蔬菜类植物，这些作物是有益真菌的寄主，种植这些作物可以促进土壤内有益真菌的发育和大量发生，同时，可以固定氮素，增加土壤的肥力，可有效地降低重茬病的影响。

3. 补充土壤营养元素

果树栽植前应进行土壤分析，了解果园土壤内的营养元素的亏缺或积累情况，然后确定施肥方案，补充和调节土壤内的营养元素，特别注意有机肥料和微量元素的施用。

二 施肥管理

甜樱桃根系分布较浅，随树龄增长，肥水管理应以树龄、树势、土壤肥力状况和品种的需肥特点为依据，掌握好肥料种类、施肥量、施用时期和施用方法，及时适量地供应树体生长发育所需要的各种营养元素和水分，达到壮树、优质、高效的目的。

1. 施肥原则

由于各地土壤质地不同，可根据土壤养分分析和叶片营养分析结果确定肥料配比。如条件允许应尽量实行测土配方施肥，如受条件所限不能采取测土配方施肥的，也应根据对土壤养分状况的了解和经验，科学配比三要素和适量施用微量元素，以达到平衡施肥、提高肥料利用率的目的，减少有害要素在土壤中的残留，创造良好的适宜甜樱桃生长发育的土壤环境。

2. 甜樱桃不同时期施肥特点

建立以有机肥为主的施肥制度，抓住几个关键施肥时期。例如，在生命周期中施肥要求抓早期，先促进生长，再及时控制树冠促进花芽分化，做到早产早丰。每年抓萌芽期、采收后和休眠前三个时期的不同特点进行有针对性的施肥。

（1）依树龄不同施肥特点有所差异　3 年生以下为幼树扩冠期，应以速效氮肥为主，辅之适量磷肥。4 ~ 6 年生为结果初期，以施有机肥和复合肥为主，做到控氮、增磷、补钾。7 年生以上为结果盛期，除秋施基肥、花前追肥外，要注意采果后追肥，增施氮肥。

（2）一年当中不同生长阶段施肥特点应有所侧重 甜樱桃萌芽期追肥：在甜樱桃萌芽期时追肥的目的是适当补充上一年秋季树体储存营养的不足，为今年的萌芽、开花、坐果提供充足的营养保证，也是为了改善土壤成分，有效提高樱桃树产量的关键一步。特别是花芽分化前一个月适量施用氮肥，能够促进花芽分化和提高花芽发育率（表 6-5）。另外，要结合追肥进行叶面施肥，优质叶面肥既可有效提高甜樱桃苗木的坐花坐果率，又可预防早春倒春寒。例如，在盛花期喷 0.3% 的尿素 +0.1%～0.2% 硼砂 +600 倍液磷酸二氢钾，可有效地提高坐果率，增加产量。

表 6-5 夏肥对甜樱桃花芽分化和第二年春开花坐果的影响（铃木）

施肥时间 /(日/月)	花芽分化（%） (1950～1952) 平均	第二年结果 (%) (1952)	受冻花 (%) (1953)	发育不良花 (%) (1953)
约花芽分化前 1 个月（7/6）	34.0	38.39	2.53	0.86
约花芽分化前 15 天（22/6）	19.2	37.50	4.64	2.82
花芽分化初期（7/7）	14.4	33.40	3.88	0.72
花芽分化结束期	6.2	34.60	6.99	0.58
未施肥区	0.4	26.18	14.01	10.62

甜樱桃坐果后追肥：甜樱桃坐果至绿豆大小，最易发生落果现象，其根本原因就是养分供给不全或不足。此时应加大叶面施肥力度，可有效预防落果现象发生。

采果后基施肥料：甜樱桃采收后及时施肥的好处，一是及时补充营养，恢复树势；二是甜樱桃采摘后就开始花芽分化，整个花芽分化期在采果后 40～45 天内完成，此期施肥既是对树体养分亏缺的补充，又是樱桃的花芽分化盛期及营养积累前期，所以采果后应立即施肥，避免樱桃树因为采摘后营养的缺失而影响树体的生长。

7 月后，甜樱桃园内的大部分樱桃品种的果实都已基本采摘完成，此时的樱桃苗木是最需要养分来存储到树体内的，是修复自身劣势的时候。科学的甜樱桃管理方法很重要，尤其是在肥料施用时间的把握上更要注意。

秋季基肥施用宜在9~10月间进行，以早施肥为好，此时正值根系的秋季生长高峰期，早施基肥有利于肥料熟化，便于根系吸收和树体养分的积累，使树体有较高的营养储备，能及时供应早春树体的养分需求，满足春季发芽、展叶、开花、坐果和新梢生长的需要，同时伤根也能得到很好的恢复。

3. 施肥方法

在现代果园管理过程中，施肥要做到无公害、环保和可持续发展。那么，对肥料选择尤为重要。根据我国无公害果品生产要求，生产无公害果品肥料的选择原则，要以有机肥为主、化肥为辅。施入的肥料有利于改善土壤结构和提高土壤肥力；能够全面均衡供应甜樱桃所需的各种营养元素，不破坏土壤结构，有利于提高土壤微生物活性，对果园环境和果品质量无不良影响。

（1）有机肥 在无公害果品生产中，允许使用的有机肥有以下几种。

1）堆肥。以多种秸秆、落叶、杂草等为主要原料，并以人、畜粪便和适量土混合堆制，经过好气性微生物分解发酵而成。

2）沤肥。所用物料与堆肥相同，但需要在水淹条件下经过微生物嫌气发酵而成。

3）人粪尿。是必须经过腐熟的人的粪便和尿液。

4）厩肥。以马、牛、羊、猪等家畜和鸡、鸭、鹅等家禽的粪便为主，加上粉碎的秸秆与泥土等混合堆积，经微生物分解发酵后而成。

5）沼气肥。有机物料在沼气池密闭的环境下，经嫌气发酵和微生物分解，制取沼气后的副产品。

6）秸秆肥。以麦秸、稻草、玉米秸、油菜秆、豆秸等直接或经粉碎后铺在果园的树盘上，待自然腐烂后翻入土中。

7）饼肥。由油料作物的籽实榨油后剩下的残渣制成的肥料，如棉籽饼、菜籽饼、花生饼、芝麻饼、蓖麻饼和豆饼等，这些肥料可直接施入。

8）绿肥。以新鲜植物体就地翻压或异地翻压，或经过堆沤而成的肥料。这类肥料有豆科植物和非豆科植物。果园常用的绿肥作物有苕子、草木樨、田菁、柽麻和苜蓿等。

9）腐殖酸肥。以含有腐殖酸类物质的泥炭、褐煤、风化煤等经过加工制成的含有植物所需的营养成分的肥料。

10）蚯蚓粪肥。利用秸秆、树叶等饲养蚯蚓的转化物。

各种有机肥养分含量详见表6-6。

表6-6 各种有机肥养分含量（%）

肥料种类	水分	有机物	氮	磷	钾
人粪尿	80.0	5.0~10.0	0.50~0.80	0.20~0.40	0.20~0.30
马粪	76.0	21.0	0.40~0.55	0.20~0.30	0.35~0.45
牛粪	80.0~85.0	14.9	0.30~0.45	0.15~0.25	0.05~0.15
羊粪	57.0~63.0	24.0~27.0	0.70~0.80	0.45~0.60	0.30~0.60
猪粪	85.0	15.0	0.50~0.60	0.45~0.60	0.35~0.50
猪尿	97.0	2.5	0.30~0.50	0.07~0.15	0.20~0.70
鸡粪	50.0	25.5	1.63	1.54	0.85
鸭粪	56.6	26.2	1.10	1.40	0.62
鹅粪	77.0	23.4	0.55	0.50	0.95
鸽粪	51.0	30.8	1.76	1.78	1.00
兔粪	—	—	0.78	1.47	0.21
厩肥	57.0	—	0.50	2.00	0.50
豆饼	—	—	7.00	1.32	2.13
芝麻饼	—	—	5.80	3.00	1.30
菜籽饼	—	—	4.60	2.48	1.40
棉仁饼	—	—	5.32	2.50	1.77
稻草	—	—	0.51	0.12	2.70
麦秆	—	—	0.50	0.20	0.60
玉米秆	—	—	0.60	1.40	0.90
鱼杂	—	69.84	7.36	5.34	0.52
绿肥	80.0~88.0	—	0.27~1.32	0.06~0.30	0.15~0.93

（2）化学肥料　在无公害果品生产中，允许使用的化学肥料有以下几种。

1）氮肥类。氮肥类的肥料有尿素、碳酸氢铵、硫酸铵等，常用的以尿素为主。

① 尿素。含氮量44%～46%，为白色固体中性氮肥，易溶于水，适合各种土壤施用和叶面喷施。土壤施用时，为防止挥发和淋失，施后要盖土，用于叶面喷施一般浓度为0.2%～0.3%，浓度过高容易产生毒害。

② 碳酸氢铵。碳酸氢铵为弱碱性氮肥，氮含量17%左右。易溶于水，肥效快，在土壤中无杂质残留，不破坏土壤结构，适于各种土壤施用。其缺点是不稳定，在潮湿和高温（30℃）条件下易分解成氨、二氧化碳和水。应在干燥低温条件下储存，包装必须严密。施用时要随施随覆土，并及时少量灌水，不可与酸性肥料混合施用。

③ 硫酸铵。简称硫铵，为弱酸性氮肥，含氮量20%～21%。易溶于水，肥效快，常温下不挥发，较纯的硫铵吸湿性较小，只有在温度较高、湿度较大条件下才吸湿结块。硫铵的营养成分为铵离子，硫酸根残留于土壤中，长期大量施用会使土壤发生不良变化。注意硫铵不能与碱性肥料混合施用。

2）磷肥类。磷肥类的肥料有过磷酸钙、磷矿粉、钙镁磷肥等。

① 过磷酸钙。又名过磷酸石灰，简称普钙，其主要成分是水溶性磷酸一钙和50%左右的石膏，其含磷量12%～18%，可作追肥和基肥，与农家肥混合后作基肥效果更好。该肥由于有游离酸的存在，而呈酸性，不易与碱性肥料混合施用。储存应置于干燥阴凉处，以防吸湿结块和被淋而损失。

② 磷矿粉。磷矿粉以天然磷矿石为原料，用机械方法粉碎磨细制成。磷矿粉主要成分为氟—磷石灰，含磷量10%～25%，其中3%～5%的磷可溶于弱酸，被吸收利用。在施用时要加大用量，一般应为其他磷肥的2～3倍，同时要注意深施。

③ 钙镁磷肥。钙镁磷肥以磷矿石、蛇纹石和橄榄石为原料，在高温下熔融后，经水淬冷却，再粉碎磨细而制成。它含磷14%～

20%，还有25%～30%的氧化钙，30%左右的氧化硅，15%～18%的氧化镁。钙镁磷肥不溶于水而溶于20%的柠檬酸，为中性肥料，吸湿不结块，无腐蚀性，便于储存和运输。

3）钾肥类。钾肥类的肥料有硫酸钾、氯化钾、窑灰钾等。

① 硫酸钾。硫酸钾为化学中性，但因施用后有硫酸根残存于土壤中，所以属于生理酸性肥料，长期大量施用容易使土壤板结。含钾量为48%～52%，吸湿性小，不易结块。

② 氯化钾。易溶于水，肥效快；虽为化学中性，但由于施用后有氯根残留于土壤中，所以属于生理酸性肥料。含钾量50%～60%。为防止对根系的危害，在多雨季节施用为好，施用时要与土壤充分混合。氯易引起和加重土壤盐渍化，甜樱桃对氯又很敏感，因此特别是保护地甜樱桃最好不施用氯化钾。

③ 窑灰钾。窑灰钾是水泥厂的副产物，除含8%～12%的钾外，还含有钙、镁、硅、硫、铁等其他元素。储存中要注意防止雨淋。窑灰钾肥碱性较强，适宜在酸性土壤中施用，不要与氮磷化肥同时混用。

4）复合（混）肥类。复合肥类的肥料有磷酸二铵、磷酸二氢钾、氮磷钾复合肥、配方类肥等。

① 磷酸二铵。磷酸二铵为白色或灰色颗粒，含氮18%、磷46%，易溶于水，偏碱性，吸湿性小，既可作基肥，也可作追肥。

② 磷酸二氢钾。磷酸二氢钾为白色固体肥料，含钾27%、磷24%，多用于追肥，果实发育期叶面喷施0.2%～0.3%的磷酸二氢钾，有明显提高果实品质的功效。

③ 氮磷钾复合肥。指含两种和多种营养元素的肥料，为白色或灰色颗粒，氮、磷、钾含量均为15%～17%，有一定吸湿性，既可作基肥，也可作追肥。

5）微肥类。微肥类的肥料有硫酸锌、硫酸锰、硫酸亚铁、硼砂、硼酸、硫酸镁、硫酸铜、钼酸铵等。

微量元素肥是甜樱桃生长发育所必需的营养元素肥，不施或施量不足，都会引起各种缺素症状，使树体发育受阻，果实产量、品质下降。所以一定要切实纠正那种只重视施用大量元素肥料，而忽视施用微量元素肥料的偏见，科学施用树体所需各种微量元素，使其得到全面的营养保障。

① 硫酸锌。可溶于水，土施和叶面喷施均可，剂量为0.3%。

② 硫酸锰。易溶于水，既可土施也可叶面喷施，剂量为0.2%。

③ 硫酸亚铁。易溶于水，多用于叶面喷施，剂量为0.3%。

④ 硼砂。较易溶于水，多用于土施和叶面喷施，剂量为0.3%。

⑤ 硫酸镁。含镁量为23%~30%，易溶于水，既可土施也可叶面喷施，剂量为0.3%。

此外，还有微生物肥料，这类肥料是以特定的微生物菌种培育生产的，含有活的有益微生物制剂，包括根瘤菌肥料、固态菌肥料、磷细菌肥料、硅酸盐细菌肥料、复合微生物肥料等。

（3）禁用肥料 在安全优质高效甜樱桃生产中，禁止使用下列肥料：未经无害化处理的城市垃圾和含有金属、橡胶及有害物质的垃圾；硝态氮肥和未腐熟的人粪尿等；未获准登记的肥料产品。为何禁止使用硝态氮肥呢？其主要原因：一是因为硝态氮肥如硝酸铵、硝酸钙等主要成分中有硝酸盐，硝酸盐随灌溉水进入土壤后，造成土壤中硝酸盐含量增多，农作物吸收后，其硝酸盐含量增加，造成人们食用后，硝酸盐在体内转化为亚硝酸盐，而亚硝酸盐具有致癌作用，会对人体造成很大危害；二是硝态氮肥能够被农作物吸收的仅是一小部分，大量的硝态氮肥都随着降雨或灌溉用水渗入地下，对地下水造成污染，使地下水亚硝酸盐含量超标。为了避免硝态氮肥对环境造成污染、对人类造成危害，绿色食品肥料使用准则中禁止使用硝态氮肥。另外，硝态氮肥如硝酸铵，在一定温度下会分解发生爆炸，在生产、储运和使用中必须严格遵守安全规定。

（4）甜樱桃叶片营养诊断 为了进行科学施肥，在甜樱桃盛花后8~12周，随即采取树冠外围中部新梢的中部叶片，进行营养分析，将分析结果与表6-7中的标准相比较，可诊断树体营养状况，以指导配方施肥，做到科学合理。

表 6-7　甜樱桃叶片营养诊断标准

元素	缺素	适宜	过量
氮（%）	<1.7	2.2~2.60	>3.4
磷（%）	<0.09	0.15~0.35	>0.4
钾（%）	<1.0	1.6~3.00	>4.0
钙（%）	<0.8	1.40~2.40	>3.5
镁（%）	<0.2	0.3~0.8	>1.1
硫（%）	—	0.2~0.4	—
钠（%）	—	0.02	>0.5
氯（%）	—	0.3	>1.0
锰/(mg/kg)	<20	40~60	>400
铁/(mg/kg)	<60	100~250	>500
锌/(mg/kg)	<15	20~50	>70
铜/(mg/kg)	<3	5~16	>30
硼/(mg/kg)	<15	20~60	>80

4. *施肥方式*

甜樱桃的施肥方式分为土壤施肥法和根外追肥法、随水冲施法等。土壤施肥能较长久供给树体需要的各种营养；根外追肥能直接供给树体养分，及时补充树体养分消耗，是一种应急和辅助土壤追肥的方法，具有见效快、节省肥料、简单易行等特点，并可防止养分在土壤中的固定和转化；随水冲施法也具有见效快的特点，也是一种应急的补充措施。根外追肥和随水冲施的肥料都应选择专用的速效性肥料，以短期内达到应有的效果。生产中这些施肥方法应配合应用。

（1）土壤施肥　土壤施肥应尽可能地将肥料施在根系集中分布的区域，以便充分发挥肥效。秋施基肥多采用在树盘上挖环状沟施肥法，即在树冠投影处树盘的两侧各挖一条深30～40cm，长约为树冠的1/4的半圆形沟（图6-1），将有机肥及一定数量的化肥掺匀后施入沟内并覆土盖严，第二年施树冠的另两侧。生长期土壤追肥多采用放射沟施肥法，即从距树干20～50cm处向外划6～8条放射状沟，沟长至树冠的外缘，沟深10～15cm，树冠内较浅、较窄，树冠外较深、较宽（图6-2），施入化肥后覆土盖严。

图6-1 环状沟施肥

图6-2 放射状沟施肥

（2）根外追肥 根外追肥的方法有两种，一是叶面喷布，二是枝干涂抹。叶面喷布是通过叶背面的气孔吸收，叶面喷肥后养分吸收转化快，是及时补充营养的重要措施，喷施时间要求在下午或傍晚，或多云天气时进行。枝干涂抹施肥是一种新型的根外追肥方法，是将专用型的液体肥料，按一定比例稀释后，用毛刷均匀涂于树体的主干或主枝上，通过树皮的皮孔渗入，以被树体地上部各器官吸收和利用。

（3）随水冲施 适用于速溶于水的冲施肥料，随浇水施入土壤的一种追肥方式。此法不用挖沟可节省用工量，而且随水施入能使营养均匀分布于土壤中，利于根系吸收。

5. 施肥时期与施肥量

甜樱桃树体具有生长发育迅速，需肥集中的特点，从展叶、开花、果实发育、果实成熟及花芽分化，都集中在生长的前半期，储藏养分的多少，以及早期的营养供应，对枝叶生长、开花、坐果和果实膨大及花芽分化都有直接的影响。储藏养分的水平，还影响树体的抗寒性。因此，在甜樱桃的施肥时期上，要重视秋季施基肥，为树体提供充足的营养储备。

（1）春夏季追肥 春夏季施肥时间分别是在萌芽前和采果后进行。这一时期内，树体对营养需求集中而且需求量大，进行适量追肥能明显提高坐果率、增大果个以及促进花芽分化和采收后树势的恢复。盛果期树每次每株施专用肥或三元复合肥1.0~1.5kg，饼肥或沼液肥等有机肥2~3kg，幼树酌情减量。春夏季的生长期，还可多次进行叶面喷肥。如于花期喷施0.3%硼砂，或喷施其他促进坐果的肥料等。还可于花后的果实发育期，喷施磷、钾、钙以及其他微量元素肥等，来促进花芽分化和增大果个，以及提高果实品质。果实发育期也是花芽分化期，此期养分需求量大，容易造成养分竞争，可在落花后半个月至采收后一个月期间，每隔7~10天喷施一次叶面肥，肥料以磷酸二氢钾和活力素为主，也可喷施其他种类的含氮量少的叶面肥。果实发育期还可随灌水施入冲施肥和进行树干涂液体肥1~2次。

下面是山东烟台林科站（1977）的试验，试验结果是，花期根外追肥和喷施激素对甜樱桃坐果率有一定的影响（表6-8、表6-9）。

表6-8 不同时期喷施尿素、硼砂液对甜樱桃坐果率的影响

项目/品种	处理		喷施时间		调查花朵数/朵	坐果数/个	坐果率（%）
	种类	倍数	月/日	物候期			
小紫	硼砂	200	4/13	盛初~盛花	1168	265	22.7
	尿素	200	4/13	盛花初期	737	168	22.8
	对照（清水）		4/13	盛花初期	879	174	19.8
大紫	硼砂	200	4/13	盛初~盛花	1054	374	35.5
	尿素	200	4/13	盛初~盛花	1309	450	34.4
	对照（清水）		4/13	盛花	684	221	32.3

注：均喷施1次。

表 6-9 那翁盛花期喷施赤霉素、磷酸二氢钾溶液对坐果率的影响

处理		调查花朵数/朵	坐果数/个	坐果率（%）	备注
种类	含量/（mg/L）				
赤霉素	10	600	196	32.7	果实小、不发育、黄落
	20	619	321	51.9	
	40	474	171	36.2	
	80	336	147	43.7	
	100	576	142	24.6	
	200	600	95	15.8	
	对照(清水)	1812	612	33.8	
磷酸二氢钾	600	717	312	43.6	
	800	540	138	25.6	
	1000	492	141	28.7	
	对照(清水)	588	225	38.3	

从表 6-8 可以看出，在小紫、大紫的盛花初期至盛花期，喷施 1 次尿素或硼砂溶液，对提高坐果率均有一定的效果。从表 6-9 可以看出，在那翁盛花期，相隔 10 天连喷 2 次 20～80mg/L 赤霉素和磷酸二氢钾溶液，有助提高坐果率。100mg/L 以上浓度的赤霉素则阻滞果实发育，使果实变黄脱落。

【提示】 幼树至初结果树一般每株施猪圈粪 100kg，或人粪尿 30～60kg，或纯湿鸡粪 20～30kg。盛果期树一般每株施猪圈粪 150kg，或纯湿鸡粪 30～40kg，加入复合肥 0.5kg，过磷酸钙 1.0～2.0kg。当然了，这里说的猪圈粪、鸡粪等必须是充分腐熟的。

（2）秋季施基肥 基肥是树体营养的最主要来源，其施用量一般占全年用肥量的 70% 左右。每种肥类的具体施用量应根据树势、产量和土壤质地确定。秋季施基肥越早效果越好，早施时土壤温度较高，微生物活动还较旺盛，肥料可部分腐解矿化，释放出速效性营养元素。另外，早秋土壤温度高利于受伤根系愈合，提高根系的吸收能力，增加树体养分储备量。

因气候条件差异，不同产区秋施基肥时间略有不同，辽宁大连地区多在8月中下旬至9月中下旬，山东以南地区、陕西西安、河南等地稍晚些，多在9月至10月上旬。

生产实践证明，有机肥对提高甜樱桃产量和品质的作用明显。幼树一般每棵树施厩肥25~50kg，盛果期的大树每棵施厩肥100kg左右。优质的鸡、猪粪或人粪尿数量可少一些，用杂草、树叶等土杂堆肥数量就要多一些。

在落叶前半个月，可喷2%的尿素，此时叶片厚、气温低，在尿素浓度高时也不会发生药害，但喷的时间宜在下午3点以后，秋天晚上有露水，有利于叶面吸收。樱桃和其他果树都一样，在落叶之前会把叶中的营养分解成可溶解状态，而后运输到枝条及根部，使枝干和根部在冬季有更多的营养积累，对充实花芽、增强抗寒能力都有好处。

美国对甜樱桃施肥量的要求是：

氮肥，1年生树每株85~113g，2~3年生树每株142~198g，4~5年生树每株227~283g，6~7年生树每株340~397g，成龄树每株454~567g。

磷肥，一般每亩用五氧化二磷（P_2O_5）15~30kg。

钾肥，一般每亩用氧化钾（K_2O）10~20kg。

三 水分管理

首先，樱桃园灌溉水的要求是清洁无毒，符合国家《农田灌溉水质量标准》（GB 5084—1992）。其主要指标pH为5.5~8.5，总汞、总镉、总砷、总铅、铬、氯化物和氰化物等要低于国家规定的限量标准，除此之外，还有细菌总数、大肠菌群、化学耗氧量和生化耗氧量等项。水质的污染指数分为3个等级：一级（污染指数≤0.5）为未污染；二级（污染指数0.5~1）为尚清洁；三级（污染指数≥1）为污染（超出警戒水平）。只有符合一、二级标准的灌溉水才能生产出安全、高效的无公害果品。

其次，根据甜樱桃根系分布浅，即不耐涝又不耐旱的特性，灌溉要本着多次少量的原则，即在总体上保证树体对水分的需要，又不一次灌水过多。土壤含水量为田间最大持水量的60%～80%，比较有利于根系活动，适合树体生长发育。当土壤含水量低于田间最大持水量的60%时，就应及时适量灌水。雨季还特别要注意排水，防止树盘上积水或根际土壤湿度过大，而形成涝害，积水对其危害最大，地面积水超过20h，就能引起树势衰弱、引发流胶病，造成当年死树或第二年萌芽后死亡的现象，所以防涝是甜樱桃栽培管理的一个重要环节。掌握和判断田间持水量可以根据手握土壤来衡量和判断土壤墒情（表6-10）。

表6-10　土壤各级墒情大致含水量

墒情类别	干墒	灰墒	黄墒	褐墒	黑墒
感觉反应	手握土感觉无湿意	手握土稍感有湿意	手握土感到湿意	手握土可成团手上有湿痕迹	手握土时可挤出水迹
土壤相对含水量	50%以下	60%左右	70%～80%	80%～90%	90%以上

注：土壤相对含水量＝田间绝对含水量/田间最大持水量×100%

1. 灌水时期与灌水量

（1）萌芽水　灌萌芽水有利于根系活动，促进萌芽整齐。萌芽期的灌水时间应在萌芽前，最晚不能超过萌芽初期。萌芽前或萌芽初期的灌水量以灌透为度。

（2）花前水　灌花前水的主要目的是保证甜樱桃花期对水分的需求。在经常遭遇晚霜危害的地区，花前水能降低地温而使花期延迟，有利于防止霜冻对花器官的危害。如果开花前土壤含水量不低于田间最大持水量的75%，也可不灌水。此次灌水量不宜过大，以“水一流而过”为度。

（3）催果水　灌催果水一般在落花后15天以后进行，果实如长至高粱粒大小时，要及时浇好硬核水，此期为幼果膨大期，生长发育最旺盛，同时也是花芽分化开始期，对水分的供应最敏感，此时浇水对果实的产量和品质都有很大影响。此期如土壤含水量不足，就会发生幼果早衰现象，出现大量果核软化的“柳黄果”。

据于绍夫在山东烟台黏壤土樱桃园的测定，当根系主要分布层的含水量下降到11% ~12%时，就会发生“柳黄”落果，所以在10~30cm土层的土壤含水量下降到12%以前时，要立即灌水。在大紫樱桃园的试验表明，此时灌水比不灌水可减轻落果26.1% ~29.2%（表6-11）。

表6-11 大紫樱桃树浇水与不浇水对柳黄果的影响

母枝年限	不浇水			浇水		
	总果数/个	柳黄果数/个	占总果数百分比(%)	总果数/个	柳黄果数/个	占总果数百分比(%)
3年	447	149	33.3	612	44	7.2
多年	335	135	40.3	485	54	11.1

这个时期当10~30cm土壤含水量低于田间最大持水量的60%时，就应及时灌水，但不宜灌大量水，灌后能润透土壤30~40cm深即可。

（4）采前水 采收前10~15天是甜樱桃果实膨大的最快时期，缺水果实发育不良，产量低。这次供水应在前期水分供给正常、土壤不十分干旱的情况下进行，如果前期供水不足，土壤严重干旱，此时灌水量大容易引起裂果，这点必须注意。水量过大还会降低果实含糖量，影响果品质量。一般这次灌水量以相当于催果水的2/3为宜。

（5）采后水 为尽快恢复树势和确保花芽后期分化的正常进行，在果实采收后应灌一次透水，可结合施肥进行。有少部分果农误认为树上没果了就不用浇水了，而忽视了采后的灌水，这是错误的应予以纠正。

（6）封冻水 在土壤封冻前灌一次水可以缓和甜樱桃根际温度变化，对于树体安全越冬、减轻花芽冻害均有较大的作用。在春季干旱地区灌封冻水更为重要。这次水要灌透，以灌后能润透土壤50cm左右深即可。

2. 灌水方法

灌水方法应采取节水灌溉技术，节水灌溉方法主要有滴灌、喷灌和渗灌三种。

（1）滴灌 是一种机械化和自动化相结合的先进灌溉技术，它能使水滴或细微水流缓慢地滴至树体根系，水资源利用率高。滴灌均适用于露地和保护地应用。

（2）喷灌 通过相关设施把灌溉用水喷到空中，使其成为细小的水滴，再撒落到地面上。这种技术不但节水，还能减少对土壤结构的破坏，改善果园内局部小气候。喷灌只适用于露地樱桃园应用。

（3）渗灌 是利用地下渗水管道将水渗入土壤中，借助土壤毛细管作用湿润土壤。这一技术节水，不破坏土壤结构。但在应用时要注意防止渗水管被堵塞，可在各渗水孔处安装比渗水管稍粗的塑料管护套。渗灌均适用于露地和保护地应用。

3. 排水防涝

在雨季来临之前，及时疏通排水渠道，在果园内形成有效的排水系统。这对平地甜樱桃园尤为重要。具体操作是在行间挖深30cm、宽40cm左右的排水沟，行间排水沟与四周排水沟相通，以便及时排除积水。

第二节 花果管理技术

搞好甜樱桃花果管理是提高甜樱桃产量与品质的关键措施，它主要包括防止晚霜危害、辅助授粉、疏花疏果、提高坐果率、提高果实品质和灾害及其防御等。

一 防晚霜危害

环渤海地区是甜樱桃的主要产区，此产区的甜樱桃经常遭受晚霜危害。例如，2002～2005年的4年间，在山东的烟台地区就发生了3次严重霜冻，甜樱桃受到了严重危害，果品产量总体减少30%～60%，有的甜樱桃园几乎绝产。晚霜冻害，已成为目前甜樱桃生产最大的障碍。

1. 晚霜冻害的发生规律

山谷、低洼、盆谷地霜冻重；山坡、通风平地和地势高的果园轻；山前、村前的果园冻害轻，山后、村后的果园冻害发生重。

甜樱桃品种不同，其抗冻程度差异很大。调查甜樱桃受冻程度从重到轻依次表现为：意大利早红—芝罘红—雷尼—佐藤锦—那翁—大紫—红灯（山东莱州调查）；拉宾斯—红丰—红灯—大紫（山东牟平、招远调查）。

以喷施氮肥速效肥为主，树体旺长和肥水不足，树体虚弱的受冻重；反之，果园管理水平高，以喷施有机肥和专用肥为主，修剪、负载合理，树体健壮的受冻轻。霜冻前不浇水或干旱的果园冻害重，浇水的果园冻害轻。

防护林可降低风速，增加大气湿度，改善小气候。果园周围有防护林的霜冻发生轻，没有防护林的发生重；防护林迎风面发生重，背风面发生轻；位于防护效果较好的分布范围的甜樱桃，发生最轻。

果园生火熏烟的霜冻轻，但绝对温度降幅过大，低温持续时间长的效果不明显。

2. 晚霜冻害的防御措施

1）选择适宜园址。经常发生霜冻的地区，建园要选择背风向阳（或半阴坡）、地势平缓、土肥水条件较好的地段，避开谷底、盆地和低洼地。同时要根据布局，科学规划，营造防护林网。

2）采用优良砧木和品种。选用萌芽、开花晚，抗霜冻能力强的优良砧木和品种，并注意搭配授粉树，以适应低温环境，避开晚霜期，预防冻害发生。这是花期防霜冻最根本最有效的措施。据报道，酸樱桃 CAB 砧木，能延迟开花期。实践证明，红灯，雷尼，佐藤锦，乌克兰系列 1 号、3 号、4 号花期晚，可避开霜冻或较抗霜冻。选择花芽较抗低温的品种做主栽品种，如砂蜜豆、先锋、拉宾斯等晚熟品种。

3）延迟发芽。开花春季果园灌水，可降低地温，推迟物候期 2～4天；甜樱桃发芽前，枝干喷布 50 倍石灰乳，可延迟萌芽开花 3～5 天；在花芽萌动期，树冠喷布 20～40mg/L 赤霉素或 250～500mg/L 萘乙酸钾盐液，能打乱其内源激素平衡，延缓开花期，避免或减轻晚霜危害。

4）加强土肥水管理。促进树体健壮，秋季增施有机肥等优质果树专用肥，肥后灌水；生长季根外喷施优质叶面肥，促使树体生长健壮，增加储备营养，对预防和减轻霜冻危害有一定的效果。

5）搞好树体管理。合理整形修剪，科学疏花疏果，及时防治病虫害，全面增强树体抗性。

6）树盘覆草。用玉米秸秆、麦草、树叶和杂草等覆盖树盘，既可保墒提湿，又能阻隔冷空气入侵，对保持和提高地温，防止和减轻霜冻，效果明显。

应急措施：

每年的4月中下旬，要注意当地气象部门的天气预报。在霜冻出现之前，进行人工防霜，可采取熏烟、喷水、灌水等措施。熏烟不仅能提高果园气温2~4℃，还可通过产生的烟幕阻止地面热量的散发而使果园气温下降速度减缓，避免霜冻。具体做法是：在甜樱桃园的地头和行间堆放潮湿的杂草、作物秸秆、锯末等可燃物（一般5~8堆/亩），利用干草等引燃，使其大量发烟，但不要出现明火。燃烧位置应在上风口，使产生的烟雾随风进入樱桃园，可有效防止霜冻。也可自制烟雾剂（硝酸铵∶废柴油∶锯末=2.5∶1∶6.5，将硝酸铵研细，与锯末、柴油混合拌匀，装入桶内点燃）熏烟。为了能及时有效地预防霜冻，又不浪费燃料，燃堆的布置和点火时间应以气象预报和实际观测为依据。一般霜冻高峰发生在夜间0~5时，在高峰前点燃效果最佳。如燃料充足，自霜冻当天晚8时到第二天凌晨日出前5~6时熏烟，则效果更好。

树体喷水是在霜冻前或霜冻始期向甜樱桃树上喷水，水的比热容大，在凝结过程中可以释放出大量热，从而减轻霜冻。但气温过低，不可喷水。因低温持续时间长，喷水易结冰，反而加重冻害。

【提示】地面灌水与喷水防霜道理一样，只不过是在霜冻前地面大量灌水，利用水的大比热容释放出热量，减轻或防止霜冻。

3. 霜冻后的补救措施

1）对受冻的甜樱桃树，喷施1~2次（间隔5~7天）200倍液蔗糖（或600倍液欧甘）+600~800倍天达2116+30~40mg/L赤霉素+杀菌剂（60%百泰1200倍液等），以迅速补充营养，修复伤害，提高坐果率，促进幼果发育，减少病菌感染。

2）充分利用晚茬花，抓好授粉（重点放蜂），增加果量。

3）待受冻伤花、果、枝、叶恢复稳定后，及时进行复剪。将冻伤严重不能自愈的枝叶和残果剪掉，将影响光照的密挤枝、徒长枝疏除，旺梢摘心。以改善光照，节约养分，促进果实发育。

4）对霜害严重、坐果少、长势旺的园片或单株，喷布1～2次200～300倍液PBO（果树促控剂），控制旺长，稳定树势。

5）冻后追施适量优质专用肥或速效肥，促进树体及早恢复。

6）适当晚疏果，留好果，提高果品质量档次，弥补霜冻损失。

4. 研究开发防冻技术设施

设置升温装置、高空棚盖和简易活动大棚等防御设施，是解决霜冻、冰雹、冷害、鸟害、雨害等多种自然灾害的综合措施和有效途径，应引起各方面关注和重视。据报道，在美国华盛顿州，为了预防霜冻，不少甜樱桃园在园片四周设置加热器，每公顷设置38个，结合吹风机鼓风，可提高气温3～5℃，防霜效果很好。美国的许多果园用加热法预防霜害，采用的装置有熏烟灌、吹风机和石油砖，其作用效果各不相同，我们也可借鉴引用。高空棚帐目前成功的经验是，早春在甜樱桃的行间每间隔4～5m设立1根水泥柱或石柱，柱顶比树高出30～50cm，柱间以竹竿作托梁，甜樱桃花前7～10天覆盖塑料薄膜，四周用绳索拉紧，全园覆盖，连成一体或2～3行为一个结构体，四周不盖薄膜，以利通风。坐果后半月揭膜。据应用调查，能有效地防霜冻、冰雹、鸟害和雨害，增产30%～80%。

【提示】 简易活动大棚是根据甜樱桃园的面积、树高和株行距等，提前做好支架和棚面，于甜樱桃花前开始支设，采收后撤离，主要用于生长季防御霜冻等自然灾害，保护花果。

二 辅助授粉

1. 人工辅助授粉

在气候正常的情况下，甜樱桃的有效授粉期为花后1～4天。树种、地域、品种及授粉期的温度、湿度和其他因子都会影响有效授粉期的长短。不同的授粉时期对坐果率的影响差异很大。甜樱桃最佳授粉时期为花后4～5天，而前3天授粉效果最好，陈晓流等人（2003）对樱桃早红宝石品种不同时期人工授粉的坐果率做了如下试验（表6-12）。

表6-12　樱桃早红宝石品种不同时期人工授粉的坐果率

授粉时间	自然授粉	开花当天	开花第二天	开花第三天	开花第四天	开花第五天
坐果率	45%	62.75%	54.55%	51.85%	26.92%	0

从表6-12可以看出，人工辅助授粉时期越早越好。

要做好人工辅助授粉，首先要采集花粉。采集花粉宜在铃铛花期进行，以与主栽品种授粉亲和力高的品种为主，采集混合花粉进行授粉。于绍夫等人（1989）研究表明，在采集的4个甜樱桃品种中，以大紫的花粉量最大（表6-13）。

表6-13　4个甜樱桃品种鲜铃铛花的花粉生产量

品种	花朵鲜重/g	花朵数/朵	鲜花药重/g	带药壳干花粉重/g
大紫	1000	9048	48.0	23.8
晚红2号	1000	750	49.3	15.7
那翁	1000	7800	35.0	12.3
红丰	1000	548	22.0	12.0

对甜樱桃人工辅助授粉时，既可人工点授，也可以采用授粉期授粉。人工点授，是指用毛笔或橡皮头蘸取花粉，点授到柱头上即可。

由于甜樱桃花量大，人工点授用工量较大，费时费工，不易在生产上大面积应用。采用授粉器授粉是在不需要采集花粉的情况下进行人工辅助授粉的一种比较简单易行的方法。一般用柔软的家禽羽毛做成的毛掸，在授粉树与主栽品种树的花朵上轻扫，便可达到传花粉的目的。

【提示】为保证不同时间开的花都能及时授粉，人工辅助授粉需要反复进行3~4次。采用这种方法授粉，花朵坐果率可提高10%~20%或者更高。

2. 花期蜂授粉

在樱桃初花期，每3~5亩放一箱蜜蜂。目前在生产中，对甜樱桃授粉效果较好的蜜蜂种类是中国蜜蜂，中国蜜蜂活动温度低；其次是意大利蜜蜂。蜜蜂授粉效果非常好，生产上普遍采用。

除了释放蜜蜂外还可利用壁蜂授粉，壁蜂也称豆小蜂，是人工饲养的一种野生蜂，目前生产中常用的是角额壁蜂，其活动温度低，适应性强，访花频率高，繁殖和释放方便。用角额壁蜂授粉时，蜂巢宜放在距地面1m处，每巢内放250～300支巢管，巢管用芦苇秆制作，或用牛皮纸卷制，管长15～20cm，管壁内径0.5～0.7cm。在樱桃开花前一周释放，每亩放蜂量为300只左右。释放壁蜂授粉时，如果壁蜂出茧困难要及时进行人工破茧，园内还须有湿润泥土坑。据调查，利用壁蜂授粉，可提高坐果率，增产效果明显，也比较省工（表6-14）。

表6-14　利用壁蜂授粉对甜樱桃坐果率的影响

年份	品种	花朵坐果率（%）			
		凹唇壁蜂	角额壁蜂	紫壁蜂	自然授粉
1992	红灯	35.8	31.2	27.1	10.5
1993	红灯	31.2	27.9	25.8	9.8

【注意】 放蜂期间应避免喷施各种杀虫剂，以保证蜜蜂或壁蜂的安全活动。

三　疏花疏果

控制甜樱桃产量在15～22.5吨/公顷比较适宜，管理轻松，果个也比较大。当产量超过22.5吨/公顷时，果个偏小，影响果品质量。因此，控制树体合理负载量，做到稳产也是重要的管理因素之一。

1. 疏花

疏花是在花芽现蕾期进行，将每个花芽内现蕾较晚的小花蕾摘除，每个花芽内保留3个饱满花。疏果是在盛花2～3周后即生理落果后进行。试验表明，在一定的疏花范围内，随着疏花程度的增加，结实率和单果重均相应提高（表6-15）。

表 6-15 疏花程度对果实大小和单果重的影响（铃木，1989）

摘花处理	留存花的结实率（%）	全部花的结实率（%）	调查果数/个	果实大小/cm			果形指数	平均单果重/g
				纵径	横径	侧径		
摘花 10%	8.21	7.37	20	2.00	2.20	1.89	4.09	5.13 ±0.17
摘花 30%	13.62	9.23	23	1.95	2.25	1.91	4.06	5.14 ±0.18
摘花 50%	18.19 *	9.10	25	2.02	2.26	1.93	4.23	5.73 ±0.23
摘花 70%	20.44 *	6.13	—	—	—	—	—	—
摘花 90%	26.88 *	4.38	18	2.02	2.30	1.94	4.28	5.81 ±0.23
未摘花	4.90	4.90	24	1.93	2.13	1.82	3.81	4.67 ±0.12

注：* 代表 1% 显著性水平。

2. 疏果

疏果时应根据树体长势、负载量及坐果情况而定。疏果宜在甜樱桃生理落果后进行（山东泰安 4 月下旬，山东烟台 5 月上旬）。一般每个花束状果枝留果 5 ~ 8 个为宜，主要疏除小果、畸形果和病虫果。张宗坤等人（1966）试验表明，疏果后株产能提高 12.0% ~ 22.7%，单果重增加 3.8% ~ 15.0%，花芽数量增多，发育质量较好。疏果配合新梢摘心等措施，效果更明显，株产能提高 44.9%，单果重增加 48.3%，花芽数量多，发育质量好（表 6-16）。

表 6-16 疏果与摘心处理对甜樱桃产量、品质和成花的影响

处理	株产/kg	单果重/g	花芽分化情况	
			数量	质量
每花序留 2 个果	8.49	6.07	多	良
每花序留 3 个果	7.75	5.48	多	一般
疏果 + 摘心	10.03	7.83	多	优
对照	6.92	5.28	较多	差

但甜樱桃花多、果多，果实发育期又比较短，生产中大面积进行疏花疏果比较困难，目前也未见到行之有效的甜樱桃化学疏花疏果方法。比较粗放的管理方法是通过控制中心干上的侧分枝（主枝、

结果母枝）数量辅助适当的人工疏果来进行。

将果园设置成 3m×4m 株行距，采用纺锤形整枝，保持侧分枝数量在 25～30 个，平均株产维持在 20～25kg，辅助人工疏果。多余的侧分枝用于逐年或隔年更新。简单讲，主要是通过更新部分侧分枝，再辅助适量的人工疏果来控制产量。

四 提高坐果率的辅助措施

1. 摘心

甜樱桃树新梢摘心主要是为了控制枝条旺长，增加枝条总量和分枝级次，促进枝类转化，加速扩大树冠，提早成花结果，有利于提高坐果率。这项措施主要应用在幼树和旺树上。花后至果实着色期，及时抹除过多的萌芽和摘除过旺新梢的嫩尖，以提高坐果率。

据山东省烟台果树研究所试验，对 3 年生的大紫和那翁幼树摘心后，由于枝条停止生长较早，长枝基部易形成腋花芽，第 2 年的开花株率可达 10% 以上。因此，适时摘心是促进甜樱桃幼树提早结果和早期丰产的有效技术措施。新梢摘心的时间，以新梢迅速生长期为好。当新梢长至 20cm 左右时，摘去先端的嫩梢即可。如果树势很旺，摘心后萌发的副梢仍然长势较旺时，可连续进行多次摘心。

2. 花期喷施叶面肥

花期喷施一次 0.2% 尿素 +0.2% ～0.3% 硼砂液，能促进甜樱桃花粉发芽和花粉管的伸长，提高坐果率。或喷施一次 10～20mg/L 的赤霉素液，能增强植物细胞新陈代谢，加速生殖器官的生长发育，防止花柄或果柄产生离层，减少花果脱落、提高结实率。

【知识拓展】 多效唑（PP333）在甜樱桃生产上的应用

多效唑作为一种植物生长延缓剂，在果树上应用，可减缓营养生长，促发侧枝，增大单叶面积，促进花芽形成，提早结果和提高坐果率。其作用与它抑制顶端分生组织的细胞分裂、抑制赤霉素的合成和与赤霉素有拮抗作用有关。据山东烟台果农在 4 年生甜樱桃红灯品种上使用结果表明，外围新梢长较对照缩短 56.08%，节间长度较对照缩短 0.85cm。

一般以叶面喷施为主。用量应根据树势和品种特性等来决定。

一般树势旺，且长势强的品种，于5月中旬后，对树冠外围新梢喷施一次700mg/L左右的多效唑溶液即可。

试验和生产实践表明，多效唑对甜樱桃的抑长促花作用十分明显。但这仅仅是短期的辅助措施，不能长期使用，更不能使用过量。

五 提高甜樱桃果实商品品质

1. 促进果实着色与增大果个

甜樱桃坐果后，在地下施基肥的基础上，每隔半个月叶面喷施0.3%尿素+0.3%磷酸二氢钾溶液，或者氨基酸复合肥，可增强叶片质量，改善果实品质，增大果个。

采收前3周左右，喷施一次18mg/L赤霉素溶液，可显著地增大果个。在采果前10~15天，在树冠下铺设银色反光膜，利用反射光增加树冠下部和内膛的光照强度，促进果实着色，提高果实品质。

此外还应加强整形修剪工作，使树体通风透光良好。

【注意】 花期和幼果期不能喷施过量的或多次喷施激素类坐果剂、果实膨大剂、着色剂或多种杀菌杀虫混合剂。花期更不能喷施多种激素混合剂，更不能在中午阳光强烈和温度高时喷施。赤霉素等激素，虽然有提高坐果率和促进生长的功效，但浓度过量会造成叶片和果实畸形，会抑制花芽分化，影响第二年开花结果，因此生产中应正确使用。使用时要把握好时间，在花芽开始大量分化时就不可再施用，并要严格控制喷施的浓度，以10~20mg/kg稀释液喷施，即能提高坐果率，又比较安全。提高坐果率和增大果个及促进着色，应通过综合管理措施来实现，以防止产生果实畸形、裂果或推迟成熟等副作用。

2. 预防和减轻裂果

甜樱桃采收前，由于降雨、浇水、大雾等，果肉细胞吸水迅速膨大，但果皮细胞生理活动缓慢，当果实膨压增大到超过果皮及果肉细胞壁所能承受的压力时，便会引起裂果。采前裂果还常与果实缺钙密切相关。所以补充钙是预防甜樱桃裂果的重要措施。

预防和减轻裂果的发生，首先应选择抗裂果的品种。生产上多年来不易裂果的品种有砂蜜豆、黑珍珠、斯帕克里、斯坦勒等，裂果极轻的品种有美早、拉宾斯、先锋、早生凡、意大利早红等。

还要根据当地雨季的时期，选择在雨季之前成熟的品种，其次是采取以下措施防止或减轻裂果。

1）保持土壤水分状况相对稳定：在果实生长期要加强水分管理，使土壤含水量稳定在田间最大持水量的60%左右，如低于这个水平，就应及时适量供水，不可在土壤过分干燥后再灌水，供水要本着少灌勤灌的原则，切忌一次过量灌水。

2）增施有机肥和微量元素肥：增施有机肥和富含钙、硅、镁、钾等微量元素肥能有效减轻裂果。

3）喷施防止裂果药剂：谢花后至采收前叶面喷施200倍液的氨基酸钙，或600倍液的硼钙宝、氨钙宝4次，能减轻甜樱桃裂果。果实着色期喷施1～2次0.299%的氯化钙溶液，能提高果实含钙量，有利于防止或减轻裂果。

4）利用防雨帐篷防止裂果：防雨帐篷防止裂果的设施类型有顶棚式、雨伞式和包皮式等，这几种类型的设施在生产中早已有应用，但是，目前生产中还是以塑料大棚式的防雨设施为主。

5）降低园内空气湿度：要适时做好采前整形修剪工作，改善通风透光条件。树冠不郁闭，园内空气湿度就会降低，裂果就轻。

六 灾害及其防御

甜樱桃生产过程中，经常会受到不良气候的影响（冻害和涝害等），从而造成严重的灾害。甜樱桃属于不耐寒不耐涝的树种，冬春季寒冷风大地区，树体易受冻害或抽条，夏季雨后积水对其危害更大，地面积水超过20h，就可能引起树势衰弱、引发流胶病，甚至死树。所以防止冻害和涝害是甜樱桃栽培管理的一个重中之重的环节。

1. 抽条与冻害

树体越冬后于春季不萌发或萌发不整齐，枝干出现流胶或阳面出现皮裂等现象即为冻害，冻害是由于－20℃以下低温造成，使枝干皮层变褐，或主干向阳面的皮层或木质部冻裂。枝条出现失水干枯的现象，称抽条，抽条是由于冷风造成。冬末至早春，地下土壤尚未完全化冻，根系大部分处在冻土层中，不能吸收水分，同时早春风大，空气干燥，枝条水分蒸发量大，形成明显的水分失调，引起枝条生理干旱，造成枝条由上至下抽干。另外，叶斑病为害严重，秋季叶蝉、浮尘子等害虫在枝条上产卵为害，或人为机械伤害，也会引起抽条。抽条会造成树冠残缺、树形紊乱。抽条多在幼树期发生，随树龄增大而逐渐减轻。但对管理不善的果园，成龄结果树也会发生抽条现象。

防抽条和冻害可采取以下措施：① 营造防护林，改善果园小气候，可有效防止或减轻抽条；②加强综合管理，增强树势，及时防治叶斑病、叶蝉等病虫，防止提早落叶；③抑制秋梢徒长，让枝条在正常生长的基础上，适时停止生长，使枝条发育充实；④越冬前在树干涂白涂剂，或喷施防冻保水剂等，这样可增强抗抽条和冻害能力。

2. 风害

在多风地区栽植甜樱桃，各季节中都可能对树的生长发育造成危害。

在北方地区，冬春季的大风可造成树体失水、枝条抽干，冷风害对幼旺树危害严重，会导致枝条或全树失水枯死；冬季大风伴随低温，容易使花芽受冻；花期大风能吹干柱头黏液和影响传粉昆虫活动，造成授粉受精不良；大风频繁地区能造成树体偏冠；沿海地区的台风以及较大的海风会使树体过度摇动，根系受到伤害。

为防止和减轻风害，要采取下列有效措施：建园的同时规划营造防风林；选用固地性强的砧木；采取矮化密植方式，提高树的整体抗风能力；加强土壤管理，为根系生长创造有利条件，以增强根系固地能力；冬季根部培土堆高30cm左右等。幼树期的果园在大风期间可立支柱固定树干。对已遭风害的树扶正；将根埋土压实；对劈裂的枝，能恢复的应绑缚吊起，没有恢复价值的及时锯（剪）掉。

3. 涝害

为防止涝害发生，不在低洼地建园，平地果园特别是渗水性差的园，除栽植前挖通沟疏松土层或请客土改造，或采取台田式栽植外，同时还要安排好排水工程，利于雨季及时排除园中积水。选择耐涝性强的砧木，也可提高树体抗涝害能力。

果园遭涝害后，应及时采取补救措施，及早排除积水，并喷施植物动力或爱多收等药剂，提高抗逆性；加强树体保护，做好越冬防寒有关作业；适当重剪，使地上、地下部保持平衡，对结果树要注意合理负载，以利树势恢复。

4. 鸟兽害

一些甜樱桃园在果实成熟和越冬期常遭鸟兽危害，如麻雀、喜鹊等各种鸟类啄食果实，使受害果失去商品价值，或造成减产。野兔、鼠类等动物啃食树皮、枝梢和树根，使树受到损伤，影响生长发育。

对这些危害应采取以下防治措施：播放有害于鸟惨叫的录音，使鸟感到恐惧而不敢近前；用高频警报装置干扰鸟类的听觉系统；做人的模拟形象，或高挂光碟使鸟类惧怕；间断性燃放鞭炮等。但是上述方法应用时间长了，对鸟的驱赶作用会逐渐变小。

【提示】 防鸟最有效的方法是架设防鸟网。对兔、鼠等有害小动物，可通过人工、机械捕杀和药剂毒杀以及枝干涂药等方法进行防御。

5. 除草剂危害

在樱桃园除草时，避免使用含有2，4-D丁酯成分的除草剂，以免引起药害。2，4-D丁酯是一种选择性除草剂，甜樱桃对远或近距离漂移的药都非常敏感，很低浓度就可使其受害，受害叶片窄小，叶面皱缩，叶缘锯齿状。

6. 盐碱危害

甜樱桃栽植在盐碱含量较高的地块上（土壤pH超过7.5以上），生长发育不良，表现为：嫩叶叶肉变黄，叶脉呈绿色网纹状失绿，随病势发展，失绿程度加重，整叶变成黄白色，叶缘枯焦，新梢顶端枯死，如果土壤盐碱严重，可土施硫黄粉来调节，施用量要根据土壤的pH来决定，pH的测定方法可采取pH试纸测定法。

第三节 整形修剪技术

甜樱桃是多年生落叶果树，其干性强，长势旺，为高大乔木。自然生长的甜樱桃，大多树冠高大，树冠内枝条密生、紊乱而郁闭，光照、通风不良，生长结果不均衡，大小年结果现象严重，容易受到病虫危害，果品质量差，管理也十分不方便。这就需要通过人工的干预，建立合理的个体和群体结构，使树冠大小适中，枝条稀疏有序，改善通风透光条件，提高果品产量和质量，调整生长和结果的矛盾，提高树体的抗逆性。这种人为的干预就是通常所说的整形修剪。优良的群体结构是通过合理而及时的整形和修剪来实现的，在甜樱桃高效栽培上有着十分重要的意义。

一 整形修剪的概念

1. 整形

整形是应用修剪和其他辅助措施，使甜樱桃树的骨干枝和树冠形成一定的结构和形状的技术。整形可以克服樱桃在生长过程中枝群拥挤、自生自灭、过密过疏、参差不齐的弊端，而使树冠各类枝条（如主枝、侧枝和结果枝组等）有一定的比例和明确的主从关系。树冠按甜樱桃树生长特性长期维持一定的形状，可以充分利用空间和光照，达到既有牢固骨架，又能早期丰产，长期优质高产，延长结果年限，且便于管理。

甜樱桃整形不仅要考虑单株个体的合理树形，还要注意樱桃园群体结构的变化过程，使甜樱桃发挥最大的生产效益和经济效益。甜樱桃整形因不同品种的生长势、发枝习性和结果习性的差异而有所不同。另外还要依据园地的土肥水情况和田间作业要求来确定合理的树形与群体结构。

整形是甜樱桃幼树期果树修剪的一项主要工作，首先应根据不同的生长结果习性、栽培管理制度、土壤气候条件确定树形。在进行甜樱桃树整形时，应遵循以下原则。

(1) 因树修剪，随枝做形的原则 甜樱桃在生长过程中，芽的萌发和枝的发育都不尽相同，在苗木质量上也不能完全一致，砧木种类不同的情况下尤其明显。在生产实践过程中几乎很难找到两株在发芽抽枝方面完全相同的幼树，如果严格按照预定的树形结构去整形，必然将不合要求的枝条全部剪除，令其重新发枝，这样必然延迟成形，推迟结果年限。因此，只能随枝整形，培养与标准树形相似的骨干枝结构。以主干疏层形为例，对第一层的 3 个主枝，既可临近，也可邻接，1 年或 2 年选定均可，偶有 4 个也可，只求相互方向错落，而开张角度大小也可逐年培养，称之为“有形不死，无形不乱”。这样成形容易，结果早。

（2）轻剪为主，轻重结合，统筹兼顾的原则 合理的树形是为了长期高产稳产，要求骨架牢固。修剪时，要保证骨干枝的生长优势，但为了提早结果，又必须尽量多留枝叶，促发花枝，因此整形初期应当统筹兼顾。甜樱桃每年都抽生发育枝，随着年龄增长，在发育枝激增的情况下，除选留骨干枝外，还必须保留一定数量的辅养枝，或作为未来骨干枝的预备枝，这在有中心干的树形，或自然圆头形、自然开心形等树形整形上都要有全面的规划。所以，在幼树时期以轻剪为主，多留枝叶，扩大营养面积，同时，对于骨干枝应重剪助势，对辅养枝宜轻剪缓势，为早成花、早结果创造条件。以后随着枝群增加，树势缓和，逐步加重修剪，以维持骨干枝的生长势。

（3）平衡树势，从属分明的原则 不同的甜樱桃植株之间，或者同一植株的各类枝条之间，生长总是不平衡的。整形时，就应当抑强扶弱，正确疏截，以保持甜樱桃园植株之间和上下层骨干枝之间的长势平衡和从属关系，实现甜樱桃树上下、内外均衡结果，高产、优质。

甜樱桃整形主要应用修剪方法，必要时辅以支撑、引缚等措施，使骨干枝按一定的方位和角度生长。整形时间主要在幼树期。成形后仍需通过每年的修剪调整，以维持良好的树形。整形应兼顾果树个体和果园群体发展的特点。现在的整形发展趋势主要是由机械地强做树形向更适合于果树自然生长特性的树形发展；由多层次的复杂结构向少层次减少主枝和侧枝数目的简化树形发展；由高大树体向矮小和树冠紧凑的方向发展。

【知识拓展】北美、欧洲地区甜樱桃主要树形结构、整形方法介绍

50 年以前，北美太平洋西北地区种植的甜樱桃基本上都采用马扎德砧木进行低密度栽培，树体整形采用类似开心形。随着树龄的增长，樱桃园中树体逐渐郁闭，结果部位外移，基部主枝大部分衰弱、死亡，很大程度影响着种植者的投资回报率。

从20世纪90年代末开始，樱桃种植者，特别是俄勒冈州中哥伦比亚地区，在新建樱桃园时，开始采用矮化砧木。种植者运用欧洲新的树体整形技术，逐步将这些果园培养成“行人果园”，以便采收者在不使用梯子的情况下，可以采收到70%的果实。运用新的树体整形技术后，不仅果实产量有了很大提高，采收、修剪的工作量也大大减少。在俄勒冈州达尔斯地区的一个研究表明，一个采收者在行人果园中每小时樱桃采收量比普通果园借助梯子时提高45~48kg。

采用最新整形技术的树体早果性好，是高密度行人果园的又一大优势。以吉塞拉5、6和12号作为砧木的高密度果园（株行距3m×5m），在第8年即可收回全部成本。与其对应的，以马扎德作为砧木的普通果园（株行距5m×6m）要收回全部成本则需要15年。

新的樱桃整形技术的开发允许种植者在对树体整形时可以有更多的选择，根据品种、砧木的生长结果特征，选择最适宜自己果园的树体整形技术。现将北美、欧洲地区最新开发的甜樱桃树形模式、主要整形修剪方法做一归纳，希望能给我国广大樱桃种植户在树体培养方面提供借鉴与帮助。文中提到的前3种树形模式就是现今北美太平洋西北地区甜樱桃园最常采用的树形模式。

① 多级主干形。多级主干形最早出现在华盛顿地区的甜樱桃园内，是美国乔化砧木、低密度果园中最普遍的树形模式。该树形也适用于采用矮化砧木的中密度果园。一般情况下，株行距如下：马扎德等乔化砧木为（4.5~6.0）m×(5.5~7.0）m，吉塞拉系列等矮化砧木为（3.5~4.0）m×(5.0~5.5）m。

当年定植的小树打头后抽生的3~4个直立枝被培养成相对独立的中心结果母枝，在结果母枝上轮生水平方向的侧枝和结果枝组，构成树体的基本骨架。整个树体底部宽阔，顶部狭小，保证了树体良好的采光性。侧枝、结果枝组需要通过不断修剪来更新复壮，以保证树体的产量和果实品质。因为整个树体结构需要通过多次的短截、回缩等修剪方法来维持，因此采用这种模式进行培养的樱桃树早果性差。

② 沃格尔中干形。中干形是近似于纺锤形的一种甜樱桃树形模式，由德国弗兰克尼亚的Tobias Vogel最先提出。这种模式适合于采用矮化砧木的果园，因为树体中心干的生长势可通过砧木来加以控制。果园的株行距一般为（2.5～3.0）m×(4.5～5.5）m，树高控制在3.0～3.5m。

树体结构的培养、维护主要通过拉枝来实现。在树苗定植后的1～3年内，用布条将中心干上的主枝拉至水平，促发新枝。随着枝条的成熟，逐渐把基角控制在60°左右。基部直径大于主干直径1/2的主枝应疏除，以保证树膛内光照充足，成形后的树体近似于圣诞树，得益于良好的光照。采用这种模式的樱桃树，非常适宜雷尼等浅红色品种的果实着色。

此种树形需要运用短截、回缩等修剪方法进行结果枝组的更新。为了保证果实大小和品质，丰产性好的樱桃品种在采用这种模式进行整形修剪时，下垂枝应尽量疏除，以减少“簇状果”现象的出现。

③ 西班牙丛枝形。这种树形模式最早出现在西班牙埃布罗谷(EbroValley）地区马哈利砧木的樱桃园中。在美国太平洋西北地区土壤相对肥沃的矮化砧木樱桃园中，常常采用这种模式。这种树形模式的开发，实现了真正意义上的“行人果园”，因为园内的樱桃树最高也不超过2.5m，株行距为（1.8～2.5）m×(4.5～5.5）m。定植后的两年内，对定干后抽生的枝条反复摘心打头，以抽生更多的枝条。这些新生枝条形成竞争机制，共同吸收树体营养，来维持树体的矮化。树体的结果部位分布在这些新生枝条继续萌生的侧枝上。结果枝组的更新采用常规修剪方法。因为树体在培养过程中，需要抽生更多的枝条，因此采用这种模式的樱桃树早产性差。

为了提高树体的早产性，减少多次修剪引发的细菌性溃疡病的发生，智利和西班牙的一些地区采用吉塞拉系列砧木或运用对枝条刻芽的方法来获得更多的枝条和枝组。

④ 察恩纺锤形。这种树形模式最早出现在德国北部地区，弗瑞茨·察恩（Fritz Zahn）为采用考特等普通砧木的高密度果园而开发。近年来，采用吉塞拉5号作为砧木的矮化果园也开始推行这种树形

模式。对整个树势的控制通过修剪和树与树之间的竞争来实现。果园一般株行距为（1~2）m×2m。

不同于沃格尔中干形树形模式，主、侧枝不进行下拉，而是通过打头摘心来获得更多的水平枝。对直立新生枝条在距离中心干15mm处进行打头，从重新萌生的枝条中选留水平枝，将其他新萌生枝条去除。如果新萌生枝条中没有水平枝，则进行重复打头，直到出现水平枝为止。因为不需要拉枝开角，采用这种模式果园的劳动量相比于中干形要小很多，但树体的早果性要稍差一些。

细菌性溃疡病是德国北部樱桃种植者非常关注的一种樱桃病害，因为夏季持续的雨季给溃疡病的发生提供了更大的可能。察恩纺锤形树形的出现很大程度上降低了溃疡病的发病概率，并挽救了当地的甜樱桃产业。

察恩纺锤形树形减少溃疡病发生的原因：一是在去除直立的萌生枝条时，种植者往往在枝条基部留下3~4cm的桩子。欧洲的种植者们认为这些留下的桩子吸收了更多的病菌，如果用察恩纺锤形树形可以防止它们去侵染树体的其他部位。二是更少的修剪伤口也降低了溃疡病发生的概率。

2. 修剪

修剪是在既定树形的基础上，通过人为措施，调整树体营养物质的制造、积累和分配，调整树冠内枝条间的相互关系，维持合理的枝叶量和生长势，避免枝条生长、花芽分化、果实发育之间的营养竞争，使树体强健而不旺盛，结果多而不早衰。

修剪是甜樱桃高效栽培中的一项重要技术。在整形、调节树体结构和生长结果，改善果实品质方面有重要作用。一般是用工具或以撑、拉等手段控制枝条的长势、方位和数量，将甜樱桃树整成一定的形状，达到维持生长与结果的相互协调。幼龄时期修剪的主要任务是整形和提早结果；结果树修剪的任务是维持树冠结构完整，调节生长与结果的矛盾，达到连年优质、丰产，防止早衰，延长盛果期年限。若放任不剪，虽然可提早结果，但树冠内膛很快郁闭，有效结果面积小，大小年现象严重，果实品质不佳，而且容易早衰。

（1）修剪的目的与作用 果树树冠随树龄增长而扩大，枝叶过多，势必造成外密内空、树势早衰、大小年现象严重、果实产量和质量降低等后果。及时、合理地修剪具有以下作用。

1）调节枝叶的合理分布。即在整形的基础上，调整树冠各部分的枝叶疏密、分布方向和叶面积系数，使树冠的有效光合作用面积达到最大限度。

2）调节生长与结果。使营养生长正常而不过旺徒长；适量成花、结实而不削弱树势；同时可防止果树提前衰老，及时更新复壮。

3）调节枝类组成比例。短枝生长期短，消耗少而积累早，但叶少、光合总量低；营养枝生长期长，消耗多，但后期积累也多。不同的树种、树龄要求有相应的、适当的枝类比例，才能使年生长周期中树体内营养物质的运转、分配、消耗和积累，按正常的生长、生殖节奏协调进行。通过修剪，可以达到这一目的。

4）平衡群体植株之间和同一植株上各主枝之间的生长势，从而达到产量均衡，便于管理。此外，修剪也是使地上部与地下部协调生长的手段。

（2）修剪机理 修剪对枝、叶、果等器官生长发育的调节作用与顶端优势的变化有关。由于根系制造的细胞分裂素的输向与重力的方向相反，枝条越直立、芽的部位越高，其所得越多，于是细胞分裂越快，生长就越旺。而顶端芽下部各芽的萌发和生长则被抑制。枝条一经剪截，顶端优势就转移至剪口芽，其下各芽的生长势依次减弱，以致不能萌发成为隐芽，从而改变了原来的萌芽率和成枝力，使枝类比例和营养枝长势也发生变化。另外，枝条上各节芽的发育状况和质量是不同的，称为芽的异质性。一般说，芽的质量与它所处节上叶片的大小、功能及芽形成期的早晚、树的整体营养状况和环境因子有密切关系。因此修剪也是利用芽的异质性，通过选择适当的剪口芽来发挥其调节作用。但同类枝条、剪截部位相似的修剪并不都能取得相同的效果。这是由于不同品种具有不同的萌芽和成枝习性。通常成枝力强的品种比萌芽率高的品种生长旺、成花晚。不同品种的结果习性也不一样。对此必须事先有所了解，才能使修剪收到预期效果。

【提示】 各种修剪方法的应用要因树、因地制宜，既依据不同树种、品种的生长与结果特性，以及砧木和树龄、树势等因子，又要考虑自然条件的特点和栽培管理水平。一般对骨干枝应保持其健壮长势；对辅养枝则应及时缓和生长势，使其转化为结果枝；对于老弱枝组需及时短截更新。修剪时尽可能采用最低的必要修剪量，对幼树尤宜轻剪；同时注意各种修剪方法的综合应用及冬季修剪和夏季修剪的相互配合。

（3）修剪发展趋势 修剪的技术性强且费工。今后的发展趋势是简化修剪技术，以提高劳动生产率。简化修剪的主要途径包括控制树高和树冠大小，利用矮化砧和短枝型品种，减少主枝和层次以简化树形等。在劳力不足的条件下，倾向于采用树篱形或低干小冠形群体结构，以便于机械操作。中国人力资源和传统经验都较丰富，修剪技术的改进则以谋求合理的树冠结构，充分利用自然资源和果树生产潜力为前提。

整形与修剪相辅相成，相伴而行，密不可分，因整形是通过修剪方法实现的，而修剪又是在既定的树形前提下进行的，故通常称整形修剪。

【提示】 整形修剪是甜樱桃综合管理的重要技术措施之一。只有采用优良的生长树形和适宜的整形修剪技术，才能使甜樱桃生产高产、优质、高效。

二 甜樱桃与整形修剪相关的主要树性

树性是指果树的生长发育、结果习性。不同树种、品种之间树性差异很大，是其本身固有的特性，也决定了树种、品种树形结构和修剪技术方面的不同。因而成为果树修剪必须了解和掌握的内容。

甜樱桃品种不同，其生长结果习性也不同；不同的年龄生长时期，也有其各自的发育特点。要想使甜樱桃树的整形修剪达到预期的理想效果，必须熟悉甜樱桃的枝芽特性和生长结果习性，掌握与整形修剪有关的生长发育特性及修剪反应规律。

1. 树性与整形修剪

（1）顶端优势 甜樱桃的顶芽生长对侧芽萌发和侧枝生长的抑制作用，包括对侧枝或叶子生长角度的影响。甜樱桃在生长发育过程中，顶芽和侧芽之间有着密切的关系。顶芽旺盛生长时，会抑制侧芽生长。如果由于某种原因顶芽停止生长，一些侧芽就会迅速生长。这种顶芽优先生长，抑制侧芽发育等的现象叫做顶端优势。

在整形修剪时，注意所留枝条处在的位置，调控枝条的生长，达到不同的整形修剪目的。例如，为了使树体生长转旺，可多留直立枝、背上枝，或剪口下留饱满芽剪截，或抬高弱枝的枝角来增强生长势；如果为了缓和树势，提早结果，可多留水平枝和下垂枝，或开张旺枝枝角来削弱其生长势，促发中短果枝形成。拉枝时还要注意不要将枝条拉成弓形，拉平部位也不要过高。

枝条越直立顶端优势越明显。由于顶端优势的作用，1 年生枝条的顶部均易抽生多个发育枝，形成三叉枝、五叉枝等，如果不是为了增加枝量，放任其生长，就会无谓消耗大量营养，抑制下部抽生果枝，因此，削弱顶端优势或利用顶端优势是整形修剪中不可忽视的。

【提示】 顶端优势在果树整形修剪上应用极为普遍，人工切除顶芽，就可以促进侧芽生长，增加分枝数。在生产实践中经常根据顶端优势的原理，进行果树整形修剪，以增加分枝，提高产量。

（2）干性和层性 干性是指果树自身形成中心干和维持中心干生长势强弱的能力。自身形成中心干能力强，中心干生长优势容易维持的，称为干性较强；反之，自身形成中心干能力弱，中心干生长优势又不易维持的，则称为干性较弱。干性的强弱因果树种类和品种不同而异，整形时，对干性较强的树种、品种，应采用具有中心干的树形；而对那些干性较弱的树种、品种，多采用开心树形。修剪时，要注意控制干性较强的树种、品种树冠上部的生长势力，及时控制竞争枝，防止出现上强下弱现象。对于干性较弱的品种，要注意基部留枝量不可过多，并且应开张其角度，控制基部骨干枝的生长势，避免影响中心干的生长势，防止下强上弱的现象发生。对开心形树形，应注意局部更新和培养结果枝组，避免早衰。

层性是枝条在树冠中自然分层的能力。分层明显的称为层性强，分层不明显的称为层性弱。层性与树种、品种成枝力有关，成枝力强的层性也强。乔木树种、幼树期间，层性明显；进入盛果期以后，层性减弱。对于层性强的树种、品种，宜采用主干疏层形整形，不使层间距过大；而层性较弱的树种、品种，则宜采用开心形整形。层性较弱而又采用主干疏层形整形时，要注意控制层间的辅养枝不可过多、过大，维持较大的叶幕间距，控制叶幕厚度，以利于通风透光。密植果园，由于树冠直径减小，冠内透光较好，骨干枝不必强调分层，如柱形、纺锤形树冠，其骨干枝插空排开即可，不宜硬性分层。

甜樱桃干性较强，通常认为自然开心形或自然丛状形树形成形快、修剪量轻、结果早，并适于密植。如那翁品种，干性强、层性明显，可采用疏散分层形的树形，但这种树形树体高大，管理不便，且因修剪量较大，常延迟结果。若采用矮化砧，则可简化树体结构，采用自由纺锤形或主干形的树形，则可加速成形。

（3）芽的异质性　甜樱桃的枝条在生长发育过程中，由于受内部营养状况和外界环境条件的影响，使处在同一枝条上不同部位的芽存在着大小、饱满程度等差异的现象称为芽的异质性。在一个枝条上，基部的芽比较瘦小干瘪，枝条梢部的芽也不充实，枝条中部的芽则相对饱满、肥大。芽的异质性和修剪有密切关系。为了扩大树冠或复壮枝组时，需要在枝条的饱满芽处短截；为了控制生长，促生花芽时，往往利用弱芽带头，另外还可以人为地改变和利用芽的异质性，如通过夏季摘心、扭梢，能提高枝条上芽的质量。修剪时可根据剪口芽的质量差异，增强或缓和枝势，达到调节枝梢生长势的目的。

（4）萌芽率和成枝力　枝条上萌发的芽占总芽数的百分率，称为萌芽率，它表示枝条上芽的萌发能力，其影响枝量增加速度和结果的早晚。

发育枝上的芽，能够抽生长枝的能力称为成枝力。萌芽率与成枝力的强弱，是确定不同整形修剪方法的重要依据之一。枝条上萌动的芽多，没萌动的芽少，称为萌芽率高，反之称为萌芽率低。枝条上抽生的长枝多，称为成枝力强，抽生的长枝少，称为成枝力低。萌芽率和成枝力是品种生长特性，是修剪技术的依据之一。

例如，那翁品种，树势强健，树冠大，枝条生长较直立，结果后长势中庸，树冠半开张。其萌芽率高，成枝力中等或偏弱，枝条节间短，花束状结果枝多，虽然连续结果能力很强，但结果后树势容易衰弱。这类品种，宜采用具有中央领导干的主干疏层性。在整形过程中，要注意用撑、拉枝等办法，开张骨干枝角度。

幼树修剪，宜中度短截，促生分枝，增加花束状结果枝的着生部位，修剪时还要注意平衡树势，严格防止“上强”，出现“上强”现象时，可在强旺枝的较弱分枝处进行缩剪，或重截延长枝。长势较弱的骨干枝的延长枝，宜适当长留，以增加其总生长量，促进加粗生长。对强旺枝上的其余分枝，特别是背上的直立枝，可只留3～5cm进行重短截，第2年缓放，促生花芽。

【提示】 对弱枝轻短截，增加枝量，促进加粗生长。

结果枝组宜培养为紧凑型。培养结果枝组时，可用中强枝条，也可用竞争枝。即第1年选骨干枝两侧的中强枝条，留20cm左右短截；第2年对先端枝条再短截，作为枝组的带头枝，以下枝条，过密者疏除，弱枝缓放，对中庸枝进行中度短截，促生分枝；第3年疏除枝组先端的强旺枝，缓放下部的中庸枝和弱枝；对第2年缓放的，已经形成叶丛枝的中庸枝和弱枝，可在弱分枝处缩剪。

对盛果期的大树，要在加强土肥水综合管理的基础上，对骨干枝和结果枝组进行轻度缩剪，促使花束状结果枝抽生中、长枝，维持树体长势，保持结果能力，延长盛果年限。

进入衰老期以后，应注意更新复壮，不能维持经济产量时，应及时全园更新。

又如，大紫品种，树势强健，幼树期枝条较直立，结果后开张。其萌芽率高，成枝力强，枝条较细长，不紧凑，树冠大，结果早。大紫品种结果部位容易外移，大量结果后，树势较易维持。这类品种宜采用自然开心形或自然丛状形。在整形过程中，应注意维持从属关系和树体长势平衡，还要注意开张主枝角度，控制开张角度小的主枝长势。

幼树修剪时，要适当疏除过密、过旺枝条，适量中短截，缓放中庸枝和弱枝，促生叶丛枝。新梢生长期间，可通过摘心促生分枝，促进成花结果。

在骨干枝两侧培养结果枝组时，可对中强枝条进行重短截；第 2 年发枝后，新梢摘心，促生分枝；第 3 年疏剪先端强枝，缓放中庸枝和弱枝，培养为疏散型结果枝组；中庸枝和弱枝缓放后，可培养为单轴延伸型结果枝组。

进入盛果期大量结果后，要注意在骨干枝先端和结果枝组的 2～3 年生枝段进行轻度缩剪，复壮其生长结果能力，控制结果部位外移。

因此，在甜樱桃修剪时要根据不同品种、不同枝条萌芽力与成枝力高低不同的特性，确定修剪方法，对成枝力较强的品种和枝条，要多缓放、促控结合，促进花芽形成。

【提示】对成枝力较弱的品种和枝条，要适量短截、促发长枝，增加枝量。

（5）生长量和生长势 生长量是指在一年内全树枝梢生长的长度，是反应树势强弱的指标之一。新梢生长量一般以树冠外围距离地面 1.5m 左右的发育枝长度平均值表示。枝条生长量受叶芽在芽内分化的程度和环境因素的制约。萌芽时，树体储藏养分充足，气温高，氮素多，水分充足，可以使枝条生长量加大，在枝条的饱满芽带处短截，也可以增加剪口芽所发新梢的生长量。

生长势是发育枝抽生数量和生长强度的总体表现。以骨干枝延长枝的发育数量多少、平均长度、粗度、充实度、生长方向及枝条颜色和光泽来衡量，有时也以春梢初期生长速度来衡量。生产上，常以树冠外围大部分新梢的生长状况作为判断树势强弱的标志之一。

甜樱桃生长势受品种、砧木、树龄、结果多少、土肥水管理和修剪程度等诸多因素的影响。通常，同一品种嫁接在乔化砧上比矮化砧或短枝型的植株生长势旺；幼树比成龄树生长势强，随着树龄的增大，生长势逐渐减弱；连年大量结果后，生长势会很快变弱。

生产上，对不同年龄的树，要求不同的生长势。幼树要求生长势强，以加速扩大树冠，成年树要求生长势长期地稳定在中等程度。

品种不同，年龄时期不同，枝段的年龄不同，生长量和生长势是不一样的，在整形修剪上应加以很好地利用。在1年生枝上，生长量和生长势的表现，是基本一致的，生长量大的，生长势也强；生长量小的，生长势也弱。而在多年生枝段上，生长量和生长势有时是一致的，而有时也不一致。如在多年生枝段上的1年生枝数量多，而且生长势又比较强的，则多年生枝段的生长量，也会随之增强；而当多年生枝段上的1年生枝数量少时，即使生长势较强，因其总生长量小，多年生枝段的生长量也会减少。但是，如果在多年生枝段上的1年生枝数量多时，即使1年生枝的生长势较弱，多年生枝段仍然会有较大的生长量。

熟悉并掌握生长量与生长势的相互关系，对甜樱桃的整形修剪具有重要的意义。为了维持骨干枝的生长优势，控制辅养枝的生长势，就要既保持骨干枝的较强生长优势，又要保持其较大的生长量；而对辅养枝，则既要控制其生长势，又要减少其生长量。如层间距离较大，全树总枝量较少，又有生长空间时，可以使辅养枝有较大的生长量，但是，绝不能让辅养枝的生长势强于骨干枝。为保持树体的平衡长势，既要增大弱枝的生长量，又要增强其生长势；而对于强枝，则既要削弱其生长势，又要控制其生长量。

（6）骨干枝开张角度和尖削度　控制好骨干枝角度是维持树形、保持生长与结果关系良好的关键技术之一。对直接着生在中心干上的骨干枝开张角度，使之与中心干之间夹角达到70°以上，有利于开花结果。

> ⚠ **【注意】** 开张角度要及早进行。

枝条的角度尤其是骨干枝的角度对枝的生长影响较大，保持一定的角度不仅可以充分利用空间，而且可以使顶端优势和背上优势相互转化。角度小时，背上优势弱，顶端优势强；角度大时，顶端优势弱，背上优势强。枝角小，枝条易生长过旺，成花难，还易形成“夹皮枝”，夹皮枝在拉枝、撑枝、坠枝时容易从分枝点劈裂，或受伤引起流胶。

枝的尖削度是枝生长过程中其单位长度直径变化的参数。从枝条的基部向上测量每长 1m 时的直径缩小量（即 Ka，绝对尖削度）和缩小量的百分比（即 Kr，相对尖削度）。尖削度一般应用在骨干枝上，尖削度大，枝条基部相对较粗壮，硬度较大，那么该枝的负载量就越大；反之，尖削度小，枝条细长，硬度小，则枝条的负载量就越小。

【提示】 对甜樱桃骨干枝伸展过长，尖削度过小，结果后下垂，并且先端已影响到内膛光照的，要及时进行回缩，并注意适当抬高骨干枝角度，以平衡树势。

2. 枝芽特性与整形修剪

（1）芽的类型与特性 甜樱桃的芽，按其性质主要分为叶芽和花芽两大类型，按其着生部位还可分为顶芽和侧芽两大类型。

芽是枝、叶、花的原始体，所有的枝、叶和花都是由芽发育而成的，所以芽是树体生长、结果及更新复壮的重要器官。

1）叶芽。萌芽后只抽生枝叶的芽称为叶芽。叶芽着生在枝条的顶端或侧面。叶芽是抽生枝条、扩大树冠的基础。叶芽较瘦长，多为圆锥形。叶芽按着生的部位不同，则被称为顶叶芽和侧叶芽两种。

① 顶叶芽。顶叶芽着生在各类枝条的顶部，也就是说，枝条最顶端的芽一定是叶芽，其形态特性有区别：发育枝的顶叶芽大而粗，顶部圆而平，其作用是抽生枝梢，形成新的侧芽和顶芽；长果枝的顶叶芽较圆，一般大于花芽，其作用是抽生结果枝、花芽、叶芽；短果枝和花束状果枝上的顶叶芽较瘦小，多数小于花芽，其作用是展叶后形成花芽和新的顶芽。

② 侧叶芽（腋叶芽）。顶叶芽以下的叶芽统称为侧叶芽或腋叶芽。发育枝上，除了顶叶芽之外，其余的芽都为侧叶芽；混合枝、长果枝和中果枝的中上部的侧芽都是叶芽；在短果枝和花束状果枝上，一般很少有侧叶芽形成。离顶芽越近的侧叶芽越饱满，离顶芽越远的侧叶芽饱满的程度越差。

叶芽具有早熟性。有的在形成当年即能萌发，使枝条在一年中有多次生长，特别是在幼旺树上，易抽生副梢，根据这个特性，可采取人工摘心措施，使之增加分枝扩大树冠，利于形成花芽提早结果。

叶芽还具有潜伏性。发育枝基部的极小的侧叶芽，由于这种芽的发育质量差，较瘪瘦，在形成的当年或几年都不易萌发抽枝，而呈潜伏状态，故被称为潜伏芽。潜伏芽寿命长，当营养条件改善，或受到刺激时即能萌发抽枝，这种特性成为枝条更新、延长树体寿命的宝贵特性。

2）花芽。芽内含有花原基的芽称为花芽。甜樱桃的花芽除主要着生在花束状果枝、短果枝和中果枝上之外，混合枝和长果枝的基部的5～8个芽，也是花芽。着生在混合枝、长果枝及中果枝基部的花芽，还被称为腋花芽。

> **【注意】** 甜樱桃的花芽为纯花芽，花芽无论着生在哪个部位，其开花结果后，其原处都不会再形成花芽和抽生新梢，呈现光秃状。在修剪时必须辨认清花芽和叶芽，剪截部位的剪口下必须留在叶芽上。

（2）枝的类型与特性 甜樱桃的枝分为发育枝和结果枝两大类。

1）发育枝。仅具有叶芽的1年生枝条称为发育枝，也称营养枝或生长枝。发育枝萌芽以后抽枝展叶，是形成骨干枝、扩大树冠的基础。不同树龄和不同树势上的发育枝，抽生发育枝的能力不同。幼树和生长势旺盛的树，抽生发育枝的能力较强，进入盛果期和树势较弱的树，抽生发育枝的能力越来越小。

2）结果枝。着生有花芽的枝条都称为结果枝。按其特性和枝条的长短不同可分为混合枝、长果枝、中果枝、短果枝和花束状果枝（图6-3）。

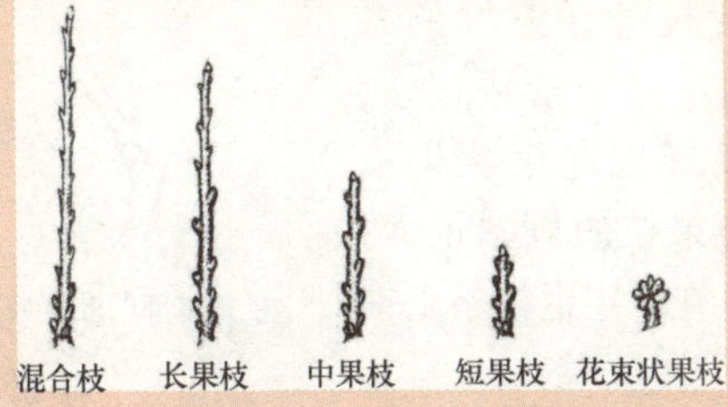

图6-3 结果枝类型

①混合枝。长度在20cm以上，顶芽及中上

部的侧芽全部为叶芽，只有基部的几个侧芽为花芽的枝条，称为混合枝。这种枝条既能抽枝长叶，又能开花结果，是初、盛果期树扩大树冠、形成新果枝的主要果枝类型。但混合枝上的花芽往往发育质量差，坐果率低。

② 长果枝。长度为15～20cm，顶芽及中上部的侧芽为叶芽，其余为花芽的枝条称为长果枝。这种枝条结果后下部光秃，只有中上部的芽继续抽生枝条，这种果枝在幼树和初结果树上较多，坐果率也较低。

③ 中果枝。长度在10cm左右，除顶芽及先端的几个侧芽为叶芽外，其余的均为花芽的枝条称为中果枝，这种枝形成的数量不多，不是主要的结果枝类型。

④ 短果枝。长度在5cm左右，除顶芽为叶芽外，其余均为花芽的枝条称为短果枝。这种果枝上的花芽发育质量较好，坐果率也高。

⑤ 花束状果枝。长度为1～1.5cm，顶端居中间的芽为叶芽，其余为花芽的极短的枝称为花束状果枝。其年生长量极小，只有1cm左右。这种枝上的花芽发育质量好，坐果率高，是提高樱桃产量最主要的结果枝。但是，这种果枝的顶芽一旦被破坏，就不会抽枝再形成花芽而枯死。这种枝又易被碰断，在整形修剪时，不但要促使多形成花束状果枝，更要注意保护它的顶芽不受伤害，更不能碰断。

3）叶丛枝。叶丛枝按枝条种类划分，应该属于发育枝类，但此枝条在樱桃的各级骨干枝上形成很多，其发展成花束状果枝或短果枝的概率也大，而且在2年生枝条上抽生的数量较大，尤其是缓放枝条的后部，其叶丛枝形成的较多（图6-4），因此，单列出来以引起重视和

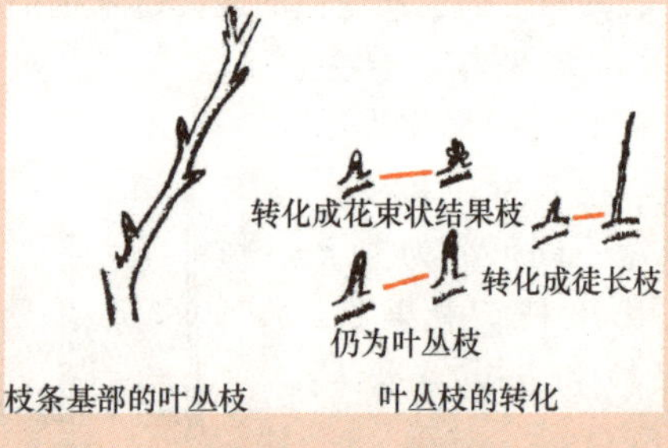

图6-4　叶丛枝

培养。

叶丛枝是枝条中后部的叶芽萌发后，营养供应不足时，停止生长所形成的枝长度在1cm左右，或不足1cm，仅有一个顶芽的枝称为叶丛枝，也称单芽枝。这种枝在营养条件改善时，可转化为花束状结果枝，如果营养条件不改善，则仍为叶丛枝。如果处在顶端优势的位置上，或受到刺激时，还会抽生发育枝。

（3）甜樱桃树体类型与特性 甜樱桃的树体类型，常分为乔化型和矮化型两种。乔化树耐轻剪缓放，适宜稀植栽培，但也可以通过整形修剪或化控等措施进行密植栽培。矮化树宜重剪，适宜密植栽培，更适宜温室和大棚栽植。矮化树轻剪缓放过重时，易成小老树，过早进入衰老期。

1）乔化型树。乔化型的树是利用乔化砧木作为基砧嫁接繁殖而成。乔化型甜樱桃，其树体高大，生长势旺，顶端优势强，干性强，层性明显，树高一般可达5～7m，冠径可达5～6m，进入结果期较晚，正常管理条件下，4～5年开始结果，7～8年才进入盛果期。乔化树对修剪反应敏感，剪后抽生的中长枝多，短枝少，但是轻剪缓放后，抽生的中短枝多，长枝少，易更新复壮。

2）矮化型树。其基砧或中间砧是利用具有矮化特性的砧木嫁接繁殖而成，其树体矮小，生长势中庸，树高和冠径一般为2～4m，进入结果期较早，正常管理条件下，2～3年开始结果，4～5年进入盛果期。矮化树对修剪反应不太敏感，剪后中短枝多、长枝少。如果轻剪缓放的枝条越多，树体衰弱越快，如果整体上发生严重衰弱时，其更新复壮要比乔化型树难得多。

（4）甜樱桃树冠与根系特性 通常条件下，地上部的枝叶生长和地下部的根系生长，是处在相对平衡的状态，但是，如果对地上部的枝条修剪量过大时，其根部所吸收的水分和营养就会造成地上部的树势偏旺，如果对地下部断根多，其吸收量就相对减少，会造成树势衰弱。据此，应适量修剪。而对于移栽树，由于断根多，就需要加大修剪量，对地上树冠采取疏、缩或重短截等措施，使地上部的树冠和地下部的根系生长保持平衡状态。

（5）栽培条件与整形修剪的关系 栽植密度小的果园，宜采用大冠型整形，栽植密度大的果园，宜采用小冠型整形；立地条件差的果园，其树体生长不会强旺，宜采用低干、小冠型整形，并注意复壮；相反，立地条件好的果园宜采用中、大型树冠整形。

三 甜樱桃的树体结构、树形与整形方法

甜樱桃树体结构应该是优质丰产的树体结构。其具备以下几个特点，一是低干、矮冠；二是骨干枝级次少，结果枝数量多；三是主枝角度大，光照充分。

生产上树形以改良主干形为主，类似苹果的自由纺锤形。另外还有自然开心形、主干疏层形、细长纺锤形、小冠疏层形等树形。

1. 树体结构

樱桃树体由地下和地上两部分组成，地下部分统称为根系，地上部分统称为树冠。树冠中各种骨干枝和结果枝组在空间上分布排列的情况称为树体结构（图6-5）。

（1）主干 从地面处的根颈至上到着生第一主枝处的部位称为主干，也称树干。这一段的长度称为干高。

（2）中心干 树干以上在树冠中心向上直立生长的枝干称为中心干，也称中央领导干。中心干的长短决定树冠的高低。

（3）主枝 着生在中心干上的大枝称为主枝，是树冠的主要骨架。主枝与中心干在大小上有互相制约的关系，中心干强大时，主枝细小，中心干弱小时主枝强大。

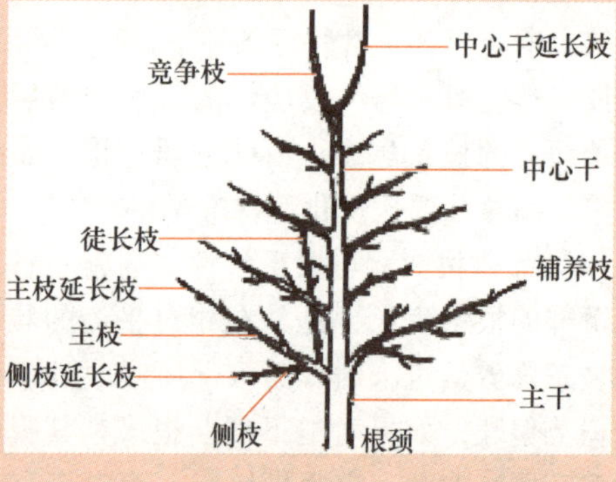

图6-5 树体结构

（4）侧枝 着生在主枝上的分枝称为侧枝，通常将距中心干最近的分枝称第一侧枝，以此向外称第二、第三侧枝等。主干、中心干、主枝和侧枝构成树形骨架，被称

为骨干枝。骨干枝是在树冠中起骨架负载作用的粗大定型枝。

（5）辅养枝 着生在主干、主枝间作为临时补充空间用的，并用来辅养树体、增加产量的枝称为辅养枝。

（6）延长枝 各级枝的带头枝称为延长枝。延长枝具有引导各级枝发展方向和稳定长势的作用。用不同部位的枝作延长枝，其角度反应不同；用背下枝作延长枝，其角度与母枝相同；用背上枝作延长枝则角度直立。

（7）竞争枝和徒长枝 在剪口下的第二芽萌发后，比第一芽长势旺、或长势与第一芽差不多的枝条，称为竞争枝，或以主枝与中心干的粗度比、侧枝与主枝的粗度比来衡量定性，主枝与中心干、侧枝与主枝的粗度比超过（0.5~0.6）∶1的枝，都称为竞争枝。竞争枝生长势强，常扰乱树形，需加以抑制或早期短截或疏除。由潜伏芽萌发出的、长势强旺的枝条称为徒长枝，这类枝条多处在背上直立处，或枝干基部，或剪锯口处，这类枝条消耗营养多，利用价值低。

（8）结果枝和结果枝组 着生在骨干枝上有花芽的单个枝条称为结果枝。着生在骨干枝上，具有两个以上结果枝构成的枝组称为结果枝组，由此可见，结果枝组是由枝轴和若干个结果枝组成，是甜樱桃树的主要结果部位，在幼树期和初结果期，能够培养出较多的结果枝和结果枝组，使树冠丰满，是为早结果、早丰产奠定基础。盛果期以后，管理好结果枝组不旺也不衰，是获得连年丰产的基础。

根据枝组的大小可分为大型结果枝组、中型结果枝组和小型结果枝组3种类型。分布范围在50cm以上的枝组为大型枝组，大型枝组成形慢，结果晚，寿命长；分布范围在30cm以下的枝组为小型枝组，小型枝组结果早，寿命短；分布范围在30~50cm的枝组为中型枝组，中型枝组的结果期和寿命居大型枝组和小型枝组之间。生产中应尽可能多培养中型结果枝组，并使各类枝组在主侧枝上均匀分布。

（9）背上枝、背下枝和侧生枝 在主、侧枝上着生的发育枝和结果枝，按其着生部位还分为背上枝、背下枝和侧生枝。着生在主、侧枝背上的枝称为背上枝；着生在主、侧枝背下的枝称为背下枝。背上枝一般较直立，生长势较旺，常发育成竞争枝和徒长枝，需经过摘心、拿枝等措施才能利用；背下枝长势弱、结果早，但寿命短，表现细弱后常被疏除。着生在主、侧枝侧面的枝，称为侧生枝，因其角度倾斜，所以也称为斜生枝。侧生枝长势中庸，结果早，利用价值高。

2. 生产上的主要树形与整形方法

（1）自然开心形

1）树体结构。自然开心形有主干，干高 30～50cm，无中心干，树高 2.5～3m。全树有主枝 3～5 个，向四周均匀分布。每主枝上有侧枝 6～7 个，主枝在主干上呈 35°～45°角倾斜延伸，侧枝在主枝上呈 50°角延伸。在各主、侧枝上配备结果枝组，整个树冠呈圆形（图 6-6）。

图 6-6　自然开心形

> ⚠【注意】 自然开心形整形容易，修剪量轻，树冠开张，冠内光照好，适于稀植栽培，但此种树形在露地雨后遇大风易倒伏。

2）整形过程。选用高度在 80cm 以上的健壮苗木栽植。栽后在距地面 50～60cm 处定干，上部留 15～20cm 作整形带，在整形带内选择方位不同的 3～5 个饱满芽，进行芽上刻伤。萌芽后抹除整形带以下的萌芽，在整形带内选留 3～5 个向外侧生长的、长势大致一致的分枝作主枝，其余萌芽抹除。

① 当年生长期，当各主枝长至 50～60cm 时，留外芽摘除先端 1/3，促发 2～3 个分枝，对各主枝选居中间的外侧枝作扩大树冠的延长枝，两侧斜生枝作侧枝，注意及时抹除内侧直立梢。

② 第二年萌芽初，将各主枝拉枝开角至 30°～50°，各主枝的延

长枝留 40~50cm 短截，剪口芽留外芽。各侧枝留外芽剪除顶芽或成熟度不好的梢头，剪口芽留外芽。在夏季，当生长期的各主枝延长枝长至 50~60cm 时，再次留外芽摘除先端 1/3 左右，并对各侧枝轻摘心。

③ 第三年萌芽初，对各主侧枝延长枝留外芽短截，直立枝和徒长枝疏除。生长期当各主枝延长枝长至 50~60cm 时，再次留外芽摘除先端 1/3 左右，并对各侧枝轻摘心，促花芽形成。经 3 年的培养，主侧枝基本成形，可停止短截和摘心，进行缓放，或轻短截。

（2）主干疏层形

1）树体结构。主干疏层形有主干和中心干。主干高 50~60cm，树高 2.5~3m。全树有主枝 6~8 个，分 3~4 层，第一层有主枝 3~4 个，主枝角度 60°~70°，每一主枝上着生 4~6 个侧枝。第二层有主枝 2~3 个，角度为 45°~50°，每一主枝上着生 2~3 个侧枝。层间距为 70~80cm。第三层和第四层，每层有主枝 1~2 个，主枝角度 30°~45°，每主枝上着生侧枝 1~2 个，层间距 50~60cm。在各主、侧枝上配备结果枝组（图 6-7）。

主干疏层形修剪量大，整形修剪技术要求高，成形慢，但进入结果期后，树势和结果部位比较稳定，坐果均匀，适于稀植栽培。

图 6-7　主干疏层形

2）整形过程。选用高度在 80cm 以上的健壮苗木栽植，栽后在距地面 60~70cm 处定干，保留 20cm 的整形带，在整形带内选择方位不同的 4~5 个饱满芽，进行芽上刻伤。萌芽后抹除多余萌芽和整形带以下的萌芽。

① 当年生长期，选择 4 个生长势大体一致的新梢作主枝，疏除竞争枝，将位置最高的一个枝作中心干延长枝，其余三主枝作第一

层主枝培养，三主枝在主干上方位分布均匀，并将主枝拿枝开角（牙签支或夹子坠）呈60°~70°。

② 第二年萌芽初，将中心干留60~70cm短截，培养第二层主枝，并将第一层3个主枝留50~60cm短截，剪口留外芽，还要注重对主枝上的侧芽进行芽前刻伤，促发侧枝形成，并将角度不好的主枝进行拉枝。生长期对第二层主枝进行拿枝开角，摘除梢头多余分枝，并对中心延长梢摘心，促发第三层主枝。对第一层主枝上的背上新梢进行重摘心，或摘除。

③ 第三年萌芽初，如果计划培养四层主枝，可对中心干留50~60cm短截，培养第四层主枝，如果留三层主枝就可将中心干延长枝落头处理。各主枝延长枝继续留外芽短截，同时对主枝上的侧芽进行芽前刻伤，促发侧枝形成，并疏除直立枝和徒长枝等，对第二层主枝进行拉枝，并将第一层主枝的拉枝绳前移。生长期间，对第三、第四层主枝进行拿枝处理，注意抹除多余萌芽，摘除梢头多余分枝，长势过旺的主、侧枝可对其进行连续轻摘心，培养结果枝，经三年的培养基本可以达到标准的树形。

④ 第四年，主要工作是短截、回缩侧枝，培养结果枝和结果枝组。

（3）改良主干形

1）树体结构。改良主干形有主干和中心干，主干高30~50cm，树高2~3m。在中心干上着生10~15个单轴延伸的主枝，可分层或分层不明显，主枝由下而上呈螺旋状分布。下部主枝间距为10~15cm，向上依次加大到15~20cm，主枝上无侧枝，直接着生结果枝和结果枝组（图6-8）。

图6-8　改良主干形

改良主干形树体结构简单，容易培养，冠内光照好，适于密植栽培。

2）整形过程。选用高度在 80cm 以上的健壮苗木栽植，栽后在距地面 50～60cm 处定干，留 15cm 作整形带，在整形带内选择方位不同的 4～6 个饱满芽，进行芽上刻伤。萌芽后选择方位分布均匀、长势大致一致的 4～6 个新梢培养主枝，其余萌芽一律抹除。

① 当年生长期，选第一新梢保持直立生长，培养中心干，中心干延长枝长至 50～60cm 时，留 30～40cm 剪梢，促发 2～3 个分枝。中心干延长梢长势弱时则不剪梢，其他枝进行拿枝开角，剪口下第二枝如果直立旺长成竞争枝可剪除。

② 第二年萌芽初，对上年培养的下部主枝进行拉枝不短截，只剪除梢头的几个轮生芽，疏除多余分枝，同时对主枝上的侧芽进行芽前刻伤，促发侧枝形成。中心干延长枝留 30～40cm 短截。生长期注意剪除主枝上的直立新梢，和梢头多余分枝，并将上年培养的上部主枝拿枝开角，中心干延长枝继续摘心，促发分枝。

③ 第三年萌芽初，继续拉枝，主枝延长枝留外芽轻短截，疏除徒长枝和直立枝。中心干延长枝留 30～40cm 短截。生长期的整形修剪同第二年生长期，主要抹除多余萌芽和摘除主枝背上直立新梢、徒长枝等。对主枝上的侧生分枝进行中度摘心，培养结果枝或结果枝组。

④ 第四年的修剪同第三年，主要疏除内膛徒长枝和直立枝，当株间无空间时，可停止短截主枝延长梢，稳定树势，培养结果枝和结果枝组。

（4）细长纺锤形

1）树体结构。细长纺锤形与改良主干形相似，有主干和中心干，主干高 40～50cm，树高 2～3m，冠径 1.5～2m。在中心干上，均匀轮状着生长势相近、水平生长的 15～20 个小型主枝（也称侧生分枝），或第一层有三主枝。主枝上不留侧枝，单轴延伸，直接着生结果枝和结果枝组。下部主枝开张角度为 80°～90°，上部为 70°～80°。下部枝略长，上部枝略短，上小下大，全树修长，整个树冠呈细长纺锤形（图 6-9）。

➡【提示】 细长纺锤形树体结构简单，修剪量轻，枝条级次少，整形容易，成形和结果早，树冠通风透光好，适于密植栽培。

2）整形过程。选用高度在100cm以上的健壮苗木栽植，栽后在距地面80~100cm处定干，在上部留40~50cm作整形带，在整形带内间隔8~10cm留一轮状分布的饱满芽，并在芽上刻伤。萌芽后培养4~6个新梢，抹除多余萌芽。剪口下若有竞争梢可重摘心。

图6-9 细长纺锤形

① 当年生长期，当中心干延长梢长至50~60cm时留30~40cm摘心，促发2~3个分枝，并对下部主枝拿枝开角。

② 第二年萌芽初，对下部主枝进行拉枝，并对主枝上的侧生芽进行芽前刻伤，中心干延长梢留30~40cm短截。疏除徒长枝，留外芽剪除各主枝的顶芽。生长期对上部主枝拿枝开角，疏除下部主枝上的梢头分枝，保留延长梢。摘除主枝和主干上的直立梢和徒长枝。中心干延长梢仍留30~40cm摘心，促发分枝。

③ 第三年萌芽初，对上部主枝进行拿枝或拉枝，各主枝上的侧生芽进行芽前刻伤，中心干延长梢留30~40cm短截。树高和各主枝都达到要求高度和长度时进行缓放，没达到时继续培养。下部留三主枝的，每主枝上还可保留2~3个侧枝。

④ 第四年以后的修剪，主要是对过于冗长的枝或下垂枝进行回缩。

（5）小冠疏层形 随着矮化砧、短枝型、植物生长调节剂、人工控制手段的实施，矮化密植栽培制度应用于樱桃上获得了极大成功，表现出早结果、早丰产、品质好、便于管理等诸多优点，大大促进了樱桃业的发展。矮化砧木上甜樱桃应用的小冠疏层形，在山东烟台等地应用效果良好，现介绍如下。

1）树体结构。干高 30 ~ 60cm，树高 3.0 ~ 3.5m，冠径 3.0 ~ 3.5m。主枝 6 个，分 3 层，第一层 3 个，第二层 2 个，第三层 1 个，主枝基角 60° ~ 70°，层间距 60cm。二层以上主枝不留侧枝，直接着生结果枝组。

2）整形过程。定干高度 60 ~ 80cm，定干后保留剪口芽，第 2 ~ 4 个芽抹除，以加大下部分枝角度，加强肥水促使各分枝及中心干生长。

① 当年生长期，若中心干生长过旺，可在晚夏对其顶端进行摘心。为开张各侧枝角度，可在 8 月下旬至 10 月上旬进行适度拉枝。

② 第二年春季对中心干及主枝留 60 ~ 80cm 短截，保留剪口芽，去除剪口下第 2 ~ 5 个芽。对基角不开张的主枝可用木棍撑开。为培养侧枝，可在适当部位进行刻芽，促进萌发；春季新梢生长 20cm 左右，除中央领导干、各个主枝和基部三大主枝上的侧枝延长头以外，其余新梢保留 10cm 摘心，促进成花，培养结果枝组。若有条件在 8 ~ 9 月进行拉枝。

③ 第三年整形修剪的目标是继续培养健壮牢固的骨架。在促进生长的同时，局部缓和枝条生长势，促进花芽分化。冬季修剪时对中央领导干，一、二层主枝及其侧枝延长头均留 60 ~ 80cm 短截，短截后留剪口芽，去除剪口下第二至第五芽，各结果枝组留 10 ~ 20cm 短截。采用绳拉、根撑等方法开张主枝角度。对于生长较旺新梢，可连续多次摘心，对主干直径超过 12cm 的植株，可于 4 月 10 日至 5 月 1 日进行环剥，以促进形成腋花芽。通过前 3 年的生长，地上部已建立起强壮的骨架，地下形成了发达的根系。

④ 第四年的管理目标是减缓树体的生长，促进花芽形成。春季修剪时，保留第三层主枝，去除主干延长头（开心）。若有空间可短截各主枝、侧枝延长枝头，中、长果枝保留 1 个叶芽进行短截，如果把握不准，可适当留长，但必须进行花前复剪；春季新梢长到 20cm 左右时，进行摘心促花。各主枝、侧枝延长枝头也应进行摘心以促进内膛结果枝组的生长，达到控前促后、防止内膛光秃的目的。为保证坐果率，增大果个、促进花芽分化，可于盛花期进行主干环剥，对于过旺的树可于 5 月 1 ~ 10 日实行第二次环剥。

山东省烟台市农业科学院果树研究所李元军等（2003）发表了台面式小冠疏层形整形修剪技术，是以传统的主干疏层形为基础，结合自由纺锤形整枝手段改良而成的。该树形充分利用了下部枝条和空间，较好地实现了甜樱桃的早期密植丰产，可作为甜樱桃栽培的适宜树形（图6-10）。

3. 甜樱桃整形修剪的原则

图6-10 小冠疏层形

1）因树修剪，随枝做形。由于甜樱桃的品种特性、树龄、树势、栽培技术和立地条件不相同，整形修剪时所采取的方式方法也不一样。即使是在同一园内，不同品种的长势、中心干强弱、主枝开张程度、萌芽率和成枝力、顶花芽和腋花芽等生长结果习性各不相同，整形修剪方法也不一样。因此，在进行整形修剪时，既要有树形要求，又不能机械照搬，而应根据不同单株的生长状况灵活掌握，随枝就势，因势利导，诱导成形，做到有形不死，无形不乱，避免造成修剪过重而延缓结果的现象。

2）统筹兼顾，长远规划。甜樱桃是多年生果树，在栽植后要生长和结果十几年甚至几十年。对它的整形修剪，应兼顾树体生长与结果的关系，既要有长远计划，又要有短期安排。幼树既要安排枝条，配置枝组，形成合理的树体结构，又要达到早产、早丰、稳产和优质的目的，使生长结果两不误。如果只顾眼前利益，片面强调早丰产，就会造成树体不良，骨架不牢固，影响以后产量的提高。反之，若片面强调整形而忽视早结果，就不利于缓和树势，进而也会影响早期的经济效益。对于盛果期树，必须按照生长结果习性和对光照的要求，适度修剪调整，兼顾生长与结果，达到结果适量，营养生长良好，丰产稳产、品质优良、经济寿命长的目的。

3）平衡树势，主从分明。关键是处理好竞争枝，使树体内营养物质分配合理，营养生长和生殖生长均衡协调，从而实现壮树、高产和优质的目的。目前生产中的丰产树体结构，是中心干比主枝粗壮，主枝比结果枝粗壮，下层骨干枝比上层骨干枝粗壮，基部的枝组比外部枝组粗壮。因此，在整形修剪中，必须坚决地疏除与中心干粗度一致的主枝，疏除主枝上与主枝粗度一致的主枝结果枝组，并使同类枝的长势大体相同，各级骨干枝保持良好的从属关系，让每株树都成为生长结果相适应的整体。

4）轻剪为主，轻重结合。根据具体情况修剪，以轻剪为主，轻中有重，重中有轻，轻重结合，达到长期壮树、高产和优质的目的。尤其是对幼树，适量轻剪，有利于扩大树冠，增加枝量，缓和树势，达到早结果、早丰产的目的。但修剪量不宜过轻，过轻势必减少分枝和长枝数量，不利于整形，骨干枝也不牢固。为了建立牢固的骨架，必须按整形要求对各级骨干枝进行修剪，以助其长势和控制结果。应指出，轻剪必须在一定的生长势基础上进行。

5）开张角度，促进成花。本着疏直立留斜生、疏强旺留中庸、抹去剪口下第2～5个叶芽和顶叶芽周围的轮生芽，生长季随时进行抹芽、摘心、拿枝等管理原则，消除竞争枝或多余无用枝，开张骨干枝的角度，促进花芽形成，使树体长势中庸，利于丰产稳产。

4. 甜樱桃生长期整形修剪的主要方法

甜樱桃的修剪应以夏季修剪为主，冬季修剪为辅。夏季修剪能改善光照，剪口易愈合，矮化树体，稳定树势，增加枝叶量，促进花芽形成。主要方法有以下几种。

1）开张枝条角度。方法有拉枝、坠枝、别枝、拿枝等，最常用的是拉枝。拉枝可缓和顶端和先端优势，改善光照，促使中后部多出短枝，提早结果，是整形、缓势促花的重要手段。拉枝在3月下旬树液流动后或6月底采收后进行。幼树早拉枝，一般在定植第二年即开始，因甜樱桃分枝角度小，过晚拉枝易劈裂流胶。拉枝的同时需配合刻芽、摘心、扭梢等措施，以增加发枝量，减少无效生长。

将枝拉成一定的角度或改变方位称拉枝。拉枝法主要用在直立枝、角度小的枝和长势较旺的或下垂的主枝或侧枝上。拉枝的手段主要有绳拉、绳吊、木棍撑、石头坠等（图6-11）。

拉枝前应先对被拉的枝进行拿枝，使枝软化后再拉枝，以防止折断。角度小的粗大枝在拉枝时易劈裂，所以在拉角度小的粗大枝时应在其基部的背下连锯3~5锯，伤口深达木质部的1/3处后再拉，拉时要将伤口合严实（图6-12）。

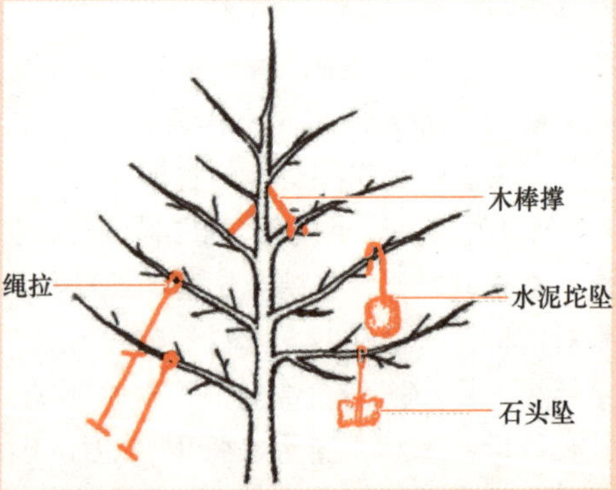

图6-11　拉枝方法

拉枝的时期宜在萌芽期。萌芽前拉枝易抽生大量的背上枝，由于枝干较脆硬，粗大枝还易劈裂。生长后期拉枝，其受伤部位易发生流胶病，在越冬时还易发生冻害。

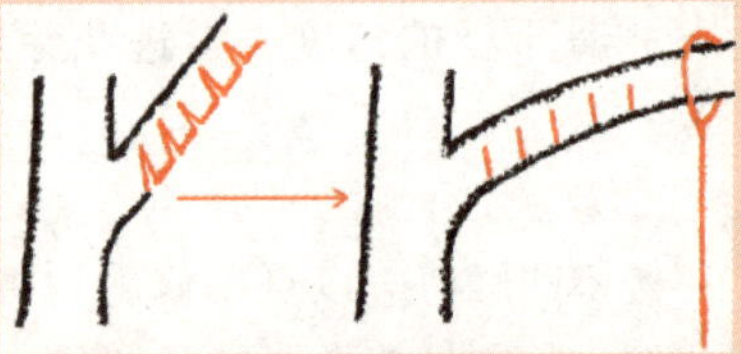
图6-12　连锯

对1年生枝条进行拉枝时，必须与刻芽、抹芽等措施相结合，方能抽生较多的中短枝条，前后长势才能均衡。如果只拉不刻芽、不抹背上芽、不去顶芽，则背上直立枝多，前部旺后部弱，中短枝少。

据丁菊凤等试验（1991年），3年生那翁品种拉枝开角后当年成花株率达90%以上，4年生最高株产4.76kg（表6-17、表6-18）。

表 6-17 甜樱桃幼树拉枝开角对扩大树冠和增加枝量的作用

项目 处理	干高/cm	干周/cm	树高/cm	冠径/cm	枝量			
					总数/条	长枝数/条	中枝数/条	短枝数/条
拉枝	15.0	15.0	168.0	167.3×187.3	246	18	54	144
对照	17.3	15.3	202.2	107.5×121.7	202	66	60	82

表 6-18 甜樱桃幼树拉枝开角对成花数和产量的影响

树龄	处理	每株花序数	株产/kg	亩产/kg
3 年生	拉枝	80	0.35	19.25
	对照	35	0.05	2.75
4 年生	拉枝	330	3.10	170.50
	对照	144	1.25	68.75

2）摘心。可控制旺长，促发二次枝，增加枝量，加速整形，促进成花。摘心可分为早期摘心和生长旺季摘心两类。早期摘心一般在花后 10 天左右进行，对幼嫩新梢保留 10cm 左右后摘除顶端，摘心后，除顶端发生 1 条中枝以外，其他各芽均可形成短枝，主要用于控制树冠和培养小型结果枝组。生长旺季摘心在 5 月下旬至 7 月中旬进行，对旺枝留 40cm 左右再摘除顶端，用以增加枝量，对幼树连续摘心 2～3 次能促进短枝形成，提早结果（图 6-13）。

图 6-13 摘心

据山东省烟台果树研究所试验，对 3 年生的大紫和那翁幼树摘心后，由于枝条停止生长较早，长枝基部易形成腋花芽，第二年的开花株率可达10%以上，因此，适时摘心，是促进甜樱桃幼树提早结果和早期丰产的有效技术措施。新梢摘心的时间，以新梢迅速生长期为好。当新梢长至20cm左右时，摘去先端的嫩梢即可。如果树势很旺，摘心后萌发的副梢仍然长势较旺时，可连续进行多次摘心。以那翁品种为例，摘心对成枝力、增加枝量和成花的影响见表6-19～表6-21。

表6-19　不同长度摘心对那翁成枝力的影响

摘留长度/cm	调查枝数/条	抽生长枝数/条	平均抽枝数/条
10～20	20	42	2.1
21～30	20	60	3.0
31～40	20	74	3.7

表6-20　那翁连续摘心对增加枝量的影响

处理	枝量数/条	长枝数/条	中枝数/条	短枝数/条
摘心2次	216	32	40	144
摘心1次	154	43	10	101
不摘心	117	36	5	76

表6-21　那翁摘心时间和摘留长度对分枝和成花的影响

摘心时间（月/日）	摘留长度/cm	调查枝数/条	分枝数/条	长枝数/条	中枝数/条	短枝数/条	花芽数/条
5/10	5～10	20	75	18	8	49	10
5/25	10～20	20	78	36	12	30	2
6/10	20～30	20	83	48	13	22	0

3）扭梢。扭梢对甜樱桃中庸枝和旺枝都可采用。可阻碍有机养分下运和水分及无机养分上运，减少枝条顶端生长量，相对地增加了枝条下部的优势，使下部短枝增多，把营养枝转化成花枝。在5月下旬至6月中旬对中庸枝扭梢，基部当年可形成腋花芽。扭梢的方法是左手握住枝条下部，右手用力将枝条的1/3处扭曲即可。

扭梢在甜樱桃树上应用存在一定问题，常因扭梢过重或天气原因，发生死梢现象，俗称“吊死鬼”；扭梢时期过早或过轻，又会出现发新梢现象；扭梢时期过晚，新梢已木质化，还会折断新梢（图 6-14），因此甜樱桃应用扭梢技术也要慎重，尽量不扭，因在扭梢基部确实可以形成花芽，但是，因不会形成花束状结果枝，结果后会呈现光秃状，多数成为遮光的无用枝。

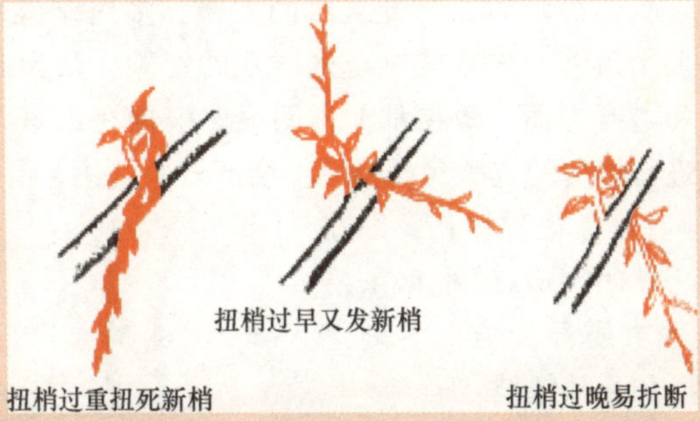

图 6-14　扭梢

4）拿枝。是用手对旺梢自基部到顶端逐段捋拿，伤及木质部而不折断，从 5～8 月皆可进行。拿枝的作用是缓和旺枝的长势，调整枝条方位和角度，又能促进成花，是生长期对直立的、长势较旺的枝条应用的一种方法（图 6-15）。拿枝后可结合使用开角器来稳固拿枝效果。

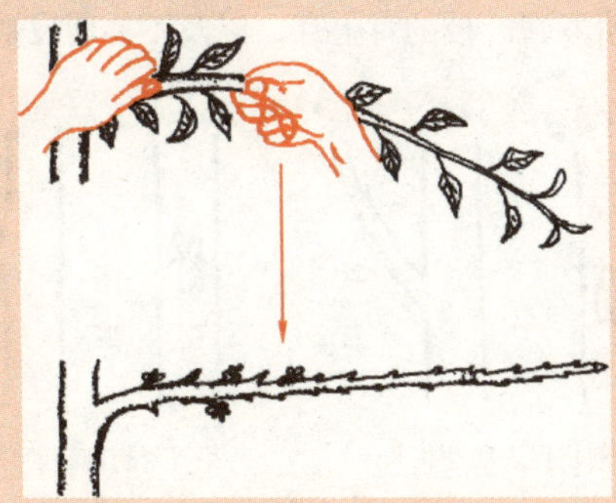
图 6-15　拿枝

5）疏枝。樱桃采果后的疏枝，一般在6月下旬至7月上旬进行。此次修剪可部分代替冬剪，进行疏枝或大枝回缩调整树体结构，改善树冠内部的通风透光条件，促进后期花芽分化、生长发育、均衡树势。采收后修剪，伤口容易愈合，对树体影响较小。修剪的主要方法是疏枝和缩剪。对影响树冠内部通风透光严重、又无保留价值的强旺大枝，可从基部疏除。对只影响树冠局部光照条件，但仍有结果能力的大枝，可在分枝角度较大、又有生长能力的较大分枝处进行回缩。具体处理时，对低级次的大枝，多用缩剪；对高级次的大枝，则多用疏剪。根据樱桃产区群众的经验，认为此项修剪技术，在壮树和增产方面，效果都非常明显。根据在山东省烟台的调查，采果后进行修剪的成龄甜樱桃园，增产效果可达1倍以上。

6）刻芽。刻芽也称目伤，即在芽的上方或下方用小刀或小锯条横划一道，深达木质部的方法。刻芽用于幼树整形和弥补缺枝。

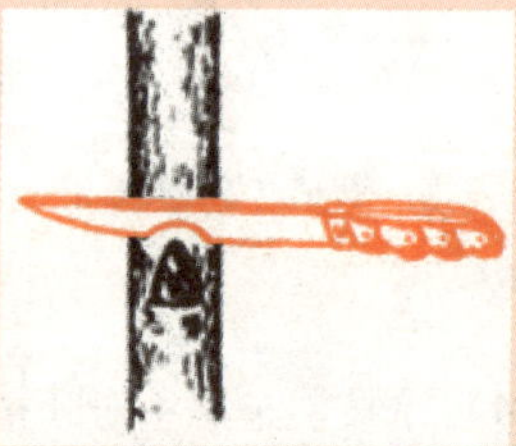
图6-16 刻芽

刻芽时间多在萌芽初，在芽顶变绿尚未萌发时进行。秋季和早春，芽未萌动之前不能刻伤，以免引起流胶（图6-16）。

在芽的上方刻伤，有促进芽萌发抽枝的作用。在芽的下方刻伤，有抑制芽萌发生长的作用（图6-17）。刻芽作为促进和抑制芽生长的一项技术，主要用于枝条不易抽枝的部位，和拉枝后易萌发强旺枝的背上芽，以及不易萌发抽枝的两侧芽。

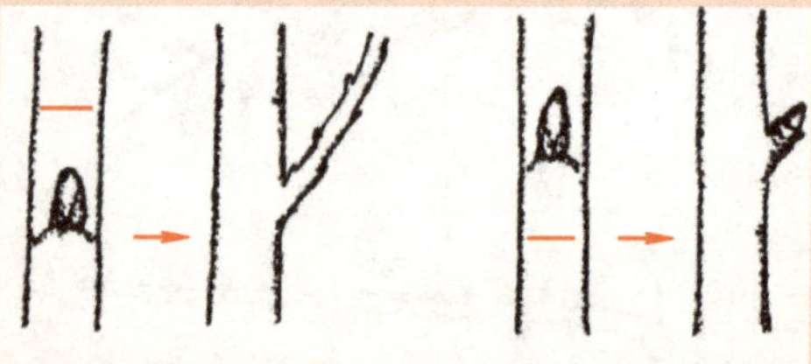

图6-17 刻芽

7）环剥。对樱桃树的枝条进行环剥，有促进花芽形成、提高坐果率、改善果实品质和增加果肉硬度的作用。但是，如果环剥时间不当，或环剥后面遇雨，伤口容易流胶，且影响伤口愈合，削弱树体长势。因此，根据多年实践经验，推荐环扎，配套使用促花王 1 号，既可有效防治流胶流水，还可促使第二年早开花、保果、提高果实质量。

⚠【注意】 环剥一般不宜在阴雨天进行。

8）抹芽。在生长期及时抹去无用的萌芽称为抹芽，也称除萌。抹芽的作用是减少养分的无谓消耗，防止无效生长，集中营养用于有效生长。首先应抹除苗木定干后留作主枝以外的萌芽，以后每年生长期注意及时抹除主、侧枝背上萌发的直立生长的、或向内生长的萌芽、或疏枝后剪锯口处萌发的有碍于主要枝生长的萌芽及主干上萌发的无用萌芽。但在各级骨干枝后部（基部）的芽，萌发后其生长量极小，叶片大而多，常形成叶丛枝，注意不要抹除。

⚠【注意】 甜樱桃树环剥以后，伤口愈合较慢，注意环剥宽度不要超过0.5cm，而且因甜樱桃的树势不同，特别是施有机肥少的树，容易出现流胶现象，因而在生产上应慎用，积累一定经验后再应用。

5. 甜樱桃休眠期整形修剪的主要方法

甜樱桃整形修剪的主要方法有拉枝、缓放、短截、疏枝、回缩、摘心、拿枝、刻芽和抹芽等。其中拉枝、摘心、拿枝、剪梢和抹芽等是生长期修剪的主要方法。缓放、短截、疏枝和回缩等是休眠期修剪的主要方法。

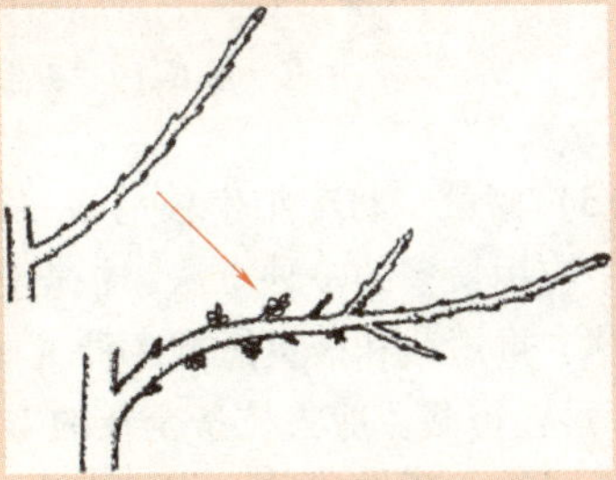

图 6-18　缓放

（1）缓放　缓放也叫长放或者甩放，就是对部分枝条任其连年生长而不进行修剪（图 6-18）。缓放能减缓新梢长势，增加短枝和花束状果枝的数量，有利于花芽的形成，是幼树和初结果期树常用的修剪方法。缓放的枝条应与拉枝、刻芽、疏枝等措施相结合应用，更利于花芽的形成和减少发育枝的数量。

（2）疏枝 将枝从基部去掉称为疏枝。这枝可以是1年生枝，也可以是多年生枝。疏枝主要用于疏除竞争枝、徒长枝、重叠枝、交叉枝、多余枝等（图6-19）。疏枝后利于改善冠内通风透光条件，平衡树势，减少养分消耗，促进后部枝组的长势和花芽发育。疏枝后造成的伤口能妨碍母枝营养上运，对伤口以上的枝芽生长有削弱作用，对伤口以下的枝芽生长有促进作用。但疏除的枝条较细，疏除部位上部枝条较粗时，不但不会削弱反而还会有促进作用。

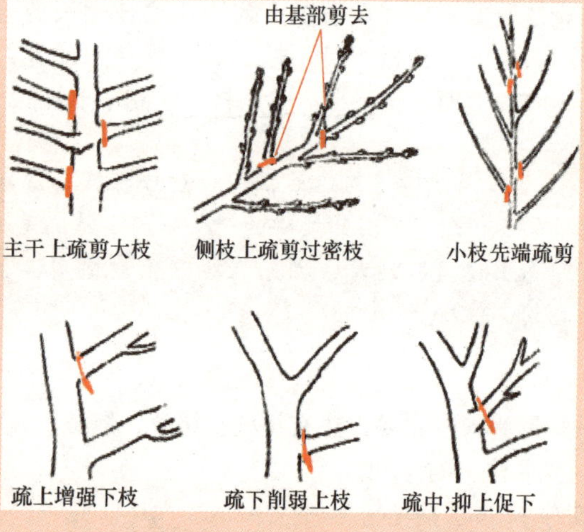

图6-19 疏枝方法示意图

（3）短截 将1年生枝剪去一部分称为短截。短截是樱桃整形修剪中应用最多的一种方法，根据短截的程度不同，可分为轻短截、中短截、重短截和极重短截4种（图6-20）。

1）轻短截。剪去枝条全长的1/3或1/4称为轻短截。轻短截有利于削弱枝条顶端优势，提高萌芽率，降低成枝力。轻短截后形成中短枝多，长枝少，易形成花芽。

2）中短截。剪去枝条全长的1/2左右称为中短截。中短截有利于维持顶端优势，中短截后形成中长枝多，但形成花芽少。幼树期对中心干延长枝和各主侧枝的延长枝，多采用中短截措施来扩大树冠。

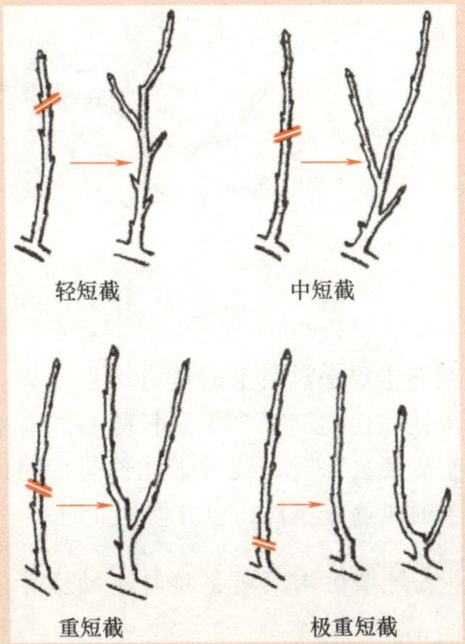

图6-20　短截

3）重短截。剪去枝条全长的2/3左右称为重短截。重短截抽枝数量少，发枝能力强。在幼树期为平衡树势常用重短截措施，对背上枝尽量不用重短截措施。如果用重短截培养结果枝组时，第二年要对重短截后发出的新梢，进行回缩，培养成小型结果枝组。

4）极重短截。剪去枝条的大部分，约剪去枝条全长的3/4或4/5左右，只留基部4～6个芽称为极重短截。常用于分枝角度小、直立生长的和竞争枝的剪截。极重短截后由于留下的芽大多是不饱满芽和瘪芽，抽生的枝长势弱，常常只发1～2个枝，有时也不发枝。

（4）回缩　也称缩剪或回缩修剪。回缩是在两年以上的生枝部位（图6-21）剪截。回缩的反应与被回缩枝的长势、角度、缩剪口的留法有密切关系。被回缩的枝角度小，缩剪口下第一枝长势强，第二枝长势弱。被回缩的枝角度大，缩剪口下第一枝长势弱，第二枝长势强。缩剪口距剪口下的枝距离近，缩剪口下的第一枝长势弱，第二枝长势强。距离较远则第一枝长势强，第二枝长势弱。

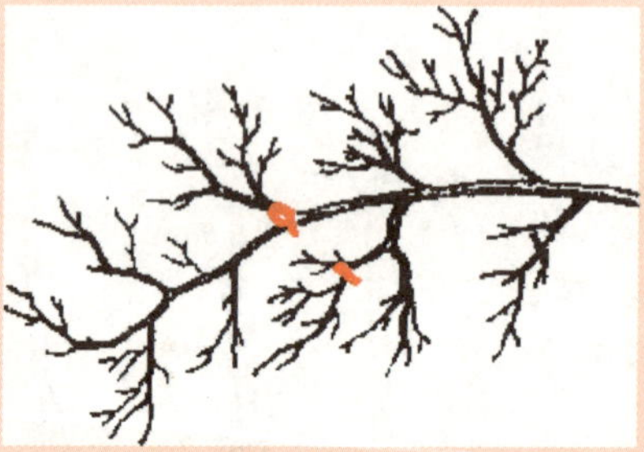

图 6-21　将多年生枝回缩修剪

回缩主要是对留下的枝有增强长势、更新复壮的作用，主要用于骨干枝在连续结果多年后长势衰弱需要复壮时。或下垂的衰弱结果枝组需要去除时。或过于冗长与行间、株间形成交叉的枝组，需要改善通风透光条件，也方便作业时。

四　甜樱桃树不同年龄时期的修剪

1. 幼树期修剪

幼树期树修剪的主要任务是按照丰产树形要求，培养合理的树体结构，促进幼树快速生长发育，形成牢固的骨架，达到提早结果的目的。具体的整形修剪方法可以参见前面讲述的主要树形与整形方法。

2. 初结果期修剪

无论采用什么丰产树形，甜樱桃一般 3 ~ 5 年后就进入初结果期。初结果期树修剪的主要任务是继续完成树形的培养工作，快速增加枝芽量，培养结果枝组，为将来的稳产高产奠定良好的基础。

(1) 继续完成树体整形工作　进入初结果期的树，由于栽植时苗木质量好坏不一样以及冬季低温造成的抽条等诸多原因，树体完整结构的形成的早晚不尽一致。对于仍不够完善的树形要继续完成整形工作，以培养成良好的树体结构。在冬季修剪时，对中心干和主枝延长枝要进行适度短截，尤其是要保持中心干的优势地位。缺枝部位刻芽促发新枝，以培养新的骨干枝和侧枝。如果各主枝之间生长不平衡，可以采取抑强扶弱的办法加以调整。对于生长较旺的主枝适当拉大角度以缓和生长势，其背上的直立枝可采取扭捎、短截和疏除等技术措施处理；对于生长较弱的主枝，可以适当抬高主枝角度；冬季修剪时对于延长枝头适度短截，促发分枝，刺激其营养生长，增强生长势。

（2）培养结果枝组 甜樱桃结果枝组按其形态特征可分为鞭杆型枝组和紧凑型枝组两类，按枝组的大小和长势可分为大、中、小三种类型。结果枝组的培养主要是通过先短截后回缩或先缓放后回缩的方法培养而成。

1）按其形态特征分类。鞭杆型枝组的培养：鞭杆型枝组长度一般在1m以上，其上着生各类结果枝组。这类结果枝组是发育枝经过多年缓放培养而成的。其先端分枝采用摘心或者疏除措施，使中下部多数短枝在缓放的第二年就形成花束状果枝或短果枝。鞭杆型枝组更新较难，培养鞭杆型枝组时主要靠维持修剪来完成，要注意加大分枝角度，改善通风透光条件，以延长结果年限。

紧凑型枝组的培养：一是对背上强旺枝先采用极重短截后再缓放培养而成的；二是对50cm左右的中庸枝先缓放后回缩培养成紧凑型枝组的。

2）按枝组的大小和长势分类。小型结果枝组的培养：具有2~5个分枝，分布范围在30cm以下的结果枝组称为小型结果枝组。该枝组生长势中庸或较弱，易形成花芽，是树冠内主要的结果部位，但是，易衰弱寿命短，不易更新。衰弱后如果有空间时，可将其培养成中型结果枝组，无空间时可回缩复壮或逐年疏除。

① 中型结果枝组的培养：由2~3个小枝组组成，具有6~10个分枝，分布范围在30~50cm内的结果枝组称为中型结果枝组。该枝组生长势缓和，有效结果枝多，枝组内易于更新，寿命较长，有空间时可培养成大型结果枝组，无空间时可控制成小型结果枝组，是树冠内主要的结果部位。

【提示】对于中、小型结果枝组一般采取先缓放后回缩的方法加以培养。

② 大型结果枝组的培养：具有10个以上分枝，有时包含几个小

型结果枝组，分布范围在50cm以上的结果枝组称为大型结果枝组。该枝组生长势较强，其寿命长，便于枝组内更新，但是如果对其控制不当时，容易造成枝量过大，影响周围枝条生长结果。空间小时，可通过疏除分枝或回缩到弱分枝处，将其改造成中型结果枝组。对于这类结果枝组的培养，一是对生长较旺的发育枝缓放2年左右，使其生长势缓和后再进行回缩，确定枝轴长度；二是对主枝背上的直立枝重短截培养大型结果枝组。大枝组应不超过20%，并且是以侧生的结果枝组为主。

另外，按着生部位又可将枝组划分为背上结果枝组、背下结果枝组和侧生结果枝组等。

对于进入初结果期的树，产量逐年上升，但树势仍偏旺，在树冠覆盖率没有达到75%左右时，仍需进行短截修剪技术，扩大树冠，稳定树势；对已达到树冠体积的树，要控制中庸树势，对枝条应以轻剪缓放为主，促进花芽分化，还应注意及时疏除徒长枝和竞争枝，保持各级骨干枝分布合理，保持健壮的树势。

3. 盛果期树的修剪

盛果期树修剪的主要任务是维持良好的树体结构，改善通风透光条件，保持中庸健壮的树势，使结果枝和结果枝组保持较强的结果能力，做到丰产、稳产，最大延长结果年限。

保持中庸健壮的树势，是丰产、稳产和优质的基础。樱桃中庸健壮的树势的主要树相指标为：外围新梢生长量为30cm左右，过长则树势较旺，过短则树势较弱，枝条充实，芽饱满；多数花束状果枝或短果枝上有6~7片莲座状叶，叶面积较大，叶片厚，叶色深绿，花芽饱满；全树枝条长势均衡。

正常管理条件下，经过2~3年的初果期，即可进入盛果期。在进入盛果期后，随着树冠的扩大、枝叶量和产量的增加，树势由偏旺转向中庸，营养生长和生殖生长逐渐趋于平衡，花芽量逐年增加。甜樱桃大量结果之后，随着树龄的增长，树势和结果枝组逐渐衰弱，特别是较细的中、短结果枝和花束状结果枝易衰弱，结果部位易外移，在修剪上应采取回缩更新促壮措施，维持树体长势中庸。

【提示】骨干枝和结果枝组的缓放或回缩，主要看后部结果枝组和结果枝的长势以及结果能力，如果后部的结果枝组和结果枝长势良好，结果能力强，则可缓放或继续选留壮枝延伸；如果后部的结果枝组和结果枝长势弱，结果能力开始下降时，则应回缩。在缓放与回缩的运用上，一定要适度，做到缓放不弱，回缩不旺。

4. 衰老期树的修剪

甜樱桃树一般在 30～40 年之后便进入衰老期，进入衰老期的树，树势明显衰弱，表现为树冠出现枯枝，缺枝少杈，结果部位远离母枝，产量和果实品质也明显下降，这之前应有计划及时进行更新复壮。

修剪的主要任务是培养新的树冠和结果枝组，采取回缩的措施，回缩到生长势较粗壮的分枝处，并抬高枝头的角度，增强其生长势。甜樱桃的潜伏芽寿命较长，大、中型枝经过回缩后容易发生徒长枝，因此经常利用重回缩促发新枝，以恢复树冠完整结构。在回缩大枝时，如果在适当的部位有正常生长的分枝，则可在分枝处回缩，促发分枝的生长，同时还可以保留一定的结果部位。大枝回缩后，在回缩部位一般能抽生几个新枝，要从中选择一个长势强健、方位适当的留作更新枝，并及时调整好角度，多余的新枝要么疏除要么更新改造成结果枝组，当更新枝长到 50cm 时，适时摘心，促发二次枝，一般枝条延伸 2 年后，前段生长延缓，后部枝即可开花结果。

五 不同品种修剪特点

不同品种的甜樱桃，其整形修剪不尽相同。例如，枝条易直立、生长势强旺的品种，应适当轻剪缓放，不宜短截过重或连续短截；枝条易横生、长势不旺的品种，应以适当短截为主，不宜过早缓放或连续缓放。

1. 大紫类型樱桃修剪特点

大紫类型的樱桃成枝力强，不论轻重短截都能增加枝量，所以，幼树短截要少。幼树抽条较细，角度大，在主枝短截时要适当缩短，放长以后会加快短果枝的衰亡，使结果部位很快外移。对幼树的辅养枝可以缓放修剪，然后再回缩，回缩枝条转旺后，再行短截。如果树冠空隙较大时，可多次缓放，多次回缩，以促生分枝，增加结果部位。

初结果的树，主要是培养大、中、小型结果枝组。培养大、中型结果枝组时，可选 70～80cm 的旺枝，缓放 1～2 年后再回缩。对长度在 40cm 的中等枝，多用于培养小型枝组。

【注意】 采用先缓放后回缩的办法培养结果枝组时，要注意缓放后不弱、回缩后不旺的原则，保持中等长势，才能多结果。

大紫类型的樱桃，以中、长果枝结果为主。为了保持有一定比例的中、长果枝，应根据长果枝的长势和形成果枝的数量适时回缩。回缩后所保留的发育枝的数量不宜过多，以免降低坐果率。如回缩后抽枝很少，或根本不抽枝，也会影响产量。所以，回缩时一定要根据树势、肥水条件和枝条的着生部位，做到回缩不旺、缓放不弱。

2. 那翁类型品种修剪特点

那翁类型品种包括那翁、红丰、水晶、晚黄和晚红等。这一类型品种幼树的修剪宜轻，适当多短截以增加枝叶量，但短截年限最多 3 年，以后采取缓放的方法。

那翁等品种的枝组以鞭杆式枝组为主。对株行距较大的树，也应适当短截部分旺枝，但数量不宜多，以免影响光照。进入结果期以后的树，修剪量要轻，对结果枝组一般缓放不剪。

【提示】 对进入衰老期的树，应及时更新。需要更新的树，前一年要增施基肥，使潜伏芽萌发，多抽生枝条。更新时间以早春萌芽前后为宜，因为冬季更新后萌芽率和成枝力都显著降低。若全园需更新时，最好在先种植 3～5 年其他农作物后，再重新栽植樱桃苗。

3. 紫樱桃类型品种修剪特点

此类樱桃的主要品种有鸡心、短把紫和琉璃泡等。其生长特点：

成枝力弱、枝量少、树体矮、树冠小，以花束状短果枝结果为主，短果枝较少，中、长果枝极少。结果枝有自然分枝能力，结果后易形成短果枝组。

幼树期间，因其成枝力弱，发育枝要短截，细弱枝要重短截，而且短截的数量要多，短截的年限要长，一般为3年。3年以后边短截边缓放，以增加枝量和结果部位。夏季摘心会减弱发育枝抽枝能力和抽枝数量，甚至形成小老树，所以，一般不进行夏季修剪。

⚠【注意】 初结果期的紫樱桃树，主要培养结果枝组。无论培养什么样的枝组，都要根据树势、枝势来决定，或先缓放后短截，或先短截后缓放。

4. 红灯、美早等品种修剪特点

以红灯、美早为代表的品种，枝条较直立，生长势较强，在修剪上应多采用轻剪、缓放措施，少短截，以加大主枝角度来增加短果枝和花束状果枝的数量。

5. 佳红品种修剪特点

以佳红为代表的品种，枝条较横生，树姿较开张，生长势不强旺，在修剪上应适当短截，在短截的基础上进行缓放，还应注意下垂枝的回缩，防止树势衰弱和结果部位外移。

6. 拉宾斯等短枝型品种修剪特点

以拉宾斯为代表的短枝型品种，枝条生长量较小，易形成短果枝和花束状结果枝，树势容易衰弱，在修剪上应多短截，促进发枝，防止结果过多，造成树势衰弱。

六 整形修剪中存在的问题和注意事项

甜樱桃顶端优势强，两极分化重。大枝后部易光秃，光秃部位更新能力很差；1年生枝萌芽高，成枝力弱，健壮叶丛枝易成花芽，弱叶丛枝很易枯死。

甜樱桃幼树对修剪反应极敏感，长枝短截后易发生3个以上强旺新梢；初果期树果实采收后正值雨季，往往处于旺长状态，能加重冠内叶丛枝枯死；中长枝缓放易形成串花枝。盛果期后对修剪反应迟钝，回缩枝组一般达不到复壮效果。

当前，甜樱桃产区，由于修剪技术水平参差不齐，在整形修剪中存在的问题较多，主要表现：一是在幼树上短截手法偏多，严重刺激了树体的营养生长，造成了发枝较多，树冠郁闭，光照条件不好，进入结果年限较晚；二是对于结果树不分品种，一律采取回缩、短截修剪；三是不分树势强弱，不分季节，不注意年龄时期，采用相同的修剪方法等。因此，在樱桃整形修剪中应注意以下问题。

（1）抑制顶端优势 有中心干的纺锤形树体，只要适当保持中心干优势，所有主枝均可调控在80°~120°，将顶端优势最大限度地转化到主枝和大型结果枝组的中后部，抑制优势外移，克服内膛光秃，维持小树体密植高产。而丛状形和开心形树体的主要问题是骨干枝角度小，顶端优势不好控制，树冠内光秃快而重，树体大，不宜密植。

（2）减少修剪量 就培养纺锤形树体来说，有轻、重两种手法。重剪者，要求60cm定干，第二年重截中心干和主枝的延长枝，疏除部分强旺直立枝条，对选留的主枝、中心干延长枝仍强调在健壮枝芽处短截，基本上沿用苹果纺锤形那一套。定植弱小苗者多数这样处理。由于1~3年生幼树疏枝多、短截重、修剪量大，很难早结果、早丰产。特别对土肥水条件较好的樱桃园，树势更难控制。

轻剪者，要求定植高大壮苗，当年发芽前留100cm左右定干，并在离地面80cm上下刻芽2~3个。第二年发芽前，短截中心干延长枝，剪去总长1/4~1/3，在选留的延长枝下部选刻部位理想的芽，逼其发条；其余枝一般不截不疏，长度50cm以上者，在其中下部选刻2~3个芽，逼其发条。第三年仍按第二年的修剪原则处理，可获一定产量。

（3）重视生长季整形修剪 甜樱桃幼龄期至初果期树整形修剪，90%的任务应在生长季进行。冬季短截延长枝，剪口下的第一芽往往因剪口风干芽蔫枝弱，只有在发芽初期进行，才更有利于剪口下多发中长梢，减轻剪口下2~3个芽发竞争枝的势力。冬季疏枝剪口易流胶，最好在发芽初期留桩疏枝，或秋季带叶疏枝。调整枝梢角度、扭梢、摘心等措施也都应在生长季进行。简言之，应做到“春刻芽、夏控梢、秋调角”。只有进入盛果期的大树，需复壮结果枝组时，才适于发芽前修剪。

（4）适当刻芽 刻芽时间，以芽尖露绿时为宜。刻芽过早易抽干，影响芽萌发；刻芽过晚，效果差。刻芽主要在1年生强旺枝中后部易光秃枝段进行。一般中后部枝段上发的叶丛枝，只发几片小叶，不能形成与母枝木质部连接良好的维管束组织，随着母枝加粗第二、第三年即衰亡脱落；只有刻芽处理（比苹果刻芽程度稍重些）才能促生较健壮的短叶丛枝，其维管束才能与母枝相连通而形成结果枝。为使2年生枝光秃部位发强枝补空，可在叶丛枝上方眉刻2道。

刻芽是一项细致而且费工的技术，生产中很少有人能够做到，有的只拉枝不刻芽，有的只缓放不刻芽，特别是大的果园更无精力和人力顾及此项技术，致使该发枝的部位没有发枝，形成较多的光秃带。有的果农也做了刻芽，但刻芽的反应混淆不清楚，不分部位一律在芽上刻伤或一律在芽下刻伤，或刻的距离太近或太远。

【提示】 刻芽技术如果真正做得及时、做得正确，会预期抽生出部位、角度和长势理想的枝条，使树冠丰满紧凑，生长势中庸健壮，如果怕麻烦不应用，那么在以后的修剪中是要多费工夫的。

（5）合理摘心 摘心，可以促进新梢基部形成花芽，提早结果，稳定树势。对生长势较弱的长梢和混合枝，可摘去新梢先端；对拉平的1年生枝，背上芽刻芽后长出的长、中梢，可于5月中下旬，当其长到15cm左右时，视其部位和空间，留5~10cm摘心。摘心后上部芽继续萌发，长到10cm左右时，再留5cm左右摘心，特旺者可再摘心1次，直至不超过10cm左右停长。实践证明，这类枝经摘心处理，可减少营养物质消耗，减轻后部和附近叶丛枝枯死现象，成花枝率可高达50%以上。

（6）注意新梢开角 当年新梢开角主要措施有扭梢、捋枝、拉枝。对拉平后的1年生枝上发出的旺梢，在不宜全部进行摘心的情况下，适当选择一部分直立旺长梢在其长到20cm左右时，在基部5cm左右处扭梢，即扭转90°，使其向下斜生。拧枝和拉枝宜在8月中下旬新梢缓长、开始加粗时进行，主要对象是直立旺长的当年生新梢。经过拧枝处理，第二年可发生较多高质量的短叶丛枝，形成花芽；拉枝主要针对1年生大枝、选留的主枝及当年生外围强旺新梢。秋季拉枝效果比春季好。拉枝要注重开基角，切忌拉成弓背状。

（7）疏缩大枝和改造树形 将不理想的树形改造成纺锤形，疏、缩大枝应在果实采收后的生长季进行，主要对象是过密、过乱的枝，衰弱不堪的辅养枝、裙枝等。此期调整树形对调节树体各部分关系、均衡树势、改善冠内光照、促进花芽形成效果显著。应注意的是，带绿叶疏大枝、疏外围密枝应适当留桩，以利第二年再发新梢，并可减轻流胶和伤口风干对树的不良影响。

（8）复壮树势、延长盛果期年限 针对甜樱桃内膛易光秃、隐芽寿命短、弱枝易衰亡、更新较困难的特点，应注意从幼树整形期就做到既轻剪长放，又早培育防光秃的更新枝。只有年年在长放枝的中后部培养粗度比（枝组直径与着生母枝直径之比）大的侧生枝，才能保证进入盛果期的树内膛不空，在限制树冠扩大时有充足的“接班”枝。修剪盛果期树，切忌对衰弱的结果枝组回缩、死堵。应在多年生枝后部“育新”的基础上，以“疏弱换新”达到集中营养、复壮树势、延长盛果期年限的目的。

（9）尽量减少环剥与刻伤的不良后果 关于环状剥皮，试验中发现在甜樱桃树上使用该项技术副作用甚多，因其有流胶特性，环剥的时期和宽度以及深度不当，或剥后污损形成层，或多处同时环剥，环剥后常会出现流胶或不愈合现象，严重的会发生死树或死枝现象。故在此提醒广大果农在使用时要慎重，至少应做小面积试验后再进行推广。

如果应用环剥技术，应对幼旺树用，应用时间也不可过晚，一般于5月下旬至6月上旬进行，环剥的宽度不超过主干直径的1/10，剥后遇干旱天时，要浇水后再剥，并用塑料薄膜或纸包裹。无论环剥还是环割，都不要同时对主干和多个主枝应用，刀口也不能过深，以免伤及韧皮部和木质部，更不能污损形成层，造成树势过弱或死树现象发生。

（10）适当应用生长调节剂 有人把采果后对新梢旺长的初果期树叶面喷施 200mg/L 多效唑，或者春季萌芽前每株地面挖多条沟，株施 1g 左右多效唑，称为“化学修剪”。编者认为，推广此技术一定要慎重。长势特旺而不结果的3～4年生幼树，用此法处理1～2年尚可，切不可连年应用，更不应在已结果的树上连年应用。

第七章
甜樱桃病虫害防治技术

第一节　无公害水果生产对农药的相关要求

一　农药的选择与使用原则

在水果的无公害生产过程中，适当地使用农药保证水果产量和消灭某些病虫害是十分必要的。但应科学合理地选择和使用农药，最大限度地控制农药的污染和危害程度，这是保证水果无污染、无残留的关键环节。

1. 防止农药污染的途径

1）采取综合防治方法。研究新的杀虫除害途径，联合或交替使用化学、物理、生物和其他有效方法，克服单纯依靠化学药剂的做法。如选育和推广抗病虫害的优良品种，使用微生物农药，以菌治虫、以虫治虫以及推广冬季灭虫、诱杀等办法，以减少农药的使用量。

2）搞好农药安全性评价和安全使用标准的制定工作。对目前广泛使用的农药品种和剂型进行安全评价，并从急性、蓄积性和慢性的毒性，致突变、致癌性、致畸性等方面进行综合分析，然后制定允许残留标准和安全间隔期。

3）安全合理地使用现有农药。做好植物病虫害的预测预报工作，确定病虫害的最佳防治时期和防治方法；合理调配农药，改进喷洒方法和农药使用的性能，以便用药及时适量，提高药效，减少污染和防止产生抗药性，做到经济有效地消灭病虫害。

4）发展高效、低毒、低残留的化学农药来代替剧毒和残留性高的农药。大力发展低毒性、易分解的有机磷、氨基甲酸酯类农药，生物农药以及不孕剂、性诱剂等所谓第三代农药。

2. 农药使用原则

首选绿色食品生产资料农药类产品。在这些产品不能满足植保工作需要时，允许使用的农药及其方法如下。

1）允许使用中等毒性以下的植物源农药、动物源农药和微生物源农药。

2）在矿物源农药中允许使用硫制剂和铜制剂。

3）可以有限度地使用部分国家标准中列出的低毒和中等毒性的有机农药。每种有机合成农药在一种果树上一个生长季内只能使用1次，施药量和安全间隔期也要符合国家标准的要求，残留量也要达到最高残留限量标准。

4）严禁在果品储藏过程中使用高毒高残留农药。

3. 禁止使用的农药

无公害水果的安全要求包括两个大的方面，一是重金属及其他有害物质卫生限量；二是农药最大残留量限量。禁止使用的农药有马拉硫磷、对硫磷、甲拌磷、甲胺磷、久效磷、氧化乐果、甲基对硫磷、克百威、水胺硫磷、六六六、DDT、敌敌畏、乐果、杀螟硫磷、倍硫磷、辛硫磷、百菌清、多菌灵、氯氰菊酯、溴氰菊酯、氰戊菊酯、呋喃丹、三氯杀螨醇、福美砷等农药。北京市安全食用农产品生产投入品标准（暂行）对果品生产禁止使用的化学农药做了相关规定（表7-1）。

4. 允许使用的农药

1）微生物源农药。防治真菌的农用抗生素类有灭瘟素、春雷霉素、多抗霉素、井冈霉素、农抗120、中生菌素；防治螨类的有浏阳霉素、华光霉素。活体微生物农药有真菌剂，如蜡蚧轮枝菌；细菌剂，如苏云金杆菌、蜡质芽苞杆菌；拮抗菌剂等。

2）动物源农药。昆虫信息素又称为昆虫外激素，如性信息素；活体制剂，如寄生性、捕食性天敌动物。

表 7-1 果品生产禁止使用的化学农药

种类		农药名称
杀菌剂	有机砷杀菌剂	甲基砷酸锌、甲基砷酸铁铵、福美甲砷、福美砷
	有机锡杀菌剂	三苯基醋酸锡、三苯基氯化锡
	有机汞杀菌剂	氯化乙基汞（西力生）、醋酸苯汞（赛力散）
	氟制剂	氟化钙、氟化钠、氟乙酸钠、氟铝酸钠、氟硅酸钠
	卤代烷类熏蒸	二溴乙烷、二溴氯丙烷
杀虫剂	有机磷杀虫剂	甲拌磷、乙拌磷、久效磷、对硫磷、甲基对硫磷、甲胺磷、甲基异硫磷、氧化乐果、磷胺
	氨基甲酸酯杀虫剂	克百威、涕灭威、灭多威
	有机氯杀虫剂	滴滴涕、涕灭三、灭多威
	无机砷杀虫剂	砷酸钙、砷酸铅
	二甲基甲脒类杀虫杀螨剂	杀虫脒
	有机氯杀螨剂	三氯杀螨醇、杀虫脒
	取代苯类杀虫	五氯硝基苯、五氯苯甲醇
	二苯醚类除草剂	除草醚、草枯醚

3）植物源农药。杀虫剂，如除虫菊素、烟碱、植物油、鱼藤酮；杀菌剂，如大蒜素；拒避剂，如印楝素；增效剂，如芝麻素。

4）矿物源农药。杀螨杀菌类有硫制剂，如硫悬浮剂、可湿性硫、石硫合剂；铜制剂，如硫酸铜、氢氧化铜、波尔多液。矿物油乳类有柴油乳油等。

5）有机合成农药。由人工研制合成，并由有机化学工业生产的商品化的一类农药，包括中、低等毒性的杀虫杀螨剂、杀菌剂和除草剂。

二 农药综合使用技术

安全合理地使用农药是防止农药污染的措施之一，所以在无公害水果生产中，应当正确地使用农药。

1）调查各种病虫害的起因和发生条件，做到能预防预测，对症下药，适时防治。并防止由于措手不及而加大农药的浓度和用量，造成大面积果树严重污染的事件。

2）混合和交替使用不同的农药，以防止产生抗药性并保护害虫的天敌。长期单一地使用一种或一类农药，往往引起害虫对该农药的抗药性，从而使用药量和次数被迫增加，结果不仅增大防虫除害的成本，而且大量杀灭害虫的天敌。所以要摸清病虫害抗药性发生规律，进行交互性试验，合理调配农药，以控制抗药性的产生和发展，提高现有农药的使用效果。

3）尽可能使用低量或超低量的喷药机械。农药机械的发展趋势是要求喷雾或喷粉机械喷得快、喷得细、而且均匀。这样不但使用药剂的杀虫效率提高，而且能够耐热、耐光、耐雨和渗透力强。

4）改进农药的使用性能。如在农药中加入展着剂、渗透剂、缓释剂等，既节省农药又提高药效。

5）严格控制农药的使用浓度和剂量，并按农药安全间隔期进行施药，防止造成农药污染。北京市安全食用农产品生产投入品标准（暂行）对限制使用的化学农药的施药间隔期做出了相关规定（表7-2）。

表7-2　果品生产限制使用的化学农药的施药间隔期

农药名称	最后一次施药距采收间隔期/天
乐果、杀螟硫磷、辛硫磷、溴氰菊酯、氰戊菊酯、除虫脲	30
双甲脒、噻螨酮、克螨特	40
百菌清	30
异菌脲	20
粉锈宁	10

三 果园常用的农药与使用

1. 杀虫剂

（1）阿维菌素　通用名称叫阿维菌素，我国叫齐螨素，商品名海正灭虫灵、7051杀虫素、爱福丁、阿巴丁、虫螨克等。

阿维菌素是一种农用抗生素类杀虫、杀螨剂，属于昆虫神经毒剂，主要干扰害虫的神经生理活动，使其麻痹中毒而死亡。具有触杀和胃毒作用，无内吸性，但有较强的渗透作用，并能在植物体内横向传导，杀虫（螨）活性高，比常用农药高 5～50 倍，用药量仅为常用农药的 1%～2%。对胚胎未发育的初产卵无毒杀作用，但对胚胎已发育的后期卵有较强的杀卵活性。该药剂对抗药性害虫有较好的防效，与有机磷、拟虫菊酯和氨基甲酸酯类农药无交互抗性，残效期 10 天以上，高效、广谱、低毒，害虫不易产生抗性，对天敌较安全，有 1.8% 乳油、1% 乳油、0.6% 乳油三种剂型，乳油外观为棕褐色液体。

可用来防治果树上的蚜虫、叶螨、潜叶蛾、食心虫、梨木虱等多种害虫。在害虫发生初期，用 1.8% 乳油 5000～8000 倍液防治山楂叶螨、绣线菊蚜；4000～6000 倍液防治二斑叶螨；3000～4000 倍液防治金纹细蛾；4000～5000 倍液防治梨木虱；2000～4000 倍液防治桃蛀果蛾等。

⚠【注意】 该药剂无内吸性，喷药时要喷洒均匀，不能与碱性农药混用。

（2）浏阳霉素 农用抗生素类杀螨剂，属高效低毒农药，对天敌较安全，不杀伤捕食螨，害螨不易产生抗药性，杀螨谱较广，对叶螨、瘿螨都有效。本药具有触杀作用，无内吸性，药液直接喷至螨体上药效很高，但害螨在干药膜上爬行几乎无效。对成螨、若螨及幼螨有高效，但不能杀死螨卵。有 5% 乳油和 10% 乳油两种剂型。

10% 浏阳霉素乳油防治苹果全爪螨、山楂叶螨用 1000 倍液；防治柑橘锈螨用 1000～1500 倍液；防治柑橘全爪螨用 1000～1200 倍液。该药剂主要是触杀作用，喷药时要均匀周到，使枝叶全面着药，效果好。

⚠【注意】 该药剂可与多种杀虫剂、杀菌剂混用，但与波尔多液等碱性农药混用时，要现用现配。

(3)华光霉素 又叫日光霉素、尼柯霉素，是一种兼有杀螨和杀真菌活性的农用抗生素，属高效、低毒、低残留农药，对植物无药害，对天敌安全。有2.5%可湿性粉剂类型。

该药剂杀螨作用较慢，应在叶螨发生初期施药效果好。可在叶螨发生初期，用2.5%华光霉素400～600倍液喷雾，用来防治山楂叶螨、苹果全爪螨、柑橘全爪螨。

【注意】 该药无内吸性，喷药要均匀周到，药液要现用现配，一次用完，不能与碱性农药混用。

(4)Bt（苏云金杆菌） 是一种细菌性杀虫剂。它能产生内外两种毒素，主要是胃毒作用，害虫吞食后进入消化道产生败血症而死亡。具有安全无毒、对作物无药害、不杀伤天敌等优点。我国生产的在Bt乳剂中大多加入0.1%～0.2%的拟虫菊酯类杀虫剂，可加快害虫死亡速度，增强防效。有乳剂（含活芽孢100亿个/mL）、可湿性粉剂（含活芽孢100亿个/mg）两种剂型。

Bt可用来防治果树上的刺蛾、尺蠖、毒蛾、天幕毛虫等多种鳞翅目害虫。在低龄幼虫期，用500～1000倍液均匀喷雾，防治效果较好。

【提示】 Bt杀虫效果较慢，用药时间应适当提前，不能与内吸性杀虫剂或杀菌剂混用。本药对蚜虫、螨类等刺吸式口器害虫无效。

(5)白僵菌 是一种真菌性杀虫剂，其孢子接触害虫后产生芽管，通过皮肤侵入其体内长成菌丝，并不断繁殖，使害虫新陈代谢紊乱而死亡。

【注意】 该药剂对人畜无毒，对果树安全，但对蚕有害，所以在养蚕区周围的果园不宜使用。

白僵菌主要用来防治桃蛀果蛾、刺蛾、卷叶蛾、天牛等害虫。白僵菌需要在适宜的温湿度条件下（24～28℃，相对湿度90%左右），才能使害虫致病，使用时要保证这一点。例如防治桃蛀果蛾，可于越冬代幼虫出土始盛期，在树盘周围喷洒，每亩用白僵菌菌剂2kg（每克含100亿个孢子），加48%乐斯本乳油0.15kg，兑水75kg。喷洒后覆草，害虫幼虫僵死率可达85%，并能有效地控制下代虫源。

（6）烟碱（硫酸烟碱）　是烟草中的提取物（尼古丁），其溶液或蒸气可渗入害虫体内，使其迅速麻痹，神经中毒而死亡，主要是触杀作用，也有一定的熏蒸作用，对将要孵化的卵有较强的杀伤力。该药剂杀虫范围广，药效快，对植物安全，但残效期短。有40%的硫酸烟碱水剂类型。

可防治果树蚜虫、叶螨、叶蝉、卷叶蛾、食心虫、潜叶蛾等。用40%硫酸烟碱800～1000倍液喷雾，在药液中加入0.2%～0.3%的中性皂可提高药效。烟碱除不能与石硫合剂、波尔多液等碱性农药混用外，可与多种农药混用。

⚠【注意】　烟碱对人畜毒性高，配制和使用时要注意防护。

（7）苦参碱　是苦参的提取物，属植物神经毒剂，害虫接触药剂后可使神经麻痹，蛋白质凝固堵塞气孔窒息而死。本药对人畜低毒，具有触杀和胃毒作用，为广谱性植物杀虫剂。有0.2%和0.3%水剂、1%溶液、1.1%粉剂四种剂型。在果树上主要用0.2%或0.3%水剂200～300倍液防治山楂叶螨、绣线菊蚜等。

⚠【注意】　苦参碱无内吸性，喷药时要喷洒均匀周到，不能与碱性农药混用。

（8）灭幼脲（灭幼脲Ⅲ号）　是一种昆虫生长调节剂，属特异性杀虫剂。害虫取食或接触药剂后，抑制表皮几丁质合成，使幼虫不能正常蜕皮而死亡。主要是胃毒作用，也有一定的触杀作用，但无内吸性。对鳞翅目和双翅目幼虫有特效，不杀成虫，但能使成虫不育，且卵不能正常孵化。毒性低，对人畜和植物安全，对天敌杀伤小，药效较慢，2～3天后才能显示杀虫作用。有25%和50%胶悬剂两种剂型，常用的是25%胶悬剂。本药品为胶悬剂，有沉淀现象，使用时一定要摇匀后再兑水稀释，不能与碱性农药混用。

灭幼脲对鳞翅目害虫有特效，在低龄幼虫期，用25%灭幼脲Ⅲ号胶悬剂1500~2000倍液防治金纹细蛾、刺蛾、天幕毛虫、舞毒蛾等。防治桃蛀果蛾，在成虫产卵初期，幼虫蛀果前，用25%灭幼脲胶悬剂1000倍液喷雾。残效期长达15~20天，且耐雨水冲刷。

(9) 扑虱灵（优乐得、噻嗪酮、环烷脲） 是一种选择性昆虫生长调节剂，属高效、低毒杀虫剂，对人、畜、植物和天敌安全，主要是触杀和胃毒作用，可抑制昆虫几丁质的合成，干扰新陈代谢，使幼虫和若虫不能形成新皮而死亡。药效缓慢，药后1~3天才能死亡，但持效期长达30~40天，不杀成虫，但能抑制成虫产卵和卵的孵化。对介壳虫、粉虱、飞虱、叶蝉等害虫有特效，与常规农药无交互抗性。有10%、25%、50%可湿性粉剂；1%、1.5%粉剂；2%颗粒剂；10%乳油；40%胶悬剂。

扑虱灵用来防治苹果、梨、桃树介壳虫，可在幼若蚧虫发生盛期，喷25%可湿性粉剂1500~2000倍液，药后5天即可显出较好效果。防治柑橘锈螨可用5000倍液，防治柑橘全爪螨用1200~1600倍液，防治介壳虫和木虱、粉虱可用2000~3000倍液。

(10) 吡虫啉 在我国商品名很多，如海正吡虫啉、一遍净、蚜虱净、大功臣、康复多等。

吡虫啉是新一代氯代尼古丁杀虫剂，具有广谱、高效、低毒、低残留，害虫不易产生抗性，对人、畜、植物和天敌安全等特点并具有触杀、胃毒和内吸多重药效。害虫接触药剂后，中枢神经正常传导受阻，使其麻痹死亡。该药的速效性好，药后1天即有较高防效，残效期长达25天左右。药效和湿度呈正相关，温度高，杀虫效果好。有2.5%和10%可湿性粉剂，5%乳油，20%可溶性粉剂等剂型。

主要用于防治刺吸式口器害虫，防治绣线菊蚜、苹果瘤蚜、桃蚜、梨木虱、卷叶蛾等害虫，可用10%吡虫啉4000~6000倍液喷雾，或用5%吡虫啉乳油2000~3000倍液喷雾。

(11) 抗蚜威（辟蚜雾） 是一种专性杀蚜剂，对害虫具有触杀和熏蒸作用，并能渗透到叶片组织中，杀死叶片背面的害虫。对人、畜毒性中等，对鱼类、水生生物、鸟类和蜜蜂低毒，不伤害天敌，对作物安全。具有较好地抑制害虫体内胆碱酯酶的活性的作用，对蚜虫有特效，击倒力强，施药后蚜虫数分钟后即中毒死亡，并能有效防治对有机磷农药产生抗性的各类蚜虫。有25%抗蚜威水分散粒剂、50%抗蚜威可湿性粉剂两种剂型。

可用于防治果树上各类蚜虫，盛发期用25%抗蚜威水分散粒剂1000倍液喷雾，或用50%抗蚜威可湿性粉剂2000倍液喷雾，残效期5~7天。

【提示】 该药剂可与多种杀虫剂、杀菌剂混用。喷药时气温在20℃以上时杀虫效果好。

（12）尼索朗（噻螨酮） 是一种专用杀螨剂，有触杀和胃毒作用，无内吸性，但有较强的渗透能力，耐雨水冲刷。对螨卵和幼若螨杀伤力极强，不杀成螨，但能显著抑制雌成螨所产卵的孵化率。对人畜低毒，对蜜蜂和天敌安全，可与多种杀虫、杀螨剂混用，也可与波尔多液、石硫合剂等碱性农药混用。对温度不敏感，在不同温度下使用效果无差异，药效慢，药后7天才有明显效果，残效期长达50天左右，一般在早春使用1次即可控制全年螨害。可用5%尼索朗乳油2000倍液喷雾，如成螨较多，可与杀成螨的药剂混用，效果更好。

（13）辛硫磷 是一种广谱、低毒、低残留有机磷杀虫剂。对鳞翅目害虫的大龄幼虫和土壤害虫防治效果较好，并能杀死虫卵和叶螨。对人畜毒性低，对鱼类、蜜蜂和天敌高毒，使用时应予以注意。对害虫以触杀为主，无内吸性，但有一定的熏蒸作用和渗透性。它通过抑制害虫胆碱酯酶的活性，使其中毒死亡。在叶面喷雾残效期仅有3~5天，但在土壤中可达30天以上，以后被土壤微生物分解，无残留。有50%乳油、25%微胶囊水悬剂、3%和5%颗粒剂四种剂型。

防治食心虫、卷叶蛾、潜叶蛾、毛虫、刺蛾、叶蝉、飞虱、蚜虫等果树害虫，可用50%乳油1000~1500倍液喷雾。防治桃蛀果蛾可用25%辛硫磷微胶囊水悬剂200~300倍液，于桃蛀果蛾越冬幼虫出土盛期在树盘下地面均匀喷洒，随后浅锄。

⚠【注意】 该药剂遇光极易分解失效，应避免在强光下喷药。

（14）机油乳剂 是由95%机油和5%乳化油加工制成的。机油不溶于水，加入乳化剂后，使机油全部分散在乳化剂中，成为棕黄色乳油，可直接加水使用。对害虫主要是触杀作用，机油乳剂喷至虫体或卵壳表面后，形成一层油膜，封闭气孔，使害虫窒息死亡。同时机油中还含有部分不饱和烃类化合物，极易在害虫体内生成酸类物质，使虫体中毒死亡。有95%机油乳剂和95%蚧螨灵乳剂两种剂型。

在苹果萌芽期和梨树花芽膨大期，用95%机油乳剂80～100倍液喷雾，可防治山楂叶螨越冬雌成螨，苹果全爪螨越冬卵和已孵化的若螨，苹果瘤蚜和绣线菊蚜的越冬卵、初孵若虫以及梨二叉蚜越冬卵和初孵若虫，梨木虱越冬代成虫和卵，梨圆蚧等。在桃芽萌动后，用95%机油乳剂100～150倍液喷雾，可防治桃蚜越冬卵和初孵若虫以及桑白蚧若虫。苹果落花后，用95%机油乳剂200倍液喷雾防治苹果全爪螨，也可用于夏季防治柑橘全爪螨。防治枣壁虱、日本龟蜡蚧可用50倍液，防治枣尺蠖可用100～300倍液喷雾。夏季使用机油乳剂，有的树种、品种会发生药害，应先做试验。

（15）加德士敌死虫 属矿物源杀虫剂，是一种矿物油乳剂。喷洒后可在虫体上形成一层油膜，封闭气孔，使害虫窒息死亡。它还能封闭害虫的触角、口器等感触器，使其难以寻找寄主植物和产卵场所，并可在寄主植物表面形成一层油膜，使害虫无法识别寄主植物，从而减少其为害和产卵。该药剂对果树病害的病原菌也有窒息作用，可抑制病原菌孢子萌发，减轻病害发生。本品属低毒类农药，为99.1%乳油剂型，对人畜、蜜蜂、鸟类和植物都比较安全，对天敌毒力小，害虫不易产生抗性。

可用来防治苹果、柑橘等果树上的山楂叶螨、苹果全爪螨、二斑叶螨、柑橘锈螨、瘤螨、苹果绵蚜、绣线菊蚜、梨圆蚧、球坚蚧、吹绵蚧等螨类、蚧类害虫。施用浓度一般为200～300倍液，本品可与大多数杀虫剂、杀菌剂混用，它能减少药液的蒸发，提高农药的附着力，有一定的增效作用。可与阿维菌素、Bt、吡虫啉等药剂混用。

【注意】本药品无内吸性，喷药应均匀周到，叶片、枝条上部都要喷到。当气温超过35℃、刮大风、土壤干旱或树上有露水时都不要喷药。

2. 杀菌剂

（1）多氧霉素（宝丽安、多效霉素、保利霉素、科生霉素） 属农用抗生素类杀菌剂。它是金色链霉菌的代谢产物，主要组分为多氧霉素A和B。杀菌谱广，有良好的内吸传导性能，并有保护和治疗作用，主要干扰病菌的细胞内壁几丁质的合成，抑制病菌产生孢子和病斑扩大，使菌丝体不能正常生长发育而死亡。低毒，无残留，对环境不污染，对天敌和植物安全。有1.5%、2%、3%和10%可湿性粉剂。

可用于防治苹果的斑点落叶病、霉心病，苹果和梨的灰斑病、轮纹病，梨的黑星病，葡萄和草莓的灰霉病等。在发病初期和盛期，用10%的多氧霉素可湿性粉剂1000～1500倍液喷雾。

【注意】喷药次数应根据病情而定，每次喷药间隔为10天左右，最好与波尔多液交替使用。不能与酸、碱性农药混用，全年喷药次数不能超过3次，以免产生抗药性。

（2）农抗120（抗霉菌素） 属农用抗生素类杀菌剂。它是吸水刺孢链霉菌北京变种的代谢产物。主要组分为核苷，它可直接阻碍病原菌蛋白质合成，导致病原菌死亡。对人、畜低毒，无残留，不污染环境，对作物和天敌安全，并有刺激植物生长的作用。有1%、2%、4%水剂3种剂型。

主要用于防治苹果白粉病、炭疽病，葡萄白粉病等，在发病初期，用2%农抗120水剂200倍液喷雾。防治苹果腐烂病，可于早春或晚秋在刮治后的病斑上用2%农抗120水剂30倍液涂抹两次，消毒杀菌，防效较好。

（3）井冈霉素（有效霉素） 是由吸水链霉菌井冈变种产生的

水溶性抗生素（葡萄糖苷类化合物），由A、B、C等6个组分组成，其主要成分为A和B。属高效、低毒杀菌剂，持效期长，耐雨水冲刷，使用安全，无残留，对人、畜低毒，对鱼类、蜜蜂和天敌安全，不污染环境。该药剂内吸性很强，它虽不能直接杀死病菌，但可干扰和抑制菌体细胞的正常生长发育，从而起到治疗作用。有0.33%粉剂，3%、5%、10%水剂，2%、3%、10%、20%等可溶性粉剂，5%井冈霉素A可溶性粉剂等剂型。

可用于防治苹果、梨轮纹病和桃褐斑病、缩叶病等。在发病初期，用5%井冈霉素可溶性粉剂喷雾。

（4）农用链霉素 为放线菌产生的代谢产物，杀菌谱广，特别是对细菌性病害效果较好，具有内吸作用，能渗透到植物体内，并传导到其他部位。对人、畜低毒，对鱼类水生生物毒性也很小。有10%可湿性粉剂等剂型。

可用于防治苹果、梨疫病，在发病初期用10%链霉素可湿性粉剂500~1000倍液喷雾或灌根。防治桃细菌性黑斑病，可在展叶期、落花后和幼果期各喷1次10%链霉素可湿性粉剂1500~2000倍液。防治核果类果树细菌性穿孔病，可在展叶后用500~1000倍液，每隔10天喷1次，连喷2~3次。

（5）中生菌素（农抗751） 是一种淡紫灰链霉素菌海南变种产生的碱性、水溶性N-糖苷类农用抗生素杀菌剂。它可抑制病原菌菌体蛋白质的合成，并能使丝状真菌畸形，抑制孢子萌发和杀死孢子。该药具有广谱、高效、低毒、无污染等特点，对多种细菌及真菌病害具有较好的防治效果。有1%中生菌素水剂等剂型。

可用于防治苹果斑点落叶病、轮纹病、炭疽病等，用1%中生菌素200~300倍液喷雾。不能与碱性农药混用，最好与波尔多液交替使用。

（6）菌毒清（安索菌毒清） 是一种氨基酸类内吸性杀菌剂，有效成分为甘氨酸取代衍生物，杀菌机理是凝固病菌蛋白质，破坏病菌细胞膜，抑制病菌呼吸，使病菌酶系统变性，从而杀死病菌。具有高效、低毒、无残留等特点，并有较好的渗透性，对侵入树皮的潜伏病菌有一定的铲除作用，可用来防治多种真菌、细菌和病毒引起的病害。有5%水剂等剂型。

可用于防治苹果腐烂病等枝干病害。在刮治病斑后，用5%菌毒清水剂30～50倍液涂抹2次，间隔7～10天，具有较好的防治效果，并有强烈的刺激生长作用，能促进伤口愈合，病疤复发率低。也可在早春果树发芽前用5%菌毒清水剂100～200倍液喷洒树干，药液用量控制在滴水程度，可铲除树腐烂病、苹果干腐病、轮纹病、桃流胶病侵入枝干内的病菌。防治苹果根部病害，如由紫纹羽病、白纹羽病及镰刀菌引起的根病，可在春季果树萌芽期和7月用5%菌毒清200～300倍液灌根，能控制病害发展。防治葡萄黑痘病，可用5%菌毒清水剂1000倍液，在葡萄展叶至幼果期每隔15天左右喷药1次，连续喷药可有较好的防治效果。防治葡萄霜霉病、白腐病、炭疽病，在发病初期用500～600倍液喷雾，每隔10天连续喷雾效果较好。

（7）腐必清（松焦油原液） 属松焦油系列产品，有效成分为多酚杂环类化合物，可抑制菌丝扩展和产生孢子。药剂具有渗透性强、耐雨水冲刷、药效长等特点，对果树上多种真菌病害有较好的预防和铲除作用。有涂剂和乳剂等剂型。

主要用于果树枝干腐烂病的防治，在早春萌芽前和落叶后刮治腐烂病斑以后，用腐必清涂剂或乳剂2～3倍液在病斑上涂抹1次，夏季发病期还应在病斑上涂抹1次，重病果园可用乳油50倍液进行全树喷雾防治。

【注意】 本药品易燃，应放置在远离火源的地方。

（8）843康复剂 是由腐殖酸、中药材和化学药剂等复合配方制成的一种杀菌剂。该制剂具有保护树体，增强树体内营养输导和促进愈合能力，复发率低等特点，是一种高效、低毒、低残留的杀菌剂。有4%水剂、2%乳剂两种剂型。

主要用于防治苹果、梨、桃等多种果树枝干病害。如防治腐烂病，可在彻底刮除病斑后，用毛刷将843康复剂均匀地涂抹在病斑伤口上，10～15天再涂抹1次。若病情较重，可在夏季发病期再涂抹1次。

（9）石硫合剂 是一种既能杀菌又能杀虫、杀螨的无机硫制剂，具有灭菌、杀虫和植物保护的功能，对人、畜毒性中等，对植物安全，无残留，不污染环境，病虫不易产生抗性。传统的石硫合剂都是人工熬制，浓度多在22~28波美度。商品石硫合剂是用硫黄、石灰和水在金属触媒作用下，经高温高压加工合成的固体化新剂型，具有使用和运输方便的优点，性能与石硫合剂相同。

在果树休眠期和发芽前，用3~5波美度石硫合剂，可防治苹果树腐烂病、白粉病、炭疽病、锈病，梨黑星病、炭疽病，葡萄黑痘病，山楂花腐病等，并可防治苹果全爪螨的越冬卵及山楂叶螨的出蛰成螨、葡萄瘿螨、梨潜叶壁虱等害虫。在果树生长季节，用0.3~0.5波美度石硫合剂喷雾，可防治苹果轮纹病、锈病，山楂花腐病以及多种果树的细菌性穿孔病、白粉病等，并可兼治山楂叶螨、苹果全爪螨等害螨。

（10）波尔多液 是一种保护性杀菌剂。有效成分为碱式硫酸铜，喷洒药液后在植物体和病菌表面形成一层药膜，该药膜不溶于水，但在二氧化碳、氨、树体及病菌分泌物的作用下，使可溶性铜离子逐渐增加而起杀菌作用。可有效地阻止孢子发芽，防止病菌侵染，并能促使叶片叶色浓绿、生长健壮，提高树体抗病能力。该制剂具有杀菌谱广、持效期长、病菌不会产生抗性、对人畜低毒等特点，是应用历史最长的一种杀菌剂。

波尔多液由硫酸铜、生石灰和水配制而成。生产上常用的波尔多液比例有石灰等量式（硫酸铜:生石灰=1:1）、石灰倍量式（硫酸铜:生石灰=1:2）、石灰半量式（硫酸铜:生石灰=1:0.5）。用水倍数一般为160~240倍。配制方法：配制时准备好能盛200L水和100L水的大小桶各一个，先用一个盆盛1kg轧碎的硫酸铜，倒入5L热水搅拌到全部溶化开，过滤去渣后，倒入小桶内，再加入95L凉水充分搅拌。用另一个盆把5kg生石灰水化成乳状，过滤后倒入大桶内，再将余下的95L凉水加入。最后把硫酸铜溶液慢慢倒入盛石灰水的大桶内，随倒随不断搅拌，使两种溶液充分混合成为天蓝色的波尔多液。果园面积大需要波尔多液量大时，可以建造两个水泥池子，一池在上，一池在下，呈台阶状，每个池子均在近底部装上开关龙头，以便配制和取用配成的药液，上面的池子用水配硫酸铜液，下面的池子配石灰乳液，然后打开上面池子的开关龙头，使稀硫酸铜液缓慢流入石灰乳中，并不断搅拌。

硫酸铜和石灰的比例及在使用时的浓度，因果树种类品种、防治对象、季节、温度的不同而异。

配制时的注意事项：①盛药的容器不可用铁器。②混合药液时，必须把硫酸铜液往石灰液中倒，不可把石灰液倒入硫酸铜液内，否则易发生沉淀。③配好的波尔多液呈天蓝色，使用前可先用磨亮的铁器在药液中试3min，取出后，铁器上没有铜锈就可使用了，如有铜锈应加入石灰水再试，直到铁器上没有铜锈时为止。

【注意】 本剂为保护剂，一定要在发病前喷布。阴雨天不能喷，否则易产生药害，晴天应在上午11点前和下午3点以后喷用。对桃、杏、李等果树，展叶之后不可喷用，以免发生药害。本剂不可与石硫合剂等碱性农药混用，分别使用也必须相隔15～20天。本剂易沉淀，喷用时要经常搅拌。

（11）代森锰锌（喷克、大生M-45、新万生） 均为代森锰和锌离子的络合物，属有机硫类保护性杀菌剂。它可抑制病菌体内丙酮酸的氧化，从而起到杀菌作用。具有高效、低毒、杀菌谱广、病菌不易产生抗性等特点，且对果树缺锰、缺锌症有治疗作用。有70%和80%代森锰锌可湿性粉剂，80%喷克、大生M-45、新万生可湿性粉剂。

在果树发病前和发病初期，用70%或80%代森锰锌（喷克、大生M-45、新万生）800倍液喷雾，可防治苹果斑点病、轮纹病、炭疽病、锈病、霉心病，梨黑心病，桃细菌性穿孔病，葡萄霜霉病、黑痘病、炭疽病等。每15天喷1次，可与其他杀菌剂交替使用。

（12）福星（新星） 属三唑类内吸性杀菌剂，能迅速被叶面吸收，可抑制病菌菌丝生长和孢子形成，并有内吸治疗和保护性能。其作用迅速，对人畜低毒，耐雨水冲刷，不伤害天敌和有益生物。有40%乳油剂型。

在发病初期，用40%福星乳油6000～8000倍液喷雾，可防治梨和苹果黑星病、锈病，苹果斑点落叶病、轮纹病、炭疽病，葡萄白粉病、黑痘病、房枯病等，每10天左右喷1次药。为防止病菌产生抗性，要与其他杀菌剂交替使用。

（13）甲基托布津（甲基硫菌灵） 是有机杂环类内吸性杀菌剂，兼有保护和治疗作用。可向顶部传导，内吸作用好于多菌灵。甲基托布津被植株吸收后即转化为多菌灵，它主要干扰病菌菌丝形成，影响病菌细胞分裂，使细胞壁中毒，孢子萌发长出的芽管畸形，从而杀死病菌，对人、畜、鸟类低毒，对作物和蜜蜂、天敌安全。有70%可湿性粉剂剂型。

70%甲基托布津可湿性粉剂800～1000倍液喷雾，可防治苹果轮纹病、炭疽病、霉心病、白粉病，梨轮纹病、黑星病，葡萄黑痘病、炭疽病、灰霉病等。

【注意】 该药剂不能与碱性农药和含铜制剂混用，避免单一使用，要与其他杀菌剂交替使用，但不可与多菌灵交替使用。

（14）多菌灵 是一种高效、低毒、广谱、内吸性杀菌剂，其性能和特点同甲基托布津。有25%和50%可湿性粉剂两种剂型。

用50%多菌灵可湿性粉剂600～800倍液喷雾，防治对象同甲基托布津。

（15）扑海因 是一种有机杂环类广谱性杀菌剂，它可抑制真菌菌丝体生长和孢子体产生，对病害植株有保护和一定的治疗作用。对人、畜低毒，对蜜蜂、鸟类和天敌安全。扑海因对真菌的作用点较为专化，病菌易产生抗药性，不宜用药次数过多，应及时更换用药品种。有50%可湿性粉剂、25%悬浮剂两种剂型。

可用50%扑海因1000～1500倍液喷雾，防治苹果斑点落叶病，可在春梢生长期病害发生之初开始喷药，10～15天后喷第二次，秋梢生长期再喷1～2次，可兼防轮纹病、炭疽病等。也可用来防治葡萄和苹果灰霉病，梨黑星病等。

（16）粉锈宁（三唑酮、百理通） 是一种高效、内吸性的三唑类杀菌剂，药液被植物吸收后，能迅速在体内传导，具有保护和治疗作用，并有一定的熏蒸和铲除作用。它能抑制和干扰菌体附着孢和吸器的发育，阻止菌丝生长和孢子形成，从而起到杀菌作用。对人、畜低毒，对鱼类低毒，对天敌安全。有15%粉锈宁乳油剂型。

主要用于防治白粉病、锈病等果树病害。防治苹果和梨的白粉病、锈病、黑星病、苹果花腐病，用15%粉锈宁乳油1500～2000倍液，于花前喷1～2次，花后喷2～3次。防治葡萄白粉病，于发芽前后各喷1次1000倍液。防治葡萄炭疽病，在果实着色前喷2～3次1500倍液。

（17）百菌清 是取代苯类的非内吸性广谱杀菌剂，兼有保护和治疗作用，具有一定的熏蒸作用。它主要是破坏真菌细胞中酶的活力，干扰新陈代谢，从而使病菌丧失生命力。对人、畜低毒，对鱼类毒性大，对家蚕安全，耐雨水冲刷，持效期长。有75%可湿性粉剂剂型。主要用来防治苹果炭疽病、轮纹病、早期落叶病、白粉病，葡萄白粉病、黑痘病等。用75%可湿性粉剂600～800倍液喷雾，喷药间隔时间为10～15天。

四 无公害水果的安全质量标准

无公害水果的最直接定义就是水果中的有毒有害物质含量控制在标准规定限量范围内的商品水果。目前有毒有害物质主要指重金属及其他有害物质和农药残留两个方面。国家标准GB 18406.2—2001规定了无公害水果的重金属及其他有害物质限量和农药残留限量。生产无公害甜樱桃可参照该标准（表7-3、表7-4）。

表7-3 无公害水果重金属及其他有害物质限量

项　目	指标/(mg/kg)
砷（以As计）	≤0.5
汞（以Hg计）	≤0.01
铅（以Pb计）	≤0.2
铬（以Cr计）	≤0.5
镉（以Cd计）	≤0.03
氟（以F计）	≤0.5
亚硝酸盐（以$NaNO_2$计）	≤4.0
硝酸盐（以$NaNO_3$计）	≤400

表 7-4　无公害水果农药最大残留限量

项　目	指标/(mg/kg)
马拉硫磷	不得检出
对硫磷	不得检出
甲拌磷	不得检出
甲胺磷	不得检出
久效磷	不得检出
氧化乐果	不得检出
甲基对硫磷	不得检出
克百威	不得检出
水胺硫磷	≤0.02
六六六	≤0.2
DDT	≤0.1
敌敌畏	≤0.2
乐果	≤1.0
杀螟硫磷	≤0.4
倍硫磷	≤0.05
辛硫磷	≤0.05
百菌清	≤1.0
多菌灵	≤0.5
氯氰菊酯	≤2.0
溴氰菊酯	≤0.1
氰戊菊酯	≤0.2
三氟氯氰菊酯	≤0.2

注：未列项目的农药残留限量标准各地区根据本地实际情况按有关规定执行。

第二节　甜樱桃病虫害防治技术

甜樱桃病虫害的防治，首先要重视清理田园工作，也就是在树体萌芽前，彻底清扫果园，将树上和地面的枯枝落叶打扫干净带出园外处理或者烧毁、深埋；其次是重视树体萌芽前的施药，树体发芽前无叶片遮挡，害虫和病菌容易接触药剂，易于杀死越冬害虫和病菌。萌芽前天敌数量少或尚未活动，有利于保护天敌；且此时喷药还能节省农药和用工量。因此，在萌芽前必须喷 1 次 5 波美度石硫合剂，或 45% 晶体石硫合剂 30 倍液，或 70% 索利巴尔可溶性粉剂 80 倍液。

一 甜樱桃病害及其防治技术

甜樱桃的病害根据其病源、发病原因等分为侵染性病害（真菌、细菌、病毒等病害）和非侵染性病害（生理病害、冻害、伤害等）两大类。

1. 侵染性病害

侵染性病害是由真菌、细菌及病毒等病源引起的病害，一般具有再侵染性，主要采用栽培防治和药物防治。

（1）细菌性穿孔病

【症状】 叶片染病，初期在叶背近叶脉处产生浅褐色水渍状小斑点，后叶面也出现，多在叶尖或叶边缘散生。病斑扩大后成为紫褐色至黑色圆形或不规则形病斑，边缘角质化，直径 2mm 左右，病斑周围有水渍状黄绿色晕圈。最后病斑干枯脱落形成穿孔（彩图 26）。有时数个病斑相连，形成一大斑，焦枯脱落后形成一大的穿孔，孔边缘不整齐。该病 5 月发生，7～8 月发病严重。多雨、多雾、通风透光差、排水不良、树势弱、偏施氮肥等甜樱桃园发病较重。有时也为害枝梢。

【传播途径】 病菌在落叶或枝梢上越冬，第二年春季树体开花前后，病菌从坏死的组织内溢出，借风雨或昆虫传播，经叶片气孔侵入，空气相对湿度为 70%～90% 利于发病。

【防治方法】 加强果园管理，增强树势，增施有机肥，合理修剪，改善通风透光条件，及时排水。冬季清除落叶，剪除病梢集中烧毁。发芽前喷布 5 波美度石硫合剂或 45% 晶体石硫合剂 30 倍液；发芽后喷 72% 农用链霉素 3000 倍液，硫酸链霉素 4000 倍液，65% 代森锌 500 倍液，也可用机油乳剂∶代森锰锌∶水 = 10∶1∶500 喷布，除可防治此病外，还可防治介壳虫、叶螨等虫害。采果后若有发生可喷1:1:100硫酸锌石灰液也有良好的防治效果。

（2）樱桃叶斑病 叶斑病主要为害樱桃叶片。

【症状】 发病初期在叶片形成针头大的紫色小斑点，以后扩大，有的相互接合形成圆形褐色病斑，上生黑色小粒点，最后病斑干燥收缩，周缘产生离层，常由此脱落成褐色穿孔，边缘不明显，多提早落叶（彩图27）。

【传播途径】 病菌在受害叶片上越冬，第二年温湿度适宜时产生子囊和子囊孢子，借风雨或水滴传播侵染叶片。该病在7~8月发病最重，可造成早期落叶，落叶严重的会导致树体在8~9月间形成开花现象，或冬季遭受严重的冻害。发病的轻重与树势强弱、降雨量的多少、管理水平等有关。树势弱、雨量多而频、地势低洼、排水不良的果园发病重。保护地甜樱桃还经常因为撤覆盖物时，放风锻炼时间不足而发病重。

【防治方法】 加强综合管理，改善通风透光条件，增强树势，提高树体抗病能力。树体萌芽前彻底清除枯枝、落叶，剪除病枝，予以集中烧毁，消灭越冬菌源。落花后至采果前，喷1~2次70%代森锰锌可湿性粉剂800倍液，或50%多菌灵可湿性粉剂800倍液；采果后，田间湿度大或进入雨季时，喷2~3次1:2:(200~240）石灰倍量式波尔多液，或80%碱式硫酸铜可湿性粉剂600~800倍液，或78%科博可湿性粉剂500倍液，或10%多抗霉素可湿性粉剂1000~1500倍液。

（3）樱桃灰霉病 该病主要为害幼果、叶片或成熟果实。

【症状】 初侵染时病部呈水渍状，果实变褐色，后在病部表面密生灰色霉层，果实软腐脱落，并在表面形成黑色小菌核（彩图28）。

【传播途径】 病菌以菌核及分生孢子在病果上越冬，樱桃展叶后随水滴、雾滴和风雨传播侵染。

【防治方法】 及时清除树上和地面的病叶病果，集中深埋或烧毁。

（4）樱桃褐腐病 樱桃褐腐病，又称灰星病，是引起樱桃果实腐烂的重要病害。

【症状】 主要为害花和果实。花的腐烂要到落花以后才发现，花器变成褐色、干枯，形成灰褐色粉状分生孢子块。果实发病时，幼果和成熟果症状不同。幼果发病时，在落花10天后，果面发生黑褐色斑点，后扩大为茶褐色病斑，不软腐。成熟果发病时，果面初现褐色小斑点，后迅速蔓延发展，引起整果软腐，病果成为僵果悬挂树上（彩图29）。

【传播途径】 病菌以落地病果菌核及树上僵果越冬。第二年春季，从菌核生出长约10cm的碗形子囊盘，盘中产生大量的子囊孢子，随风雨、水滴或农事作业等途径传播。树上越冬僵果，在温度和湿度条件合适时，产生灰褐色的分生孢子。这些越冬菌源生出的子囊孢子和分生孢子，侵染花器，影响果实产量。地表湿润，有利于子囊盘形成，也利于僵果产生分生孢子，从而使花腐较多。特别是成熟期，灌水后遇连阴天、大雾天，易引起果实病害流行。栽植密度大及修剪不当、通风透光条件差的果园发病多。

【防治方法】 及时收集病叶和病果，集中烧毁或深埋，以减少菌源。合理密植及修剪，改善通风透光条件，避免湿气滞留。落花后喷50%农利灵可湿性粉剂600～1000倍液，或50%速克灵可湿性粉剂2000倍液。

（5）樱桃根癌病

【症状】 根癌病是根部肿瘤病。肿瘤多发生在表土下根颈部和主根与侧根连接处或接穗与砧木愈合处（彩图30）。病菌从伤口侵入，形成肿瘤，多为圆形，大小不一，患病的苗木或树体早期地上部分不明显，随病情扩展，肿瘤变大，细根少，树势衰弱，病株矮小，叶色黄化，提早落叶，严重时全株干枯死亡。

【传播途径】 根癌菌是一种土壤农杆菌，细菌单独在土壤中能存活1年，在未分解病残体中可存活2～3年。雨水、灌水、地下害虫、修剪工具、病组织及有病菌的土壤都可传播。低洼地、碱性地、黏土地发病较重。

【防治方法】 禁止调入带病苗木，选用无病苗或抗病砧木（ZY-1、山樱桃、吉塞拉及中国樱桃等）。定植前，用K84菌处理根系防治根癌病的效果很好。感病植株刮除肿瘤后，用K84涂抹病部和根系，并用其菌水灌根，效果较好。加强果园管理，增强树势，提高抗病能力，增施有机肥料，使土壤 pH 保持在 6~7 之间，发病较轻。耕作时，不要损伤根颈部及根颈部附近的根。

（6）樱桃干腐病

【症状】 干腐病多发生在主干、主枝上。发病初期，病斑暗褐色，形状不规则，病皮坚硬，常溢出茶褐色黏液，后病部干缩凹陷，周缘开裂，表面密生小黑点，可烂到木质部，枝干干缩枯死（彩图 31）。

【传播途径】 病菌主要以菌丝体、分生孢子器和子囊壳在病树皮内越冬，第二年春季病菌靠风雨传播，从伤口、枯芽、皮孔侵入。该菌寄生力弱，具潜伏侵染特点，树势弱时发病，树势恢复后，该病则停滞扩展。

【防治方法】 ①栽培防治。加强管理，多施有机肥料，增强树势，提高抗病能力，涂药保护伤口，防止冻害。发芽前喷机油乳剂或 30 倍液的石硫合剂，可铲除各种越冬病菌。5~6 月喷 1∶2∶240 倍波尔多液 2 次进行树体保护。②及时检查并刮治病斑，刮治后涂药保护：托福油膏或腐必治 20 倍液（沸水冲开）或油胂剂或 30% 甲基托布津糊剂、菌敌（9281）4~5 倍液、抗生素 S-921 20~30 倍液。

（7）侵染性流胶病

【症状】 该病主要为害枝干。1 年生嫩枝染病后，以皮孔为中心形成瘤状突起，直径 1~4mm，其上散生小黑点，当年不流胶。第二年 5 月，瘤皮开裂，溢出树脂，由无色半透明逐渐变为茶褐色胶体。多年生枝产生水泡状隆起，直径 1~2cm，并有树胶流出。

【传播途径】 病菌在受害枝里越冬。第二年 3~4 月借风雨传播，从伤口、皮孔、侧芽侵入。

【防治方法】 ①栽培防治。加强管理，增强树势，提高抗病力。②开花前刮除病斑，然后涂抹 50% 退菌特 50g + 50% 硫悬乳剂 250g 混合液，或用 20 波美度石硫合剂原液涂刷刮过的伤口。结合冬剪清除病枝，萌芽前用抗菌剂“402”100 倍液涂刷病斑。在生长期喷 50% 多菌灵可湿性粉剂 800 倍液，或 50% 硫悬浮剂 500 倍液，或 70% 甲基托布津 1000 倍液，每半月喷 1 次，共喷 3~4 次。

（8）立枯病 立枯病又称烂颈病、猝倒病，属苗期病害。主要为害樱桃砧木苗及多种果树砧木苗。

【症状】 苗染病后，初期在茎基部产生椭圆形暗褐色病斑，病苗白天萎蔫，夜间恢复。后期病部凹陷腐烂，绕茎1周，幼苗即倒伏死亡。

【传播途径】 病菌在土壤和病组织中越冬，从种子发芽到出现4~5片真叶期间均可感病，但以子叶期感病较重。幼苗出土后，遇阴雨天气，病菌迅速蔓延，蔬菜地和重茬地易发病。

【防治方法】 应选用无病菌的新地块，或回填沙壤土的地块作苗圃地，避免重茬。播种时使用0.05%炭疽福美药土防治，或70%甲基托布津等做药土防治。每平方米用药8~9g兑土1kg。幼苗发病前期喷药防治，可选用70%土菌消（噁霉灵）可湿性粉剂1000倍液；或50%福美双可湿性粉剂500~750倍液；或70%甲基托布津可湿性粉剂800倍液喷雾，5~7天喷1次，连喷2~3次。

（9）病毒性病害

【症状】 由病毒、类菌原体、立克次氏体引起的病害种类繁多，仅有记载的病就有40多种，不但影响树体生长，影响产量、品质，也影响甜樱桃树的寿命。病毒性病害引发的明显症状为节间缩短、失绿黄化、叶脉白化、小叶、花叶、丛枝，小叶皱缩、卷叶、叶焦枯、枝干裂性溃疡、粗皮、小果等。它是造成甜樱桃树体死亡的主要原因之一，药物防治无效。在我国发病较多的病毒病有李线文斑病、樱桃锉叶病、樱桃矮化病、樱桃皱叶病等。

【传播途径】 主要是嫁接传播，蚜虫，地下线虫等传播，花粉传播，树体修剪、浇水等农事操作传播。

【防治方法】 树体一旦感染病毒性病害，终生不得免除，目前无有效的方法和防治药剂。只能根据发病特点、传播途径进行综合防治。首先是对一经发现或经确认的病株实行严格隔离或挖除；观赏性樱桃是小果病的中间寄主，在甜樱桃栽培区不宜种植这类中间寄主植物；繁育和种植无病毒苗木，是防治病毒病最有效的方法；加强田间管理，增施有机肥料，提高树体抗性，土壤消毒，减少或消灭土壤线虫，注意操作工具的消毒。可喷洒抗病毒类药物，目前在市场有售病毒A、病毒唑等药剂，对减轻症状有一定的效果。

2. 非侵染性病害

非侵染性病害发病的原因比较多，如因涝、旱、低温、高温、树干树根的创伤等原因引起的流胶、裂果、裂干、萎蔫等病症；因土质盐碱、缺素等因素引起的缺素症状等，这类病害都要根据具体的发病原因进行具体的栽培防治。

（1）非侵染性流胶病

【病因】 冻害、病虫害及机械损伤引起的流胶或渍水，施肥不当、修剪过重、结果过多、土壤黏重等引起的树体生理失调都会导致树体流胶。一般4～10月，雨季或长期干旱后偶降暴雨，流胶严重。天牛等枝干害虫蛀孔后引起树体流胶，果实流胶与虫害有关。

【防治方法】 在果园管理、采果等过程中，尽量避免给树体造成伤口，冬季修剪时要少疏大枝，拉枝时防止劈裂；在土壤中耕时，应浅锄，切忌伤大根；加强对天牛等枝干害虫及枝干病害的防治。树体上如果有较大的伤口，早春发芽前将流胶部位病组织刮除，伤口涂45%晶体石硫合剂20倍液，然后涂白铅油或煤焦油保护，可促进伤口快速愈合；及时排涝，加强栽培管理，增强树势；干旱时宜少量多次，及时浇水；雨季及时排水，防止涝灾；耕作上，可进行高畦种植。注意营造防护林。在大风多的地区可选用低干、矮冠的抗风树形和根系发达的砧木，同时采用在树干基部培土和立支柱的办法，预防风害。

> **【提示】** 冬季气温低于－16℃的地区，进行树干涂白或喷水可抵御一定的低温，但当气温降到－20℃以下时，枝干易受冻而干裂流胶，只有进行适当的覆盖，才能有效地防止冻害。

（2）缺素症 甜樱桃在生长发育过程中，既需要大量元素，也需要微量元素。当树体缺乏某种元素时不能正常生长发育，就表现出病症。在肥料种类上给予补充，可缓解其症状并恢复正常生长。但各种元素之间，有时存在相助或拮抗作用，如氮、钙、镁间有相助作用，当一种元素增加会有利于其他两种元素的吸收。而磷、钾、镁之间则有拮抗作用，当土壤中磷过量时，如果不增施钾、镁，树体就会减少对钾、镁的吸收，而表现出缺钾、缺镁的症状。

1）缺氮症。叶片浅绿，较老的叶片呈橙色或紫色，早期脱落。花芽少且质差，果少且小，果实高度着色。可单独追施氮肥。

2）缺钾症。叶片边缘枯焦，从新梢的下部逐渐扩展到上部，中夏至夏末在老树的叶片上先发现枯焦。有时叶片呈青（铜）绿色，进而叶缘与主脉呈平行卷曲褪色，随后呈灼伤状或死亡。果小，着色不良，易裂果。生长季节喷施0.2%～0.3%的磷酸二氢钾，或土壤追施硫酸钾，或在秋季施基肥时掺混其他钾肥。

3）缺硼症。春季出现顶枯，枝梢顶部变短，叶窄小，锯齿不规则，虽然有花，但坐果率低，会造成果肉木栓化、畸形，根系停止生长。应叶面喷施硼砂或土施硼砂。

4）缺锌症。甜樱桃缺锌时，新梢顶端叶片狭窄，枝条纤细，节间短，小叶丛生，呈莲座状，质地厚而脆，有时叶脉呈白或灰白色。土壤追施或叶面喷0.2%～0.4%的硫酸锌。

5）缺铁症。缺铁会影响叶绿素的形成，幼叶叶肉失绿，叶脉仍为绿色，随叶片成熟，症状减轻，树体衰弱。应土施硫酸亚铁。

6）缺镁症。缺镁会影响叶绿素的形成，呈现失绿症。严重时，新梢基部叶片叶脉间失绿并早期脱落。果实中固形物含量、柠檬酸含量和维生素C含量大大降低，影响产量和品质。应叶面喷0.2%～0.4%的硫酸镁或土壤追施少量的硫酸镁。

二 甜樱桃虫害及其防治技术

危害甜樱桃的害虫根据其取食习性，可分为刺吸式害虫、咀嚼式害虫、蛀食性害虫和地下害虫4类。防治时主要是根据其不同的取食习性进行药物防治，或根据其生活规律、特点进行物理、人工等综合防治。

1. 刺吸式害虫

刺吸式害虫的特点是害虫的口器延长，变成细长的针管状，取食时将针式口器刺入叶片、枝条、果实组织中吸取里面的汁液，给树体造成危害。用药物防治这类害虫时，宜使用内吸、触杀兼熏蒸作用的药剂防治。危害樱桃的这类害虫主要有以下几种。

（1）山楂叶螨 又称山楂红蜘蛛、红蜘蛛等。主要为害桃、樱桃、苹果等多种果树。

【形态特征】

① 成螨：雌成螨有冬型、夏型之分。冬型体长0.4~0.5mm，朱红色有光泽。夏型体长0.7mm，暗红色，体背两侧各有一暗褐色斑纹。雄成螨体长0.4mm，尾端尖细，体背两侧有黑绿色斑纹。

② 卵：圆球形，直径0.16~0.17mm。初产时为橙红色，后变为橙黄色。

③ 幼螨：幼螨卵圆形，黄白至浅绿色，足3对。前期若螨卵圆形，浅绿色，体背两侧有深绿色斑纹。后期若螨极似成螨，体色同前期若螨。后期雌若螨体长0.4mm左右，后期雄若螨体长0.3mm左右。

【为害状】 山楂叶螨以成螨、幼螨、若螨吸食芽、叶的汁液为害。受害叶初期出现灰白色失绿斑点，逐渐变成褐色，严重时叶片焦枯，提早脱落。越冬基数过大时，刚萌动的嫩芽受害后，流出红棕色汁液，该芽生长不良，甚至枯死（图7-1）。

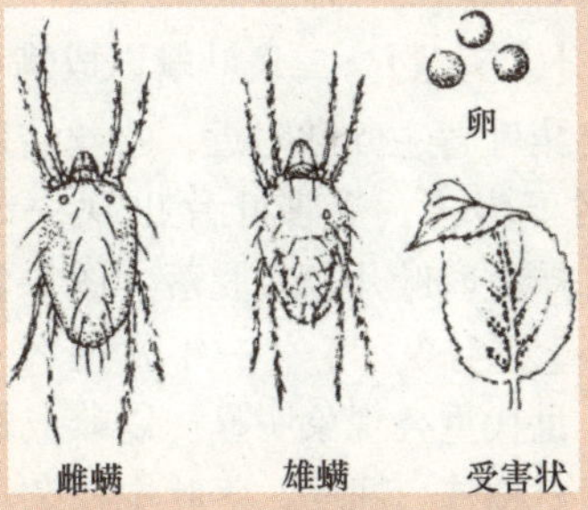

图7-1 山楂红蜘蛛

【发生规律】 一年发生6~9代，以受精的雌成螨在枝干老翘皮下及根颈下的土缝中越冬。樱桃花芽膨大期开始出蛰，至花序伸出期达出蛰盛期，初花至盛花期是产卵盛期。落花后1周左右为第一代卵孵化盛期。第二代以后发生世代重叠现象。果实采收后至8~9月是全年危害最严重时期。至9月中、下旬出现越冬型雌成螨，不久潜伏越冬。山楂叶螨常以小群栖息在叶背为害，以中脉两侧近叶柄处最多。成螨有吐丝结网习性，卵产在丝上。卵期，在春季为10天左右，夏季为5天左右。该虫害干旱年发生重。

【防治方法】 甜樱桃发芽前，刮掉树上翘皮，带出园外立即将翘皮烧毁。花序伸出期喷布24%螨威多悬浮剂4000~5000倍液。落花后，每隔5天左右进行1次螨情调查，平均每叶有成螨1~2只及时喷药防治，可选用10%吡螨胺2000~3000倍液，或35%乙硫苯威浮油600~800倍液，或5%霸螨灵悬浮剂1000~1500倍液防治。

（2）二斑叶螨 又称白蜘蛛，是20世纪80年代中期从国外传入我国的新害螨，主要为害樱桃、桃、李、杏、苹果等多种果树和农作物，寄主广泛。

【形态特征】

① 成螨：雌成螨为椭圆形，体长约0.5mm，灰白色，体背两侧各有一个褐色斑块，越冬型雌成螨体色为橙黄色，褐斑消失。雄成螨呈菱形，体长约0.3mm。

② 卵：圆球形，直径0.1mm，初期为白色，逐渐变为浅黄色，有光泽。孵化前出现2个暗红色眼点。

③ 幼螨和若螨：幼螨半球形，黄白色，有3对足。若螨体为椭圆形，黄绿色，体背显现褐斑，有4对足。

【为害状】 二斑叶螨以成螨和若螨刺吸嫩芽、叶片汁液为害，喜群集叶背主叶脉附近，吐丝结网并于网下为害，受害叶片出现失绿斑点，严重时叶片灰黄脱落（图7-2）。

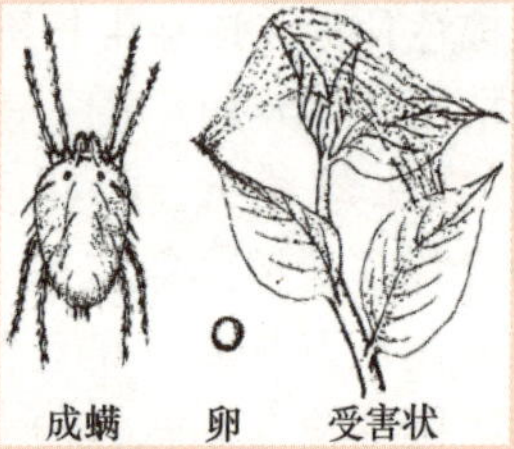

图7-2 二斑叶螨

【发生规律】 一年发生8~10代，世代重叠现象明显。以雌成螨在土缝、枯枝、翘皮、落叶中或杂草宿根、叶腋间越冬。当日平均气温达10℃时开始出蛰；温度达20℃以上时，繁殖速度加快；达27℃以上时，干旱少雨条件下为害猖獗。二斑叶螨为害期是在采果前后，8月危害严重。从卵到成螨的发育，历时仅为7.5天。成螨产卵于叶片背面。幼螨、若螨孵化后即可刺吸叶片汁液，虫口密度大时，成螨有吐丝结网的习性，并在丝网上爬行。

【防治方法】 清除枯枝落叶和杂草集中烧毁，结合秋春树盘松土和灌溉消灭越冬雌虫，降低越冬基数。落花后喷1次0.5%阿维菌素3000倍液，在害螨发生期用1.8%阿维菌素乳油4000倍液，或15%辛·

阿维乳油1000倍液防治。无论是哪种药剂，都必须将药液均匀喷到叶背、叶面及枝干上。该虫害发生严重时，可连续防治2~3次。

(3) 介壳虫类 如桑白蚧、梨圆蚧、草覆蚧、龟蜡蚧等。这里重点介绍桑白蚧。桑白蚧，又名桑盾蚧、树虱子。主要为害樱桃、桃、杏等核果类果树。

【形态特征】

① 成虫：雌成虫介壳灰白色，扁圆形，直径约2mm，背隆起，壳点黄褐色，位于介壳中央偏侧。壳下虫体枯黄色，扁椭圆形无翅，足、触角均退化。雄成虫介壳细长约1mm，灰白色，壳点在前端，羽化后虫体枯黄色，有翅可飞，前翅膜质，眼黑色。

② 卵：椭圆形、橘红色，长径约0.3mm。

③ 若虫：初孵若虫体扁卵圆形，长约0.3mm，浅黄褐色，能爬行。蜕皮后的2龄若虫，开始分泌介壳。雄虫蜕皮时其壳似白粉层。

【为害状】 桑白蚧以雌成虫和若虫群集固定在枝条和树干上吸食汁液为害，叶片和果实上发生较少。枝条和树干受害后树势衰弱，严重时枝条干枯死亡，一旦发生而又不采用有效措施防治，则会在3~5年内使全园被毁（图7-3）。

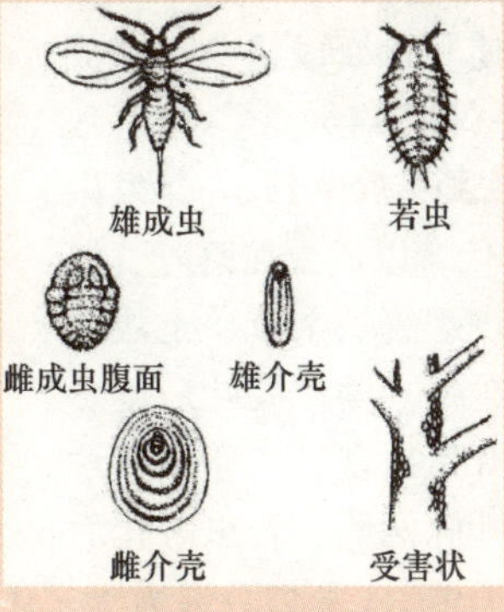

图7-3 桑白介壳虫

【发生规律】 一年发生2~3代，以受精雌成虫在枝条上越冬，第二年树体萌动后开始吸食为害，虫体迅速膨大，并产卵于介壳下，每只雌成虫可产卵百余粒。初孵化的若虫在雌介壳下停留数小时后逐渐爬出，分散活动1~2天后即固定在枝条上为害。约经5~7天开始分泌出绵状白色蜡粉，覆盖整个体表，随即蜕皮继续吸食，并分泌蜡质形成介壳。温室内第一代卵在3月下旬开始孵化，第二代卵孵化期在6月上旬，第三代卵孵化期在7月中旬。

【防治方法】 发芽前喷5波美度石硫合剂，或99%绿颖乳油及99.1%敌死虫乳油100~200倍液防治。结合修剪，剪除有虫枝条，或用硬毛刷刷除越冬成虫。采收后喷布28%蚧宝乳油1000倍液，或40%速蚧杀乳油1000倍液进行防治。

（4）梨花网蝽 又名梨网蝽、军配虫。主要为害梨、苹果和樱桃等多种果树。

【形态特征】

① 成虫：成虫体长3.5mm，黑褐色。前胸两侧扩张呈扇状，上有网状花纹，前翅平盖于身体上也布满花纹，由于两翅重叠，翅上的花纹构成一个“X”形纹。

② 卵：椭圆形，一端弯曲，长约0.6mm，浅黄色，产于叶背组织内，从叶片背面看，只能见到黑色的小斑点（卵的开口处）。

③ 若虫：与成虫相似，无翅，腹部两侧有刺状突起。

【为害状】 以成虫和若虫在叶背面吸食汁液为害，使叶片失绿，正面呈现苍白斑点，叶背布满黑褐色粪便，受害严重时，使叶片变成褐色，造成枯落（图7-4）。

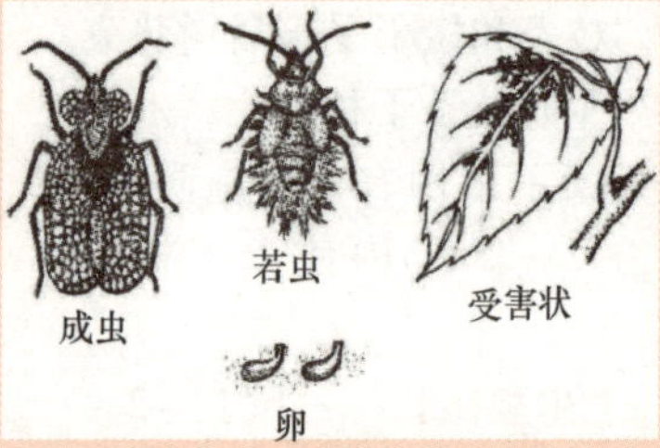

图7-4 梨花网蝽

【发生规律】 一年发生3~4代，以成虫在落叶、树干翘皮裂缝、杂草、土块缝隙中越冬。樱桃展叶后越冬成虫开始出现，产卵于叶片背面叶脉两侧。若虫孵化后群集为害，4龄后分散为害。从6~10月各虫态都同时存在，以6~8月危害最重。

【防治方法】 彻底清园，清除落叶杂草、刮除翘皮，清除后翻树盘消灭越冬成虫。越冬成虫出蛰上树时，和第一代若虫全部孵出，而第一代成虫仅个别出现时喷药防治。可喷布20%氰戊菊酯2000倍液，结合防治叶螨还可喷布20%灭扫利乳油2000倍液。

（5）绿盲蝽 又称绿蝽象、小臭虫，属杂食性害虫。主要为害樱桃、苹果、葡萄等多种果树及蔬菜等。

【形态特征】

① 成虫：体长5mm，绿色，头呈三角形，黄褐色，复眼突出，黑色。触角丝状，4节，前胸背板深绿色，密布许多小黑点。前翅绿色，膜质部分为暗灰色，足黄绿色。

② 卵：口袋状，长约1mm，黄绿色。

③ 若虫：绿色，体形与成虫相似，3龄若虫出现翅芽。

【为害状】 以成虫和若虫刺吸嫩梢、嫩叶和幼果的汁液为害。受害处初期出现褐色小斑点，随叶片生长，褐色斑点处破裂，轻则穿孔，重则呈破碎状。幼果受害后，形成小黑点，随果实增大，出现不规则的锈斑，严重时呈畸形生长（图7-5）。

【发生规律】 一年发生3~5代，以卵在剪锯口、断枝、茎髓部越冬。露地早春在4月上旬越冬卵开始孵化，5月上旬开始出现成虫，并产卵繁殖开始为害。温室内一般在展叶后开始为害。成虫活动敏捷，受惊后迅速躲避，不易被发现。绿盲蝽有趋嫩趋湿习性，无嫩梢时则转移至杂草及蔬菜上为害。

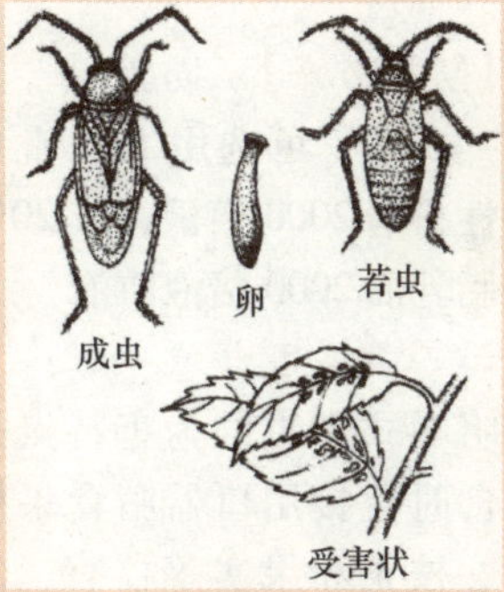

图7-5 绿盲蝽

【防治方法】 清除杂草，降低园内湿度。发现新梢嫩叶有褐色斑点时，可喷布10%吡虫啉可湿性粉剂3000倍液，或2.5%扑虱蚜可湿性粉剂2000倍液。

（6）大青叶蝉 又名跳蝉、大绿叶蝉、大绿浮尘子。主要为害樱桃、桃、李、杏等多种果树。

【形态特征】

① 成虫：体绿色，复眼大，黑褐色，头顶有2个红色单眼，单眼间有2个多角形斑。前翅绿色，端部色浅、半透明。前翅、后翅及腹部背面为黑色。腹部两侧及腹面为橙黄色，体长7~10mm。

② 卵：香蕉状，长1mm，初产时为乳白色，孵化前出现红色

眼点。

③ 若虫：共5龄，1龄若虫灰白色，复眼黑褐色，3龄若虫黄绿色，出现翅芽，胸、腹部背面有4条暗褐色纵条纹。5龄时翅芽超过第二腹节，体长7mm，似成虫。

【为害状】 以成虫和若虫吸食枝、叶汁液为害，晚秋当成虫越冬产卵时，用锯状产卵器将枝条皮层划成弯月形开口在其内产卵，造成枝干损伤，形成泡状突起伤疤，使枝条失水，轻者生长衰弱，重者抽干枯死（图7-6）。

【发生规律】 一年发生3代，以卵在枝干的皮层下越冬，春季孵化为若虫，若虫和成虫以杂草为食，果树发芽后迁至树上为害，露地甜樱桃园和苗圃发生较重。第一代成虫发生在5月，第二代发生在7月，第三代在9～10月出现。

【防治方法】 防治重要时期为9～10月，可选用10%吡虫啉可湿性粉剂2000倍液，或20%氰戊菊脂乳油2000倍液防治。

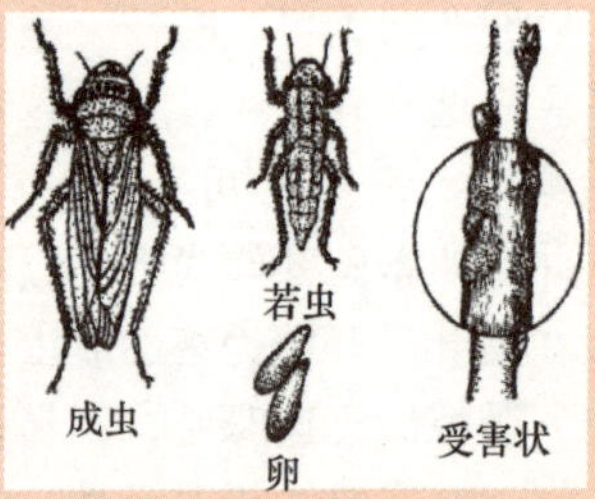

图7-6 大青叶蝉

2. 咀嚼式害虫

咀嚼式害虫的为害特点是害虫取食时直接用口器啃食果树的叶片、枝条和果实等器官，使叶片等受害部位出现明显的伤口，给树体造成危害。用药物防治这类害虫时，宜使用具有胃毒兼触杀、熏蒸作用的药剂防治。这类害虫主要有刺蛾、舟形毛虫、金龟子类、象甲、卷叶蛾类、天幕毛虫、黄尾毒蛾、美国白蛾及尺蠖等。

(1) 刺蛾 俗称洋辣子。其种类很多，有黄刺蛾、青刺蛾和扁刺蛾等。主要为害樱桃、苹果、梨等多种果树（图7-7、图7-8）。

【形态特征】

1）黄刺蛾

① 成虫：体黄色，前翅内半部黄色，外半部黄褐色，顶角处有一“人”字形斑斜伸向后缘，体长14～15mm。

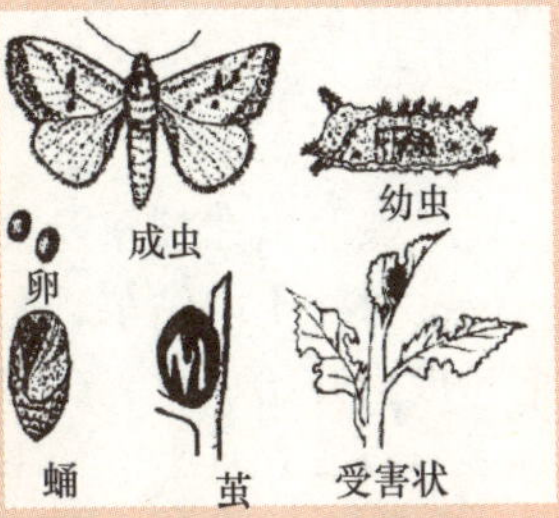

图 7-7　黄刺蛾

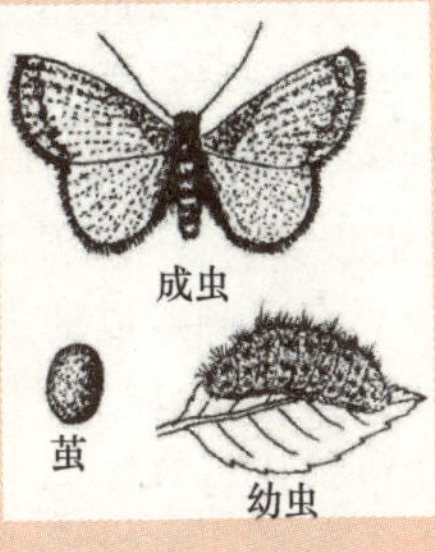

图 7-8　青刺蛾

② 卵：椭圆形，扁平，长径 1mm 左右，黄绿色。

③ 幼虫：黄绿色，体背有紫褐色哑铃形大斑，头小，胸足退化、极小，腹足完全消失，胴部除第一节外，各体节有 4 个横列的肉质枝刺，上生刺毛，体长 25mm 左右。

④ 蛹和茧：蛹椭圆形，黄褐色，体长约 12mm。茧为卵圆形，似雀蛋，质地坚硬，表面光滑，灰白色，有 3 ~ 5 条褐色长短不一的斑纹。

2）青刺蛾

① 成虫：头胸部绿色，背中有一条浅褐色纵线。前翅绿色，基部褐色，外缘浅褐色，其边缘为波纹状，呈二度曲折，体长 16mm。

② 卵：椭圆形，扁平，黄白色，长径约 1. 5mm。

③ 幼虫：头部黄褐色，体黄绿色，体背中央有一条浅绿色纵带，两侧有深蓝色小点，体长约 25mm。

④ 蛹和茧：蛹为椭圆形，黄褐色，体长约 13mm。茧为卵圆形，灰褐色。

3）扁刺蛾

① 成虫：体灰褐色。前翅从前缘至后缘有一条向内倾斜的褐色条纹，前翅斜纹内侧略靠上方有一褐点，体长 13 ~ 18mm。

② 卵：椭圆形，扁平，长径 0. 5mm 左右，黄白色。

③ 幼虫：体长 25mm 左右，扁椭圆形，背稍隆起，体绿色，背线白色，边缘蓝色，第四节背面两侧各有一红点。

④ 蛹和茧：蛹的体长约 13mm，近椭圆形，黄褐色。茧为椭圆

形，似雀蛋，暗褐色。

【为害状】 以幼虫取食叶肉为害，低龄幼虫在叶背啃食叶肉，残留上表皮或叶脉，受害叶呈网状。幼虫长大后，食量增加，叶片被咬成缺刻，严重时仅留叶柄。

【发生规律】 一年发生1~2代，以老熟幼虫在枝条及枝杈处结茧越冬，只有扁刺蛾以幼虫在树下3~6cm深处土内结茧越冬。樱桃展叶后幼虫开始化蛹，5月末或6月上旬成虫开始羽化，产卵于叶片背面。幼虫孵化后群集为害，长大后分散为害。6月中下旬至8月上旬为幼虫为害期。温室扣棚期间一般不发生为害。

【防治方法】 结合修剪摘除枝条上的越冬虫茧，带出园外烧毁。幼虫发生期喷药防治。可喷布20%氰戊菊酯2000倍液，结合防治叶螨还可喷布20%灭扫利乳油2000倍液。

（2）舟形毛虫 又称苹果天社蛾、举尾虫等，主要为害樱桃、李、杏、苹果、梨等多种果树。

【形态特征】

① 成虫：雌蛾体长30mm，翅展50mm，雄蛾体小，全体黄白色，复眼黑色，触角褐色。前翅银白稍带黄色，近基部中央有一个银灰色近椭圆形斑。

② 卵：球形，直径约1mm，初产时浅绿色，近孵化时呈灰褐色，常数十粒整齐排成块，产于叶背。

③ 幼虫：体长50~55mm，胸和腹部背面紫黑色，侧面有紫红微带黄色纵条纹，腹面紫红色，各节生有黄白色长毛。静止时幼虫头、尾两端翘起似船形。初孵化幼虫土黄色，2龄后变紫红色。

④ 蛹：体长约23mm，暗红褐色，全体密布刻点。

【为害状】 以幼虫取食叶片为害，低龄幼虫咬食叶肉，受害叶片仅剩表皮和叶脉，呈网状；幼虫稍大便咬食全叶，仅剩下叶柄，发生严重时可将全树叶片吃光（图7-9）。

【发生规律】 一年发生1代，以蛹在树下7cm深土层内越冬，若地表坚硬时，则在枯草丛中、落叶、土块或石块下越冬。第二年7月上旬至8月中旬羽化，交尾后1~3天产卵，卵产于叶背，卵期7~8天，幼虫3龄前群集于叶背，白天和夜间取食，群集静止的幼虫沿叶缘整齐排列，头尾上翘，受惊扰时成群吐丝下垂。3龄后逐渐分散取食。9月老熟幼虫沿树干爬下入土化蛹越冬。

【防治方法】 1~3龄幼虫为害期摘除虫叶或振落幼虫集中消灭。对虫群喷布20%氰戊菊酯乳油2000倍液，或2.5%溴氰菊酯乳油2500倍液，低龄幼虫可选用灭幼脲Ⅲ号防治。

（3）金龟子 俗称瞎撞、金壳虫、金盖虫等。其种类很多，有黑绒金龟、苹毛金龟、铜绿金龟等（图7-10），主要为害多种果树的花、叶片及果实。

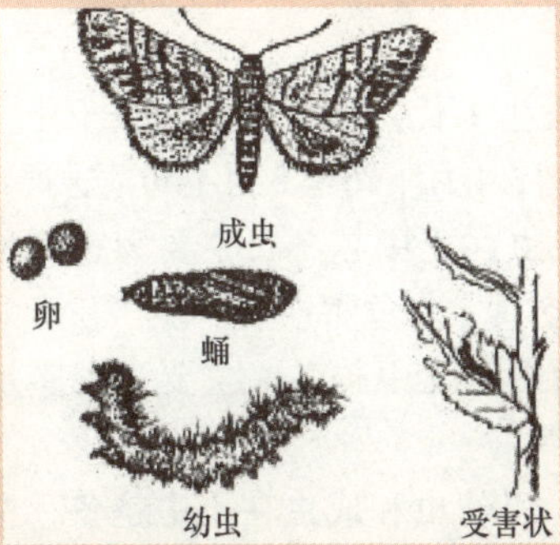

图7-9 舟形毛虫

图7-10 金龟子

【形态特征】

1）黑绒金龟。成虫体长8mm，黑褐色，密被短绒毛，有光泽，俗称缎子马褂，鞘翅上有纵行隆起线。

2）苹毛金龟。成虫体长10mm左右，头胸部背面紫铜色，鞘翅茶褐色，有光泽。由鞘翅上可透视出折叠成“V”形的后翅。

3）铜绿金龟。成虫体长18mm左右，背面铜绿色，有光泽，前胸背板两侧边缘黄色。

4）灰粉鳃金龟。体长28mm，长椭圆形，赤褐色，密被灰白短绒毛，易擦掉。

【为害状】 黑绒金龟主要为害苗圃幼苗，苹毛金龟主要为害花朵和叶片。铜绿金龟和灰粉鳃金龟主要为害叶片。受害叶片出现破洞、缺刻，严重时被吃光，花受害后，花瓣、雄雌蕊和子房全被食光（图7-11）。

图 7-11　金龟子为害状

【发生规律】　黑绒金龟一年发生 1 代，以幼虫或成虫于土中越冬，主要为害苗圃幼苗和露地樱桃树，4 月下旬至 6 月上旬危害严重。

苹毛金龟一年发生 1 代，以成虫在土中越冬，主要为害露地樱桃花，其次为害叶片，4 月中旬至 5 月上旬危害严重。

铜绿金龟一年发生 1 代，以幼虫于土中越冬，主要为害露地樱桃叶片，5 月下旬至 6 月中旬危害严重。

灰粉鳃金龟 3 ~ 4 年发生 1 代，以幼虫和成虫在土中越冬，主要为害露地樱桃叶片，6 ~ 7 月危害严重。

【防治方法】　成虫发生期，利用其假死习性，组织人力于清晨或傍晚振落捕杀，集中消灭。发生期喷 10% 乙氰菊酯乳油 500 ~ 1000 倍液防治。苗圃发生黑绒金龟时，还可用长约 60cm 的杨树枝沾 50% 敌敌畏乳油 500 倍液（沾 2h），然后分散安插在苗圃内诱杀成虫。

（4）象甲　俗称象鼻虫、尖嘴虫、放牛小、灰老道。其种类很多，有大灰象甲和蒙古灰象甲等，主要为害樱桃、桃等果树，是苗圃内春季发生的主要害虫。

【形态特征】

1）大灰象甲。成虫体长 10mm，全体密被灰白色鳞毛，头管粗短，触角膝状。鞘翅卵圆形，末端较尖，每侧各有 10 条刻点，并有明显的褐色短纵斑纹。

2）蒙古灰象甲。成虫体长 7mm，灰褐色。头管较粗，表面有一纵沟。鞘翅略呈卵形，末端稍尖，表面密生黄褐色绒毛，并散生有褐色鳞片与绒毛，形成不规则的斑纹，并有 10 条刻点。

【为害状】 以成虫为害苗木的新芽、嫩叶，受害新芽不萌发枝条，重则全部吃光（图 7-12）。

【发生规律】 一年发生 1 代，以成虫在土内越冬，4 月出蛰，先取食杂草，树体发芽后，爬行至树上为害新芽和叶片。6 月间大量产卵于叶背，少量产卵于土内。幼虫取食细根和腐殖质，并做土室化蛹，羽化后的成虫当年不出土，即进入越冬状态。

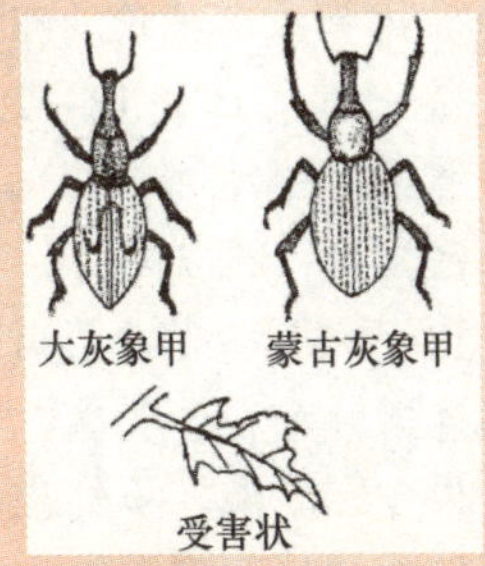

图 7-12 象甲

【防治方法】 早晨或傍晚人工捕杀树上成虫，集中消灭。为防止当年定植苗木的嫩芽、幼叶受害。定植后于苗木主干基部接近地面处，用报纸扎一伞状纸套，阻止成虫上芽为害，或套塑料袋防止为害。

成虫出土前，在树干周围地面撒 5% 辛硫磷颗粒剂 1.5 ~ 2.5kg 加细土拌匀，均匀撒于地面，或 2.5% 敌百虫粉剂，每株幼树用粉剂 100g。成虫发生期喷布 50% 辛硫磷乳油 1500 倍液，或 50% 杀螟松乳油 1000 倍液防治。

(5) 卷叶蛾 又称卷叶虫，其种类有苹小卷叶蛾和褐卷叶蛾等。主要为害樱桃、桃、杏、李、苹果、梨等多种果树。

【形态特征】

1）苹小卷叶蛾。

① 成虫：体长 6 ~ 8mm，体色棕黄色或黄褐色。前翅基部褐色，中部有一褐色宽横带。

② 卵：椭圆形，长径 0.7mm，浅黄色，半透明，近孵化期变黑褐色，数十粒卵排列成鱼鳞状的卵块。

③ 幼虫：体长 13 ~ 18mm，头较小，浅黄绿色，胸腹部绿色，臀栉 6 ~ 8 齿。

④ 蛹：体长 9 ~ 11mm，黄褐色。腹部 3 ~ 8 节的背面具有两列刺突；后排刺突极细小，排列极紧密（图 7-13）。

2）褐卷叶蛾。

① 成虫：体长8~11mm，体及前翅褐色，后翅灰褐色。

② 卵：扁椭圆形，长径0.9mm，浅黄绿色，近孵化期灰色，数十粒卵排列成鱼鳞状的卵块。

③ 幼虫：体长18~22mm，头略呈方形，体绿色，臀栉4~5齿。

④ 蛹：体长9~11mm，头、胸部背面深褐色，腹面稍带绿色，腹部浅褐色（图7-14）。

【为害状】 苹小卷叶蛾和褐卷叶蛾以幼虫出蛰后食害嫩芽，吐丝缀连嫩叶和花蕾为害，使叶片和花蕾呈缺刻状。幼果期幼虫尚可啃食果皮和果肉。小幼虫为害使果面呈小坑洼状，幼虫稍大后为害果面呈片状的凹陷大伤疤。

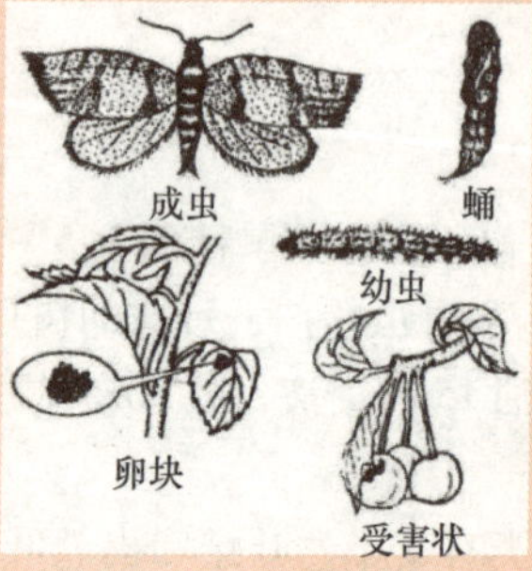

图7-13　苹小卷叶蛾

图7-14　褐卷叶蛾

【发生规律】 一年发生2~3代。以小幼虫在翘皮缝、剪锯口等缝隙中结白色虫茧越冬。花芽开绽时，幼虫开始出蛰，幼虫为害嫩芽、嫩叶及花蕾。展叶后缀连叶片为害并在两叶重叠处或卷叶中化蛹。卵产于叶片背面，卵期6~7天。初孵化幼虫数只至十余只在叶背中脉附近啃食叶肉。发育至3龄后，部分幼虫爬至两果之间、果叶相接处或梗洼中啃食果肉及果皮。9月中、下旬幼虫陆续作茧越冬。成虫有趋光性和趋化性，对果汁液、糖醋液及酒糟水均有较强的趋性。幼虫受触动立即吐丝下垂。

【防治方法】 发芽前，彻底刮掉树上翘皮（包括潜皮蛾等害虫为害造成的各种爆皮），刮掉的皮及时烧毁，以消灭越冬幼虫。

发芽前用拟除虫菊酯类杀虫剂1000倍液在剪口、锯口及翘皮处涂抹，杀死茧中越冬幼虫。出蛰期结合防治山楂叶螨可在花序分离期喷药，选用的药剂有10%氯氰菊酯乳油2000倍液，20%灭扫利乳油2500倍液，10%天王星乳油2500倍液。如果只防治卷叶虫可喷25%灭幼脲Ⅲ号1500倍液，或20%氰戊菊酯乳油4000倍液，或20%阿维·灭幼脲可湿性粉剂1500~2000倍液。

（6）天幕毛虫 又称枯叶蛾，俗称春粘虫、顶针虫。主要为害樱桃、桃、李、杏、苹果、梨等多种果树。

【形态特征】

① 成虫：成虫为雌雄异形。雌蛾体长约20mm，体褐色。前翅褐色，中部有两条浅褐色横线，两线之间为深褐色宽带。雄蛾体长约16mm，体黄褐色。前翅黄褐色，中部有两条深褐色横线，两线间色泽稍深，形成一宽带（图7-15）。

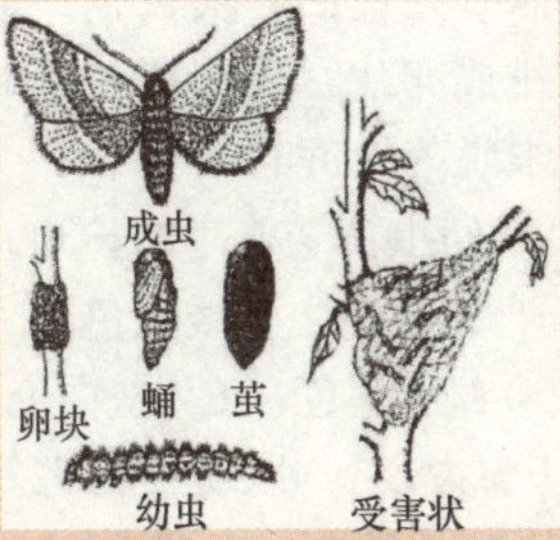

图7-15 天幕毛虫

② 卵：圆筒形，灰白色。直径约0.3mm，高约1.3mm，约200粒围绕枝梢密集成一环状卵块，状似顶针，越冬后为深灰色。

③ 幼虫：体长50~55mm，体背中央有一条白色纵线，其两侧各有一条橙红色纵线，体上生有许多黄白色毛。初孵幼虫体黑色。

④ 蛹：体长17~20mm，黄褐色，被有浅褐色短毛，外面包有黄白色丝茧，茧上附有粉状物。

【为害状】 以幼虫群集在枝杈处吐丝结网为害叶片，状似天幕。芽、叶受害后残缺不全，叶片集中成片受害，严重时主、侧枝等大枝上的叶片被食光。

【发生规律】 一年发生1代，樱桃展叶后，以完成胚胎发育的幼虫在卵壳中越冬。幼虫从卵壳中钻出，先在卵环附近吐丝结网并取食嫩叶嫩芽。白天潜居网幕内，晚间出来取食。一处叶片食尽后，再移至另一片为害。幼虫期6龄左右，虫龄越大，取食量越大，易暴食成灾。近老熟时分散为害。幼虫老熟后，在叶背面或杂草中结茧化蛹，蛹期12天左右，羽化后在当年生枝条上产卵。

【防治方法】 结合冬剪，剪除卵环带出园外烧毁。在幼虫为害期及时发现幼虫群，人工捕捉或喷药防治。药剂防治可喷布20%氰戊菊酯乳油2000倍液，或2.5%溴氰菊酯乳油2500倍液。

(7) 黄尾毒蛾 又名盗毒蛾。主要为害樱桃、苹果、梨、桃、杏、李等多种果树和林木。

【形态特征】

① 成虫：体长13~15mm，体、翅均为白色，腹末有金黄色毛。前翅后缘有两个黑褐色斑，有的只有1个，也有的全部消失（图7-16）。

② 卵：扁圆形，直径约1mm，中央稍凹，灰黄色，数十粒排成卵块，表面覆盖有雌虫腹末脱落的黄毛。

③ 幼虫：老熟时体长30~40mm，体黑色，背线红色。

④ 蛹：褐色，茧为灰白色。

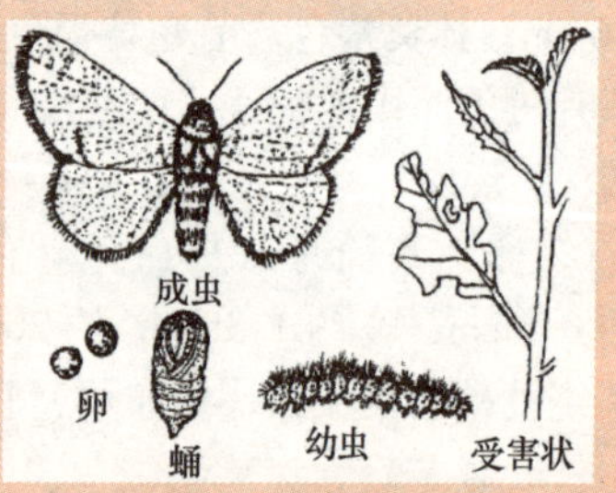

图7-16 黄尾毒蛾

【为害状】 以幼虫为害新芽、嫩叶，被食叶呈缺刻状或只剩叶脉。

发生规律：一年发生2~3代。以3、4龄幼虫结灰白色茧在树皮裂缝或枯叶里越冬。樱桃发芽时，越冬幼虫开始出蛰为害，5月中旬至6月上旬作茧化蛹，6月上、中旬成虫羽化，在枝干上或叶背产卵；幼虫孵出后群集为害，稍大后分散为害。8~9月出现下一代成虫，产卵孵化的幼虫为害一段时间后，在树干隐蔽处越冬。

【防治方法】 刮除老翘皮，防治越冬幼虫。幼虫为害期人工捕杀；发生数量多时，可喷布20%氰戊菊酯乳油2000倍液，或2.5%溴氰菊酯乳油2500倍液防治。

(8) 美国白蛾 又名秋幕毛虫。食性杂，主要为害林业树木，近年来在樱桃、梨等果园中经常发生。

【形态特征】 成虫体长12mm，白色，腹面黑或褐色；卵，近球形，浅绿或浅黄绿色，300～500粒成块；幼虫体长25～30mm，头部黑色，体细长具毛簇瘤（图7-17）。

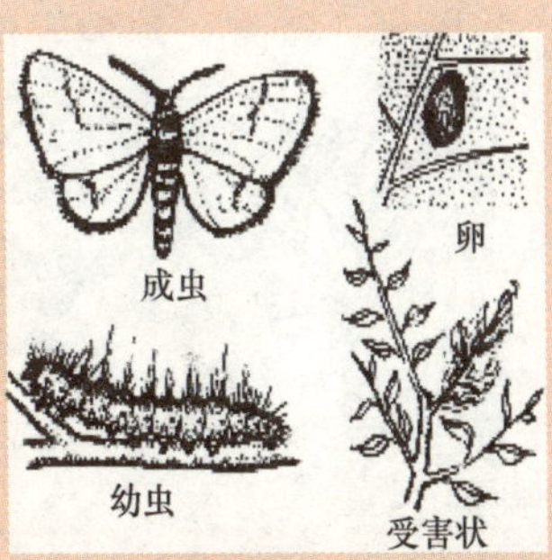

图7-17 美国白蛾

【为害状】 以幼虫群集结网为害，1～4龄幼虫营网巢群集啃食叶肉，受害叶呈网状，5龄后分散为害，树叶常被吃光。

【发生规律】 一年发生2代，以茧、蛹于树下各种缝隙、枯枝落叶中越冬。第一代幼虫发生于5月下旬至7月，第二代幼虫发生在8～9月。成虫借风力传播，幼虫、蛹可随苗木、果品、林木及包装器材等运输扩散传播。

【防治方法】 加强植物检疫工作；早春清扫果园、翻地、除草、刮皮等消灭越冬茧、蛹；黑光灯诱杀；及时采收卵块，剪除烧毁虫巢卵幕。幼虫发生期喷洒2.5%溴氰菊酯乳油2500倍液，或20%除虫脲悬浮剂1500倍液防治。

(9) 尺蠖 又称造桥虫、丈量虫，其种类主要有枣尺蠖和梨尺蠖等，为害苹果、梨、樱桃、桃、杏等多种果树。

【形态特征】

1）枣尺蠖。雌雄异型，雌蛾体长15mm，前后翅均退化，灰褐色，雄蛾体长13mm，体和翅灰褐色；卵，椭圆形，初为浅绿色，近孵化时呈暗黑灰色，数十粒至数百粒聚集成块；老熟幼虫体长40mm，灰绿色（图7-18）。

2）梨尺蠖。雌蛾体长7～12mm，无翅，灰褐色，雄蛾体长9～15mm，灰褐色；幼虫体长28～31mm，灰黑色（图7-19）。

【为害状】 枣尺蠖和梨尺蠖均以幼虫为害嫩枝、芽和叶，受害叶呈缺刻状。

【发生规律】 一年发生1代，以蛹在树下土中越冬，4月上中旬为羽化盛期，雌蛾傍晚顺着树干爬到树上，等待雄蛾交尾。卵多产在树冠枝杈、粗皮裂缝处。幼虫的危害盛期为4月下旬至5月上旬。

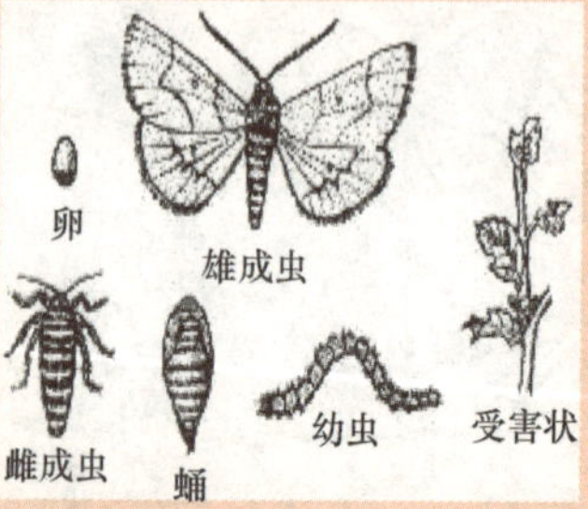

图7-18 枣尺蠖

图7-19 梨尺蠖

【防治方法】 人工捕捉幼虫，或在成虫羽化前，在树干基部缠塑料薄膜，阻止雌蛾上树。也可根据产卵习性，在塑料膜带下或在树裙下捆草绳2圈，或束草把，诱集雌蛾产卵，每半月更换一次草绳，集中烧毁，共换3次，更换时刮除树皮缝中的卵块。在幼虫3龄前，树上喷布25%灭幼脲Ⅲ号悬浮剂1500~2000倍液。

3. 蛀食性害虫

蛀食性害虫为害的特点是取食时直接用口器啃食果树的枝干和果实等器官，并蛀入枝干和果实或者叶片内部为害。

防治这类害虫主要以人工防治和物理防治为主，用药物防治时，宜使用胃毒兼触杀、熏蒸作用的药剂，且最好在害虫蛀入树体前防治。这类害虫主要有梨小食心虫、红颈天牛、桑天牛、潜叶蛾等。

(1) 梨小食心虫 又名折梢虫，简称梨小。主要为害桃、樱桃、李、梨等果树嫩梢。

【形态特征】

① 成虫：体长4~6mm，灰褐色，前翅前缘有8~10条白色斜纹，翅中央近外缘1/3处有一个灰白色斑点，近外缘有10个小黑点，后翅灰白色（图7-20）。

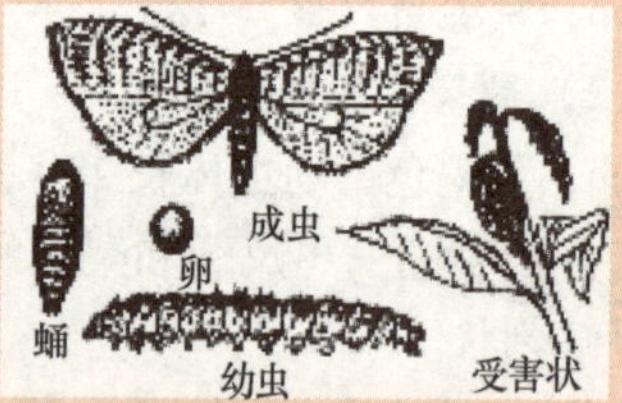

图7-20 梨小食心虫

② 卵：圆形至椭圆形，中

央稍隆起，直径约0.8mm，初产时为乳白色，半透明，以后变为浅黄色，孵化前可见到幼虫灰褐色的头部。

③ 幼虫：低龄幼虫白色，头和前胸背板黑褐色，随虫龄的增大，虫体稍呈粉红色，老熟幼虫体长10～13mm，浅红色，胸部和腹面色稍浅，头部黄褐色，前胸盾板浅黄色，有臀栉4～7个。

④ 蛹：黄褐色，长6.8～7.4mm，腹部3～4节，背面各有2排整齐的短刺，尾部有小刺7～8根。

【为害状】 以幼虫为害嫩梢，为害时多从新梢顶端叶柄基部蛀入髓部由上向下取食，幼虫蛀入新梢后，蛀孔外面有虫粪排出和树胶流出，蛀孔以上的叶片逐渐萎蔫，以至干枯，此时幼虫已由梢内脱出或转移，每个幼虫可蛀害新梢3～4个，受害新梢多数中空，并留下脱出孔。

【发生规律】 一年发生3～4代，以老熟幼虫在树皮缝内和其他隐蔽场所作茧越冬。早春4月中旬越冬幼虫开始化蛹，5月中下旬第一代幼虫开始为害。为害樱桃的是第二、第三代幼虫，出现在7月上旬至9月上旬，为严重为害期。尤其是苗圃发生危害较重，雨水多，湿度大的年份有利成虫产卵，发生为害加重。

【防治方法】 在受害新梢顶端叶片萎蔫时，及时摘掉有虫新梢，带出园外深埋。用糖醋液诱杀成虫。在各代成虫发生期，取红糖1份、醋2份、水10～15份，混合均匀后，盛入直径为15cm左右的大碗内，用细铁丝将碗悬挂在树上或支架上，诱使成虫投入碗中淹死，每日及时捡出死亡成虫，每亩挂碗5～10个。

当诱蛾量达到高峰时，3～5天后是喷药防治适期，可选用30%桃小灵乳油2000倍液，或25%灭幼脲Ⅲ号悬浮液1500倍液，或10%氯氰菊酯乳油2000倍液防治。

（2）天牛 称铁炮虫、哈虫。其种类很多，有桃红颈天牛、桑天牛和星天牛等，主要为害樱桃、桃、杏、李等果树。

【形态特征】

1）桃红颈天牛。成虫体长28～37mm，雌成虫略大于雄成虫，黑色有光泽，前胸背部棕红色。卵乳白色，米粒状。幼虫初孵乳白色，近老熟时呈黄白色，体长50mm左右。蛹体长36mm，浅黄色，近羽化时体色为黑褐色（图7-21）。

2）桑天牛。雌成虫体长46mm，雄成虫体长36mm。体黑褐色，密被暗黄色细绒毛。卵黄白色，近孵化时浅褐色，椭圆形稍扁平，弯曲。幼虫圆筒形，乳白色，体长70mm。蛹体长50mm，浅黄色。

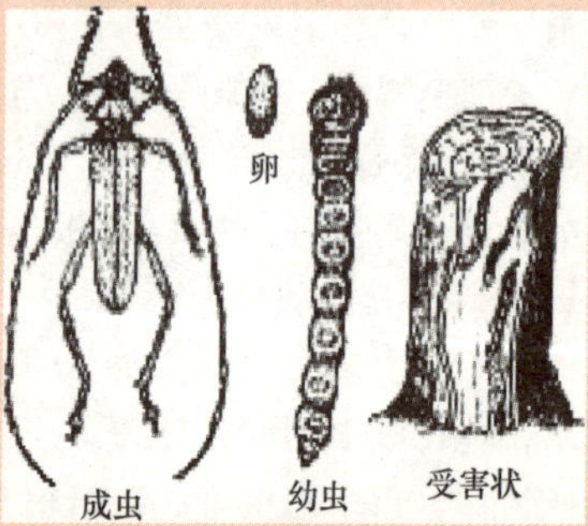

图7-21　红颈天牛

【为害状】　以幼虫在树体的枝干内蛀食为害，粪便堵满虫道，有的从排粪孔内排出大量粪便堆积于树干基部，有的粪便从皮缝内挤出，常有流胶发生。被蛀食的枝干，易引起流胶，削弱树势，危害严重时可造成死枝或死树，甚至全园毁灭。

【发生规律】　两种天牛均以2~3年完成1代，以幼虫在虫道内过冬，但每年6~7月均有成虫发生。成虫羽化后多在树间活动、交尾或在树干上交尾，而后在粗皮缝内产卵或成虫做卵槽产卵，每次约产卵40~50粒。成虫多在白天活动，中午最为活跃。卵期约10天，孵化后幼虫蛀入皮层取食为害，随虫体增长逐渐深入。大龄幼虫则在皮层和木质部间取食为害，虫道一半在树皮部分，一半在木质部部分；老熟幼虫则蛀入木质部作茧化蛹，蛹期约30天。成虫羽化后在虫道内停留几天而后钻出。

【防治方法】

① 人工防治：成虫发生前在枝干上涂抹涂白剂，用于防治成虫产卵。同时在成虫发生期内，中午人工捕捉红颈天牛成虫；利用桑天牛成虫不易飞动特性，特别在雨后，振动枝干，即可惊落地面，极易捕杀。在7~8月进行，及时检查枝干，如发现有产卵槽，可用小刀在产卵槽中间刺入，杀死桑天牛的卵和初孵化的幼虫。发现有新鲜虫粪可用尖刀挖除蛀道内的幼虫。

② 药剂防治：5~9月间均可进行，找到深入木质部的虫孔，用

铁丝钩出虫粪，塞入1g磷化铝药片。虫口密度大时可用塑料薄膜将树干包扎严密，上下两头用绳扎紧，扎口处将粗皮刮平，扎口前放入磷化铝片，树干表面投放$50g/m^2$，磷化铝遇水放出磷化氢毒气，可以杀死皮内幼虫，一般皮层内及皮和木质间的幼虫均可杀死。

（3）潜叶蛾 又名桃线潜蛾，简称桃潜蛾。主要为害桃、樱桃、李、苹果等果树。

【形态特征】

① 成虫：体长3~4mm，银白色，前翅狭长银白色，近端部有一金黄色卵形斑，斑周缘褐色，翅外缘4对褐色斜纹，纹间有金黄鳞毛（图7-22）。

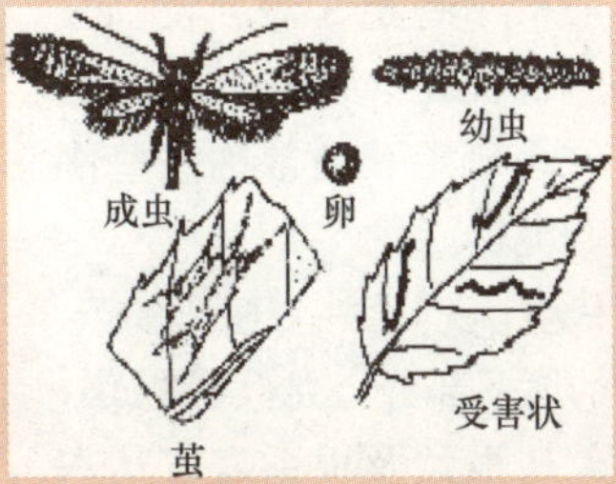

图7-22 潜叶蛾

② 卵：球形，乳白色。

③ 幼虫：体长4.8~6mm，浅绿色，上下稍扁，头尾两端较细，腹足细小。

④ 蛹和茧：蛹长5~5.5mm，圆锥形，前端粗，尾端尖，初化蛹时浅绿色，羽化前复眼紫黑色，头胸及翅部银白色。茧长6mm，近棱形，白色，茧外罩“工”字形丝帐，悬挂于叶背，从茧外可透视幼虫或蛹的体色。

【为害状】 以幼虫潜入叶片内取食叶肉为害，使叶片留下宽约1mm的条状弯曲的虫道，粪便排在虫道的后边，一片叶可有数只幼虫，但虫道不交叉，严重时叶片破碎，干枯脱落。

【发生规律】 发生代数各地不一，一般为5~7代，以蛹在受害叶上结茧内越冬。展叶后开始羽化，卵散产于叶表皮内。幼虫孵化后即蛀入叶肉为害，幼虫老熟后咬破表皮爬出，吐丝下垂在下部叶片背面作茧，幼虫在茧内化蛹。桃潜叶蛾在温室罩膜期间很少发生，揭膜后8~9月下旬发生较重。完成一代需23~30天。幼虫喜欢为害嫩叶，以梢顶端4~5片叶受害较重，多则一片叶上有3~5只幼虫，大量发生时，秋梢上的叶片几乎全部受害，使叶片破裂脱落。

【防治方法】 清除枯枝落叶，带出园外集中烧毁，消灭越冬虫源。在发生初期喷药防治，可喷布25%灭幼脲Ⅲ号悬浮剂1500倍液，或30%蛾螨灵可湿性粉剂1500倍液，或20%杀铃脲悬浮剂5000倍液。

4. 地下害虫

地下害虫主要为蛴螬类害虫。

【形态特征】 蛴螬类害虫俗称蛭虫、大脑袋虫、鸡粪虫，是金龟子的幼虫，其种类很多。以大黑金龟子、朝鲜金龟子、铜绿金龟子等幼虫发生普遍。体乳白色，头赤褐色或黄褐色，体弯曲，体壁多皱褶，胸足3对，特别发达，腹部无足，末端肥大，腹面有许多刚毛，通常称这些刚毛为刮泥器（图7-23）。

【为害状】 主要啃食幼苗、幼树的地下部分，尤其是根颈，啃食幼树根颈及根系表皮达木质部，致使幼树逐渐萎蔫死亡，幼苗受害主要是从根颈部咬断而死亡。

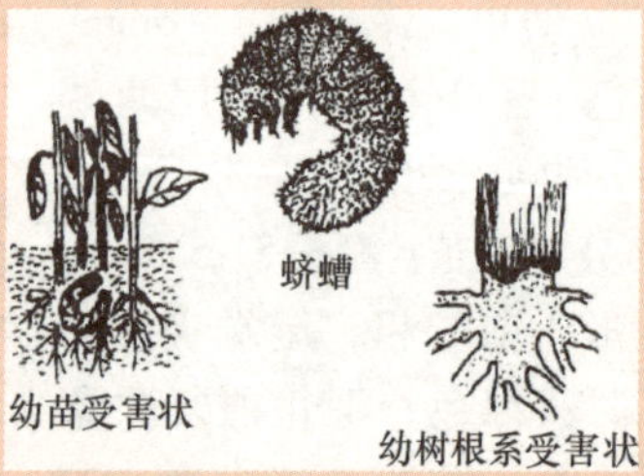

图7-23 蛴螬为害状

【发生规律】 越冬蛴螬于春季当10cm处土壤温度达10℃左右时，开始上升至土壤表层，地温20℃左右时，主要在土壤内10cm以上活动取食，秋季地温下降至10℃以下时，又移向深处的不冻土层内越冬。

【防治方法】 结合松土翻树盘，捡出幼虫集中消灭。发现幼苗萎蔫时，将根颈周围的土扒开捕捉幼虫。虫口密度大的苗圃地，用5%辛硫磷颗粒剂每亩约2kg，播种时进行沟施，勿与种子接触。发现危害，采用灌药方法防治，可用50%辛硫磷乳油1000倍液灌注根际，每株用药液200mL为宜。

【知识拓展】 **波尔多液的配制**

波尔多液是由硫酸铜、生石灰和水配制而成的天蓝色胶状悬浮液。其有效成分为碱式硫酸铜。质量好的波尔多液呈天蓝色，波尔多液为光谱保护性杀菌剂，喷到树体上黏着力很强，在树体上的残效期为 7～15 天，其主要通过释放铜离子起到杀菌的作用。

1. 性状

药液呈碱性，比较稳定，黏着性好，但久置会沉淀，产生原定形结晶，性质发生改变，药效降低。因此波尔多液要现用现配，不能储存。药液对金属有腐蚀作用。

2. 作用特点

波尔多液是保护性杀菌剂，对大多数真菌病害具有较高的防治作用，其杀菌机理是依靠水溶性铜凝固蛋白质，并和菌体内多种含—SH（巯基）酶作用。将刚配好的波尔多液喷洒在树体或病原菌表面，形成一层很薄的药膜，此膜虽然不溶于水，但它在二氧化碳、氨、树体及病菌分泌物的作用下，会逐渐使可溶性铜离子增加而起杀菌作用，并有效地阻止孢子发芽，防止病菌侵染。

此外，波尔多液中的铜元素被树体吸收后，还可起到微量元素作用，促使叶片浓绿，生长健壮，提高其抗病力。

3. 配制方法

一般甜樱桃树使用的比例为石灰倍量式，即硫酸铜、生石灰和水的比例为 1∶2∶(200～240) 倍液。

波尔多液质量的好坏与配制方法有密切关系。一般常用的配制方法有以下两种。

（1）注入法　先将硫酸铜和生石灰按比例称好，分别盛在非金属容器中，然后用药总水量的 2 份溶化生石灰，滤去残渣，即成浓石灰乳。再用余下的 8 份水制成稀硫酸铜溶液（先用少量热水将硫酸铜化开，然后加入剩余水）。待上述两液温度相等时，再将稀硫酸铜溶液慢慢倒入石灰液中，边倒边搅，即成天蓝色的波尔多液(图 7-24)。用这种方法配成

图7-24　波尔多液的配制

的药液质量好，颗粒较细而匀，胶体性能强，沉淀较慢，附着力较强。

（2）并入法　将硫酸铜和生石灰按比例分别装入容器内，用总水量的一半稀释硫酸铜（先用少量热水将硫酸铜溶化），用另一半水溶化生石灰（滤去残渣），待上述两液温度相等时将硫酸铜液和石灰乳同时慢慢倒入另一个容器中，边倒边搅拌，即成波尔多液。波尔多液配制质量的好坏，与原料的优劣有直接关系。因此在配制时，要注意选择优质硫酸铜，对生石灰要求烧透、质轻，色白的块状石灰，粉末状的消石灰不宜使用。

4. 防治对象

在甜樱桃园中应用，主要是防治叶斑病。

5. 注意事项

1）预防药害。波尔多液是比较安全的农药，但使用不当也会产生药害。波尔多液浓度过大或温度过高时喷布，其嫩叶会发生药害。喷布波尔多液后如果遇到阴雨连绵天气，或者在湿度过大及露水未干时喷药均易引起药害，因此要选择晴天露水干了之后喷药。喷药过重、药液配制质量不合乎要求时，均易发生药害，应加以避免。喷布波尔多液后相隔时间过短就喷布石硫合剂时，也会因产生硫化铜而引起药害，因此喷过波尔多液后15~20天内不能喷布石硫合剂和松蜡合剂。喷过矿物油乳剂后30天内不能喷布波尔多液，以免出现药害。

2）配制药液时禁止使用金属容器。

3）用注入法配制时，只能将稀硫酸铜液倒入浓石灰乳中，顺序不能颠倒，否则配制的药液沉淀快，且易发生药害。

4）药液应随用随配，超过24h易沉淀变质，不能再用。

5）配好的药液不得搅拌和稀释。

6）喷布时要做到细致周到，喷后如遇大雨，天晴后应及时补喷。

7）为提高药效，应在药液中加入展着剂，如0.2%~0.3%的豆浆、大豆粉、中性洗衣粉等。

8）波尔多液呈碱性，含有钙，不能与怕碱性农药以及石硫合剂、有机硫制剂、松蜡合剂、矿物油剂混用。

【知识拓展】　　　　　石硫合剂的配制

石硫合剂是石灰硫黄合剂的简称，俗称硫黄水，是由生石灰、硫黄粉作为原料加水熬制而成的枣红色透明液体（原液），工业产品为固体。

1. 性状

药液呈强碱性，遇酸易分解，在空气中易被氧化。有臭鸡蛋味，对皮肤和金属有腐蚀性。

多硫化钙化学性质不稳定，易被空气中的氧气、二氧化碳分解。喷到树体上会发生一系列化学反应，形成微细的硫黄沉淀，并释放出少量硫化氢而起杀菌作用。

2. 作用特点

石硫合剂是一种无机杀菌兼杀虫和杀螨剂，其有效成分为多硫化钙，有渗透和侵蚀病菌细胞壁和害虫体壁的能力。喷洒在树体表面上，短时间内硫化钙有直接杀菌和杀虫作用，但很快和氧、二氧化碳及水作用，最后的分解产物硫黄仅有保护作用。

3. 熬制方法

常用的配制比例为：生石灰 1 份、硫黄粉 2 份、水 10 份。先把优质生石灰放在铁锅中，用少量水使生石灰消解，待充分消解成粉状后加足水量。生石灰遇水发生剧烈的放热反应，在石灰放热升温时，再加热石灰乳，近沸腾时，把事先调成糊状的硫黄浆沿锅边缘缓缓地倒入石灰乳中，边倒边搅拌，并记下水位线。用强火煮沸40～60min。待药液熬成枣红色，渣滓呈黄绿色时，停火即成（图 7-25）。用热水补足蒸发所散失的水分。冷却后

图 7-25　熬制石硫合剂

滤出残渣，就得到枣红色的透明石硫合剂原液。在熬制过程中，如果由于火力过大，虽经搅拌，锅内仍泛出泡沫时，可加入少许食盐。

熬制方法和原料的优劣都会直接影响药液的质量，如果原料质优，熬煮的火候适宜，原液可达28波美度以上。因此要求最好选用白色块状质轻的生石灰，硫黄以硫黄粉较好。

4. 防治对象及使用方法

（1）防治对象　石硫合剂的应用是在甜樱桃树体发芽前，防治多种在树干和树枝上越冬的病菌，以及介壳虫和叶螨等，萌芽前喷布的浓度是3～5波美度液，发芽后喷布的浓度和沾根浓度是0.2～0.5波美度液。

（2）稀释浓度的计算方法　石硫合剂的有效成分含量多少与比重有关，通常用波美比重计测得的度数来表示，度数越高，表示有效成分含量越高。所以使用前必须用波美比重计测量原液的波美度数，然后根据原液浓度和所需要的药液浓度加水稀释。一般最简单的稀释方法是直接查阅“石硫合剂稀释倍数表”。也可以用下列公式按重量倍数计算：

$$\text{加水稀释倍数}=\frac{\text{原液波美浓度}-\text{需要的波美浓度}}{\text{需要的波美浓度}}$$

5. 注意事项

1）发芽前通常用3～5波美度液，生长期使用一般不能超过0.5波美度。

2）石硫合剂是强碱性药剂，不能与怕碱药剂混用，不能与波尔多液混用。在喷过石硫合剂后需间隔7～15天，才能喷布波尔多液，而喷过波尔多液后需间隔15～20天才能喷石硫合剂，否则易产生药害。

3）石硫合剂有腐蚀作用，使用时应避免接触皮肤，如果皮肤和衣服沾上原液，要及时用水冲洗。喷药器具用后要马上用水冲净。

【知识拓展】　涂白剂的配制

涂白剂是一种杀菌剂，可以减轻甜樱桃因冻害或日灼而发生的树体伤害，并能遮盖伤口，避免病菌侵入，涂白剂主要用于树干涂抹。

1. 配制方法

用生石灰8～10份，石硫合剂原液1份，食盐1份，动物油或植物油0.1～0.2份，水20份，配制时用1/2的水化开生石灰和食盐，然后加入石硫合剂和油充分搅拌均匀即可。

2. 使用方法

在树体落叶后的晚秋，将配制好的白涂剂涂于树干1m高以上，基部主枝涂30cm以上。对成龄树涂白要在涂前刮除老翘皮，尤其是枝杈部位要重点涂抹。

第八章

甜樱桃果实采收与采后处理

甜樱桃是一种高档的鲜食水果，也是很好的加工产品。其品种较多，如大紫、那翁、滨库等品种，品质优良、色泽鲜艳，一般采收都集中在4月底到6月中旬。储藏保鲜的甜樱桃一般以晚熟的较耐储藏。

第一节　果实采收

一　采收时期

甜樱桃果实采收期比较早，属于鲜果中最早上市的一个树种，是一种高档的鲜食及加工型水果。其品种繁多，色泽艳丽，品质优良，味道香甜浓郁。用于栽培的甜樱桃品种成熟期很不一致，即便同一花序的果实，成熟也有早晚之别。“花后40天，樱桃即见鲜”。5~6月，甜樱桃便可成熟上市。其果实发育期短，果皮薄，肉质密度不大，常温下极易变质。6月下旬以后成熟的晚熟品种，质地较硬，可储藏保鲜。所以，根据采收后的用途不同，甜樱桃果实在采收时期上也有所区别。

判断甜樱桃果实的采收期应根据其是否成熟而定，其成熟度的确定应依据着色、果个大小、果肉硬度、风味品质等综合因素考虑，以果实充分膨大、果肉有弹性而未变软，并已表现出该品种特有的风味品质时采收为宜。

1. 用于储藏保鲜和远途运输的品种选择

采收后作为储藏保鲜用的甜樱桃，一般应选择晚熟的品种，如先锋、那翁、施密特、晚红、晚黄、秋鸡心等。晚熟的品种果肉致密，硬度相对较大，适合于储藏保鲜。采收时应在八成熟左右采收，这样可以减少在运输途中的烂果率，同时，可以提高储藏质量、延长其保鲜时间。

2. 鲜食品种的选择

鲜食的甜樱桃一般要求口感香甜、色泽艳丽、果个和单果重普遍偏高。所以，采收应在甜樱桃完全成熟时采收。选择一些早熟品种，采收后应在最短的时间内销售至消费者手中。由于甜樱桃自身的某些特性所限制，在采收时不仅有时间上的谨慎选择，而且对其采收的方法也相对比较严格。两者也直接决定甜樱桃在销售市场上的价值。

二 采收方法

甜樱桃在采收后无论鲜销，还是加工，其采收方法都是一致的。樱桃的成熟期不一致，在采收时应该分期分批进行，时间最好在晴天的上午 9 点以前或者下午气温较低、无露水的情况下采收。采收后进行初选，剔除病烂果、裂果和碰伤果。采摘后的樱桃果实不能在太阳的直射下放置，这样不仅影响甜樱桃果实的储藏寿命，而且也有损于其商品质量，从而影响其经济效益。

甜樱桃在采收时最关键的一点就是“无伤采收”。无伤采收顾名思义就是在采收时，尽可能地将樱桃果实的损伤减少到最小或者无伤。因此，甜樱桃果实目前还是以人工采收为主。由于甜樱桃果个小、皮薄、硬度相对较小，在采摘过程中很容易造成伤果。采摘时应用手捏住果柄轻轻往上掰动，连同果柄采摘。在采摘过程中应配置底部有一个小口的容器，容器不能太大，而且必须内装有软衬，以减少其机械碰撞。将采摘下的甜樱桃果实轻轻地放入容器内，往外倒时可以从底部小口处轻轻倒出，做到轻拿轻放。

采收后放置的最好方法是随采随放入冷库中，这样有利于甜樱桃储藏质量的提高和储藏时间的延长。山东省果树研究所研制推广的 YGXZ 型小型移动式挂机自动冷库很适合在产地放置，它整体移动灵活，能够使刚采摘的甜樱桃及时地得到冷藏处理，从而有效地减少运输途中的烂果率。

第二节　果实分级、包装与储藏保鲜

甜樱桃是一种极易腐烂、过熟和褐变的果品。不仅采收要求严格，而且运输也不容忽视，无伤采收随之相应的便是无伤运输。无伤运输就是果品在运输的过程中不受到任何损伤。

甜樱桃在运输时首先要特别注意的是包装，包装时要进行严格的挑选和分级，剔除病烂果和机械伤果，可按照大小、颜色等分级后，将樱桃装在有软衬的容器内或者塑料周转箱内，箱体具有较好的抗外界压力性能。短途运输，大部分运输工具都是小型机械车，分级、包装要做到和上述一样，应该特别注意防止日晒雨淋和捂热，要求通风散热。运输时选择平坦道路，尽量减少颠簸，以免使甜樱桃受到挤压和碰撞造成烂果。

关于甜樱桃分级。目前我国尚无统一分级标准，只有山东省烟台供销社 1966 年提出了一个四级分级法：把甜樱桃分为超特等、特等、一等和二等四个标准。在果个大小上四个等级要求分别为大于 10. 0g、8. 0 ~ 9. 9g、6. 0 ~ 7. 9g 和 4. 0 ~ 5. 9g。在着色方面要求超特等、特等和一等果的深色品种，要具有该品种的典型色泽，着色全面，二等果色泽可浅些；浅色品种各等级要求着色面分别为 2/3 以上、1/2 以上、1/3 以上和略有着色。果形的要求是具有本品种典型果形，或有很少量的畸形果；果面要鲜艳光泽，无磨伤、无果锈、无污斑、无日灼伤；带有完整的新鲜果柄；果无裂口、刺伤、挤压伤、无病虫害。

随着优新品种的不断推出，这一分级标准仅供各地参考。生产、经营者可根据品种特性、市场需求和供求关系等灵活制定更合适的分级标准。

甜樱桃包装一般采用精美的包装，这可以提高甜樱桃的商品价值。小包装（零售包装）一般采用纸或无毒硬塑制的盒或盘。如我国山东用 0. 25kg 装的透明塑料盒和 1kg、2. 5kg 装的手提式透明纸盒。在美国用透明薄膜袋、折叠盒、果盘等形式的小包装，折叠盒或果盘设有薄膜窗，可装 1 ~ 2kg 果实，其美观大方，可增加经济价值。若外运或储藏时再装入打孔的纸箱或纤维板箱中。

总之，甜樱桃果实在采摘后一定是无伤运输及保鲜运输。保鲜运输首先是在甜樱桃产地将处理后的果实直接运往销售地点，其次是经过一段时间保鲜后再运往销售地点，再就是由销售地周转保鲜库运往销售市场。

第三节　储藏保鲜方法

甜樱桃储藏保鲜的方法主要有简易储藏法、冷库储藏法、气调库储藏法、减压气调储藏法等。

一　简易储藏法

在设施栽培下，甜樱桃一般在 4 月上旬即可成熟。此时气温较低，若将选好的果实装入箱中，放在阴凉通风的空屋内能储存 7 天左右。露地栽培的甜樱桃 6 月上旬成熟。可预先在背阴通风处挖一长方形沟，沟的大小根据箱的体积及储量而定；将选好的果实装入小箱中，并放入沟内；为保持一定的温、湿度，上面覆盖草帘或秸秆，这种方法可储藏 7 天左右。

二　冷库储藏法

冷库储藏方法应用较为广泛，有大型的氨冷库、小型的氟冷库。一般来说，储藏甜樱桃最适宜也是效果最好的就是小型的恒温冷风库，操作起来简单，投资风险小、耗能少、降温速度快。山东省果树研究所研制并推广的小型挂机自动冷库储藏樱桃效果很好。

1. 对恒温冷库进行消毒和降温

入储前的准备工作：在入储樱桃前 1 周左右，检查冷库的各种配套设施。如机组的运转情况，控制系统是否正常，检查完毕后就是冷库的消毒工作，对冷库内的各种设施进行严格系统地消毒。注意，在消毒时应对库内的金属性部分进行保护，用 2%～3% 的安特福尔敏水溶液进行喷刷。冷库的消毒有硫黄熏蒸法和药剂喷洒法两种。硫黄熏蒸法操作时严禁有明火出现。用液体药剂喷洒时可用 1%～2% 的福尔马林、84 消毒液、漂白粉等液体将整个冷库内所有的设施用喷雾器将配好的溶液喷洒。

将冷库整体消毒完毕后，在入储前 2 天左右进行空库降温，要求将整个库体冷透。空库预冷温度在 -2℃。

2. 甜樱桃的储藏管理

将采收后的甜樱桃及时放进预冷库，如果没有预冷条件，可直接放入 -1 ~ 0℃ 的恒温冷库中，分期分批入库，每一次入库量为总库容的 1/10。樱桃入库后，工作人员穿上棉衣在冷库内对甜樱桃进行分级，挑选出病虫果、烂果等。严格剔除不适合储藏的病果、伤果、过熟果、无柄果和畸形果等不宜储藏的果实。在将甜樱桃进行完上述工作后，立即对要储藏的甜樱桃装袋包装，选择适宜的保鲜袋和保鲜药剂对甜樱桃的储藏非常重要。通过实验，一般储藏甜樱桃的保鲜袋宜选择 0.03 ~ 0.05mm PVC 樱桃专用保鲜袋，每代所装甜樱桃重量为 1kg，效果比较理想，装袋后用绳子将袋口扎紧，放入塑料周转箱内按照所分的类别垛成不同类型的码垛或者依次摆放在架子上。库温稳定在 -1 ~ 0℃。应特别注意长期储藏保鲜的甜樱桃千万不要放在纸质包装盒内进行长期保鲜，在出库前可换用包装箱或盒包装出售。

甜樱桃在储藏过程中，稳定的库温对甜樱桃的储藏质量和储藏时间影响很大。稳定适宜的低温能够很有效地保证储藏质量。首先抑制呼吸和病菌的生长，降低新陈代谢速度延缓衰老。其次库温稳定，樱桃温度波动就不是很大，一般库温不超过 2℃，库温波动不大于 1℃ 为宜，如果库温波动很大而且频繁，袋内会结霜，甜樱桃在储藏过程中腐烂率会增大，从而使储藏质量和时间都会受到影响。库内的湿度应控制在 85% ~ 90% 之间。

有资料报道，美国用水冷却法预冷，同时在水中加入 0.010% ~ 0.015% 的活性氯，可有效抑制真菌病害，此法需要干燥装置。

三 气调库储藏法

气调库储藏是在冷库储藏的基础上进行的一种储藏保鲜方法。即在高二氧化碳和低氧、温度的双重控制下进行甜樱桃储藏，对甜樱桃的储藏质量和时间都比冷库储藏效果好。但气调储藏甜樱桃也有一定的局限性。首先，从经济造价上就比恒温冷库造价高；其次，由于气调库受气体成分限制比较大，从对甜樱桃储藏的质量和时间上考虑，它的出库和进库要求稳定而且量大，在储藏时，将整库入满后才能调节气体比例（氧3%～5%，二氧化碳10%～25%），调节好气体的比例后，在整个储藏期不能随便将库门打开，如果气体成分比例稍有失衡，则会引起甜樱桃腐烂率大大增加，储藏保鲜寿命受很大的影响，而恒温冷库就相对比较简单。

气调库储藏甜樱桃的方法在入库、温度调节、装袋摆放都和恒温冷库一样，包括分级、分类。唯一不同的是气调库储藏甜樱桃的气体成分的调节。应特别注意二氧化碳浓度不能高于25%，以免引起二氧化碳中毒和产生异味。

气调储藏据试验，滨库樱桃储存35天后调查有80%～87%的果梗仍保持鲜绿色。气调储藏前果实也需预冷，且上市前要逐渐升高库温。另外，采前喷钙或采后浸钙可明显增大果实硬度，降低储运过程中的腐烂、掉梗率和果肉褐变等。采前喷钙还可提高果实维生素C含量和糖酸比。喷施剂量：四水硝酸钙为1.0%～1.5%，氯化钙为0.3%～0.5%。浸果氯化钙剂量为1%～8%，浸果时间长短依浓度而定，为5～60min。

四 减压气调储藏法

减压气调储藏即负压气调储藏。气调保鲜是基于混合气中相对于空气的低氧和高二氧化碳比例，对鲜活产品和病原微生物的生命活动进行调控的一种储藏方法。负压保鲜则是基于空气中各组分含量的绝对量的减小，对保鲜起主要作用的氧限量供应和对有害气体的不断排除。负压气调保鲜则是把气调和负压两种方法相互补充，综合两种效应而成的。即按气调保鲜的方法，把密封库内的气体成分（主要是氮、氧、二氧化碳）维持在要求范围内，然后通过特定装置使密封库内的气压维持在一定的负压状态。

减压气调库储藏樱桃果实就是将挑选、分级、整理、装袋后的樱桃果实放入减压气调库内，调节好氮、氧、二氧化碳的比例，使库内气体处于一种负压状态，保持甜樱桃果实的鲜活品质。

第四节 甜樱桃果实加工技术

随着甜樱桃生产的不断发展，其果实深加工技术也不断深入，市场上涌现出很多樱桃加工制品。现在介绍几种简易的樱桃加工制品技术，供有关读者参考。

1. 樱桃果干

1）原料处理。选皮色光亮、柄短核小、果粒大小较均匀、味甜、汁少的品种，去除霉烂、未成熟等不合格果。然后摘除果柄，装入篮子，在水槽或盆内用流动水清洗2~3次，去除杂质。

2）浸碱漂洗。为了缩短干燥时间，最好将樱桃放在0.2%~0.3%的沸碱液中热烫片刻，然后在清水中充分漂洗去除碱液，放在篮子内5~10min，控干水分。

3）熏硫。将果实装入烘盘送进熏硫室。将硫黄置于钵中，加入木片等助燃，点燃后关闭熏硫室的门，熏1h左右。一般每吨果用硫黄粉2~3kg。

4）烘干回软。将熏硫后的樱桃均匀地铺在烘盘上，送进烘房进行干燥。开始温度控制在60℃左右，等稍干时，将温度升至75~80℃，经8~12h后取出，挑出未烘干的果实，放在另一烘盘上再次干燥。若天气晴朗也可在阳光下曝晒至干。为达到果实内外水分平衡，质地柔软，应将樱桃干倒入木箱中，回软2~3天。

5）分级包装。按质量要求分为二级，一级樱桃干呈现暗红色；二级则为带浅红色的暗红色。然后按级别先用塑料薄膜食品袋包装后再装入纸箱内。

2. 樱桃果脯

1）原料：选用个大、肉厚、汁少、风味浓、色浅的品种，成熟度在九成左右，注意要剔除烂、伤、干疤及生青果。

2）后熟：樱桃宜于傍晚采收，采收时要防止雨淋，采收后于室温下摊放在苇席上后熟一夜。切忌堆放过厚，防止发热，从而影响制品质量。

3）去核：后熟一夜的果实，果核已与果肉分离，可用捅核器（用针在筷子上绑成等距离的三角形，内径约为樱桃直径的80%左右）由果核部捅出果核，注意尽量减少捅核的裂口。

4）脱色：烫漂去核的樱桃，将其浸入0.6%亚硫酸氢钠溶液8h，脱去表面红色。对于红色较重的樱桃，脱色时间可适当延长。

将脱色的樱桃放入25%糖液中预煮5～10min，随即捞出用45%～50%冷糖液浸泡12h左右。

5）糖煮：将果实捞出，调整糖液剂量至60%左右，然后再煮沸，将果实进行糖煮，在文火中逐渐使糖渗入果肉，果实渐呈半透明状。

6）晾晒：捞出果实沥去表面糖汁，放入竹屉或摊放在苇席上，在阳光下曝晒，晒晾时应注意上下通风，防止虫、尘、杂物混入，每天翻动2～3次，果肉收缩后可转入阴干，在阴凉处通风干燥至不粘手时即可。也可在烤房中于60～65℃温度下烤干。

7）包装：一般采用聚乙烯塑料薄膜袋封装。包装前应进行分级，按大小、色泽、形态分级包装。对颗粒不完整、大小不一致以及色泽较差的，另外分开包装。

3. 樱桃罐头

1）原料处理：选用新鲜饱满、成熟度在8～9成、风味正常的果实。将连接在一起的樱桃分成单枝，剔除毒烂、病虫害、机械伤和畸形的果实。按果形大小可分为3～4.5g、4.6～6g和6.1g以上三级。

2）漂洗分选：将果实装入竹篮，在流动的清水中充分漂洗干净，沥干水分。挑选完整无破裂的果实，按大小分别装罐。

3）装罐：取果肉310g，装入经严格消毒过的玻璃瓶中，加注糖液200g，罐盖和胶圈须用沸水消毒5min。

4）排气封罐：将装好的罐头放入排气箱中加热，排除罐内空气，至罐中心温度达到80℃时，立即用封罐机进行封口。

5）杀菌冷却：封罐后置于沸水中杀菌5～15min，然后用热水分段冷却即成。

4. 樱桃蜜饯

每50kg去核后的樱桃加明矾3.5kg、食盐1.5kg，水以能淹没果实为度，浸4～5天，捞起沥干。然后在清水中浸4～5天，中间换一次水，漂去盐分后将果实充分沥干。每50kg的果实用糖50kg浸渍，一般分3次加糖，相隔1天（间隔长短以糖加入后完全溶解为准），待果实吸收糖液表面呈饱满状态以后，将果实捞起，糖卤用铜锅加热，于其中加鲜橘红颜料（每50kg果实用30g），待调匀冷却后，倒入盛樱桃的容器中即成蜜饯樱桃。

5. 樱桃果汁

樱桃果实软而多汁，易损伤腐烂，且收获期短，但必须在成熟期采收。它的储藏期也短，不超过2~3周。除鲜食外，还可加工成樱桃果汁。

（1）选择适宜的品种 单一品种的樱桃不能生产出酸甜适宜的果汁。酸樱桃的果汁，酸度太高，而糖度低；甜樱桃的果汁酸度太低。采用酸、甜樱桃组合制汁，可制出酸甜可口、风味优良的制品。

（2）选择优质果实 为保证果汁有良好风味和颜色。要选择完好、无损、新鲜果实，如有腐烂，则产品常散发出类似苯甲醛的气味。如在成熟期采收和加工，可获得最佳品质和最高出汁率。否则，果汁不仅味酸，而且颜色差。

（3）果汁的制备 樱桃采收后分级，除去腐烂、伤病果。然后在冷水中清洗，浸泡一段时间（不超过12h），否则可溶性固形物将有明显损失，而影响果汁风味。

清洗过的樱桃沥干后即可榨汁。果汁榨取可采用三种方法：新鲜樱桃热压榨、新鲜樱桃冷压榨和樱桃解冻后的冷压榨。

1）热压榨法：将清洗干净的樱桃置于不锈钢容器中加热到65.5℃，然后压榨取汁。此法可将樱桃大部分色素都提取出来，因此制备的果汁颜色鲜艳，像罐装樱桃。用孟马兰和早熟里克孟生产出的果汁为深红色，英格兰黑樱桃的果汁为暗红色。

用于压榨葡萄的水压机一般也适用于压榨樱桃的果汁。由压榨所得到的热果汁通过耐腐蚀细金属滤网或者平纹细布袋过滤。滤液冷却到10℃或10℃以下，放置过夜。用虹吸管吸出上层清亮果汁，与少量过滤助剂混合，再行滤之即得产品。此法使孟马兰果汁生产量为62%~68%。

2）冷压榨法：樱桃清洗沥干切块，冷浸渍后置于布式水压机内压榨取汁。刚压出的果汁要迅速加热到87.7~93.3℃，灭杀微生物。然后将加热的果汁冷却到37.7℃时，加入0.1%的果胶酶制剂，搅匀，保温3h，再加热到82.2℃，冷却、过滤便得到清澈透明的果汁，此法制备果汁的产量为61%~68%。

冷压榨法的果汁颜色不如热压榨的果汁鲜艳，但风味极近似新鲜樱桃。

3）解冻樱桃的冷压榨法：将采收后的樱桃冷冻储藏，如需要制造果汁的时候，于室温下解冻，直到温度达到4.4~10℃时，再用水压机压榨取汁。所得到的果汁也要用果胶酶制剂进行处理，并按以上冷压榨果汁的方法过滤。这种压榨法，孟马兰樱桃的果汁产量为70%~76%，早熟里克孟的产量为60%~75%。

采用这种压榨法可得到象热压榨果汁的深红色，冷压榨果汁的新鲜风味。

（4）果汁的调整 为改进樱桃果汁风味，需要对酸、甜度进行调整，使果汁风味接近于鲜果，但调整范围不宜过大。用酸樱桃品种制备的果汁太酸，需要加入糖或糖浆增强其甜味。一般情况，加入的糖量应使果汁白利糖度达到约17° Bx，这样既可使酸味减弱，而又不减少果汁的酸度。

甜樱桃的品种，含酸量过低，且多数生产的果汁颜色不深，如采用其制果汁，最好能与等量的酸樱桃果汁相混合，以增加果汁风味。

用热压榨法生产的樱桃果汁有较好的风味，因此可将冷压榨果汁与热压榨果汁以1:1或2:1的比例相混合，其产品将更色艳味美。

6. 樱桃酒

樱桃和葡萄一样，用成熟的樱桃可以酿制樱桃酒，它具有樱桃的香味及清柔醇厚的酯香味。色泽鲜艳，呈玫瑰红色或浅红色，酒精度多是9%vol~12%vol。如果喜欢喝度数较高的樱桃酒，可以在发酵时再加入一些白糖，酒精度就能提高到16%vol。根据经验，每升果汁中加入17g白糖，经发酵后可产生纯酒精1%vol。例如，酿制含酒精4%vol的酒，每升樱桃汁应加糖17×4=68g。其制作方法如下。

（1）破碎 将成熟的红樱桃用清水冲洗干净后，除去果梗及青粒、霉粒、破粒等，放入经过消毒的容器（小缸）里，用手挤碎或捣碎，但操作前须将手、木棒、容器等先用高锰酸钾水洗1次，再用清水冲1次，然后再去操作，以防止细菌污染，同时要注意不要使用铁、铜等金属的工具和容器（或用干净铝勺在杯中经消毒）将樱桃捣碎。

（2）发酵 发酵是将樱桃汁中的糖分经酵母的作用产生酒精和二氧化碳，樱桃酒的前发酵过程是皮汁混在一起的，酵母在樱桃破碎时已接入汁中，发酵的温度最好在15～25℃，不应超出35℃，但用小型容器发酵，散热较容易，一般不超过32℃。

当樱桃汁装入容器后，一般经过一天即可开始发酵。液面开始是平静的，其实这时已有微弱的二氧化碳气泡产生，表示酵母已开始繁殖，经过2～3天有大量二氧化碳气泡放出，皮渣上浮结成一层帽盖，口尝果汁，甜味渐减，酒味渐增。

发酵时每天应将上浮的樱桃用消毒筷子压到汁内两次，这样做一方面防止樱桃生霉、变酸，同时可将皮上的色素浸入汁中，且排出二氧化碳，使酵母得到氧气，发酵更旺盛。

高潮后，发酵势头开始减弱，此时可以加糖，加糖时用樱桃原酒来溶解糖，而不要用水化糖后再加入，等白糖完全溶解后，继续在容器中进行发酵，最后二氧化碳放出至微弱而接近平静时，酒精味很浓，糖分减少至1%以下，汁液开始清晰，即为发酵结束。此时进行压榨，将皮汁分离。

（3）压榨 压榨的方法是用洁净的布袋或纱布进行挤压或扭压，樱桃酒液随即流出来，称为原酒。

（4）加鸡蛋清澄清 30mL樱桃原酒约加鸡蛋清1个。方法是将鸡蛋清打成泡沫状，用少量樱桃原酒充分搅拌混合，然后加入原酒中，再充分搅拌和静置，至酒液澄清透明，将沉淀物弃掉。

（5）樱桃酒的加糖 大多数人的习惯是觉得樱桃酒应该是甜的，因此，需将樱桃酒进行加糖调配，加糖量为12%～14%，溶解糖时要用原酒搅拌溶解。

这样，具有浓厚的“玫瑰”香味、酸甜适口的樱桃酒就制成了，但如果在容器中密闭储存2个月，则酒的风味更加醇厚。

【案例】 辽宁省大连市金州区农业良种示范场樱桃优质高效生产技术实例

一、基本情况

大连市金州区农业良种示范场位于大连市金州区大魏家镇连丰

村，占地面积100公顷，该场对甜樱桃进行标准化管理，效果良好，并在一定程度上带动了当地甜樱桃的标准化生产。园区于2004年6月通过ISO9001质量体系认证，2006年定为国家级甜樱桃标准化示范园区，同年该园生产的甜樱桃被评为中国名牌农产品。

1995年，露地定植甜樱桃20公顷，目前，亩产值达万元左右。1997年建13.3公顷甜樱桃温室群，共50个温室，每个占地1333m^2，产果1000kg。1999年，建13.3公顷育苗基地。露地栽培有以“红灯”为主栽品种的早熟园，以“美早”为主栽品种的中熟园和以“砂蜜豆”为主栽品种的晚熟园；并设有新品种新技术展示区和科普观光区。它是一个生产标准化、管理现代化、灌溉微喷节水化、喷药管网化的高新产业园区。园区远离厂矿，无三废污染，空气清新，用于灌溉的地下水储量丰富，并配有50多盏杀虫灯，实现了无公害化生产。园区生产的产品被认定为绿色食品“A”级，注册的“金州红”甜樱桃被评为辽宁省名牌产品和中国名牌农产品。园区内设有先进的果树种苗繁育实验室和植物生理生化研究室，另建有360m^3的水果气调库。气调库和温室的使用保证了3~10月甜樱桃鲜果的市场供应。

二、果园特点

1. 品种多样化，生产规模化

为了收集世界各地优质甜樱桃品种，示范场先后从日本、加拿大、美国引进佐滕锦、南阳、红手球、砂蜜豆、美早、红灯等名优品种近40个，并从中选育出20多个抗逆性强、适应性广的品种，划分为红系和黄系两大系列，作为本地区的主栽品种。园区是大连市规模最大、品种最全、专业化生产甜樱桃的龙头企业。示范区生产的甜樱桃精品率高达90%左右。园区利用组培技术培育无毒砧木及嫁接繁育优质脱毒甜樱桃苗，每年为本地区及外地提供甜樱桃苗10多万株。目前，由示范区提供苗木和栽培技术指导的金州区甜樱桃种植区已初具规模，栽培总面积达6666.7公顷。

2. 管理科学化

园区创建伊始，本着高起点、高科技含量、高效益的原则，先后聘请荷兰和日本的甜樱桃栽培专家传授经验，并分别派出24人到加拿大、澳大利亚、日本和俄罗斯等多个盛产甜樱桃的国家学习，结合园区条件总结出了适合本地区甜樱桃早丰优质、高产高效的栽培技术。

三、主要技术要点

1. 土肥水管理

4月初，浇1次透水，降低地温，延迟花期，避过晚霜期。4月下旬（花期），采用放射沟追施配方肥，生产100kg果实施纯氮2kg、纯磷1kg和纯钾2kg。5月中旬浇硬核水，可增产30%，且对保证第二年的产量也有重要作用。8月末秋施基肥，以腐熟的鸡粪、豆粕为主，每株40~50kg，占全年施肥量的70%~80%。

2. 整形修剪

冬剪在3月中下旬进行。2~3年生幼树注意促发枝条，尽早形成树冠。4年生以上的树，采用多轴延伸的树体结构，促使早结果早丰产。全年修剪以夏剪为主，冬剪为辅。夏剪常用的方法有摘心、拉枝和疏枝。摘心分为短摘心和长摘心两种。短摘心是在枝条拉平、落花后15天左右，对背上新梢留8~10cm反复摘心，当年可形成花芽，第二年结果；长摘心主要运用在幼树及初结果枝上，当新梢长达50cm以上时，留35~40cm重摘心，当年可发出2~3个枝条，加快了整形的速度。摘心严格控制在6月末以前结束，防止摘心过晚，二次枝木质化程度低，导致越冬抽条。中心干延长枝不摘心。

拉枝在8月中旬进行。拉枝时先拿后拉，效果较好。生长直立旺盛的品种拉至90°以上，生长中庸、枝条角度较大的品种，拉至70°~80°。

疏枝在果实采收后进行。对冬剪后影响树势较大的强旺大枝和病虫枝予以疏除。由于7月树体生长旺盛，疏枝伤口愈合快。

3. 适时采收

甜樱桃果实不存在后熟现象，应适时采收销售。早采会影响果实品质和产量，晚采易造成减产。一般当果实可溶性固形物含量达14%~15%，即八九成熟时采收即可。采收最佳时间在上午9点前，或下午3点后，可延长存放时间，利于运输。

附　录

附录 A　樱桃生产管理年历

一　9～10 月（新梢缓慢生长期）

1）幼树拉枝开角，少量疏除直立过旺枝。

2）结合施肥。秋施基肥以农家肥为主，配合施有机、无机生物菌肥。此期可把全年用肥的 70% 的肥料施上，因为此时施肥正是樱桃根系在全年的第三次生长高峰期，有利于肥料的利用吸收，并为第二年的开花坐果储备充足的养分。樱桃从发芽、开花、坐果到采收不到两个月，用肥量比较集中，如果年前不施足底肥，第二年开花坐果就会造成严重的营养不良，请大家千万记住这一点，抓好秋施基肥的关键工作，为第二年的丰产打下良好的基础。一般每棵樱桃树施生物菌肥 4kg，土杂肥斤果斤肥。

二　11 月上旬（营养储备期）

1）没有秋施基肥的，继续抓好秋施基肥工作，以增加营养储备。

2）注意天气干湿，如土壤过干，可进行全面浇水，浇水的时候，要注意一棵棵的浇，不要全园大水漫灌造成根部病害大面积的传播。

三　11 月下旬～2 月中旬（休眠期）

1）清扫枯枝落叶、残病枝，减少越冬病虫害的越冬基数。因为大部分的虫卵病菌都在枯枝落叶中。

2）树体涂白，可减少冻害的发生，同时能清除越冬的病虫卵。涂白剂的配方为：用生石灰 10 份、硫黄粉 1 份、水 40 份、鲜豆浆 2 份。

3）介壳虫发生严重的果园，可用铁刷刷破介壳虫的介壳，杀死越冬若虫。

四 2 月中旬～3 月初（萌芽前）

此期为全年修剪量最大的季节。

1）树液流动后至发芽前进行修剪，幼树以整形为主，拉枝开张角度，一般三大主枝基角为 70°～80°，辅养枝拉 90°，也就是拉平适当进行短截，以利树体扩大。初果期的树以缓放为主，注意控制背上枝和上部枝的长势，培养结果枝组；盛果期以培养复壮更新结果枝组为主，抑上控下，抑外围促内部，决不能造成外围一大片、内部光秃秃的情况，因为甜樱桃是对光要求极强，特别是幼果期为扩大树冠多留枝，造成枝量过大，如此时不及时疏除过密的辅养枝、外围的叉子枝，势必造成内部、下部的小枝因为得不到光得不到营养而造成大量的死亡。这是我们当前所有进入盛果期的樱桃树所面临的一个重要问题，必须高度认识及早疏除，因为甜樱桃的枝组连续结果能力能达 8～10 年，如不及时疏除过密枝有可能 3 年就死亡，如果到那时，再进行改造恐怕就晚了，所以为了保证进入或即将进入盛果期的树常年结果不造成外围交叉、内部光秃的现象，要及早做好这项工作。还有一个工作就是疏除病虫枝、刮除老翘皮并集中烧毁或深埋。

2）如果年前没有追肥的要抓紧施肥，以生物菌肥为主，具体施肥量要根据树势而定。一般每棵施小螺号有机生物菌肥 1～2kg。施肥后浇水，整理树盘，覆盖地膜，促墒增温。有根癌病的可进行外科切除，然后用 K84 浇根，或宁南霉素、梧宁霉素都可以。

五 3 月中下旬（樱桃萌芽期）

1）喷布 5 波美度的石硫合剂。有介壳虫严重的应用机油乳剂、马拉硫磷、杀扑磷（泰生登陆）和氟硅唑等防治。

2）对腐烂病、流胶病等进行刮治涂药，刮要注意纵向刮，不要横向刮，外切口要刮齐有利于伤口愈合。同时用梧宁霉素或宁南霉素涂上。还有一种冠县产的伤口愈合剂效果很好。除此之外要进行花前修剪。抹除过密芽、竞争芽、锯口芽、砧木芽。

3）此时是幼树开张角度最好的时期，主要是拉枝主枝 70°~80°，其他拉平，不朝地、不向天、不拿圈、不别弯。

六 4 月上中旬（樱桃开花期）

1）防冻、授粉是此季节最主要的工作。主要措施有：注意天气预报进行花前灌水，如霜冻来临前灌一次水，能推迟花期 3~5 天。熏烟，结合授粉，可喷布芸苔素内脂，如天达 2116，另加 300 倍的硼砂，选好硼、如持力硼、高纯硼都可以，可以混 0.3% 的尿素，或优质的磷酸二氧钾。放蜂，果园可以放蜂提高授粉率。对于缺乏授粉树的品种可采用此法，方法很简单。采取大铃铛花，两朵花进行对搓，然后扔去花瓣、花丝，留花药，放在一大纸箱内，里面放一杯水，用 25W 的灯泡进行烤，一般 24h 就可烤干，然后用手去捻，取出花药，放入瓶中备用，一般 500g 鲜花可供一亩地施用。

2）发芽后至 6 月注意防治金龟子，幼龄果园防治大灰象甲，可喷布 1500 倍液的三氟氯氰菊酯。也可以人工防治。

七 4 月下旬~5 月上旬（樱桃果实膨大期）

此期常会发生幼果早衰，出现大量的核软化的柳黄果，落果不皱缩。壮树较轻，弱树较重，造成落果的原因有两个：一是树体营养不足，谢花后树体坐果较多。果实间相互争夺养分，因树体储藏营养不足而使那些竞争势较弱的果实，因“饥饿”脱落；二是在果实发育的两个时期（硬核期和胚发育期），因土壤干旱缺水出现柳黄落果。据测定根系主要分布层土壤含水量下降到 12% 时会发生柳黄落果。预防的主要措施：①加强管理，提高树体营养水平；②谢花后至果实硬核前，根据土壤墒情适时适度地浇水。此期可喷一遍宁南霉素等生物杀菌剂 + 优质的磷酸二氧钾，预防穿孔病，补充营养，防止落果。

八 5月中旬~6月初（樱桃成熟期）

此期主要的措施是控制水分防治裂果，这又是甜樱桃的管理难题。要始终保持土壤水分在70%~80%，不要忽干忽湿，造成果皮内外膨压不一样而裂果。品种之间抗裂果现象有差别。预防措施：①选用抗裂品种；②叶面喷钙，谢花后至采收前，叶面喷600倍的氨基酸钙4次；③小水勤灌不要大水漫灌；④架设防雨措施，也可防冻。采果后要进行修剪，加强幼树修剪，及时对背上枝进行多次摘心。主枝延长枝长到60cm左右中度摘心，各侧枝依不同部位进行二次摘心，培养结果枝组，促进花芽的形成。

九 6月上旬（花芽形成期）

1）采果后，及时施肥，此期可把全年肥料的1/3量施入土中，主要的为优质硫酸钾复合肥+生物菌肥。

2）对于过旺的树体，可喷布100~300倍液的多效唑进行化学防治，具体倍数根据树势具体而定。

3）预防红颈天牛、介壳虫、红蜘蛛、大绿叶蝉、褐斑病、穿孔病，可选用4%毒死蜱1500倍+甲基托布津1000倍+叶枯唑1000倍进行叶面喷施。

4）雨季来临前喷一遍戊唑醇和等量式波尔多液1:1:200进行叶面保护，如不喷波尔多液可用苯醚甲环唑。

5）注意排水，防止果园内涝死树。

十 6月上旬~8月

此期主要是防治各种病虫害，可每隔20天左右喷一次药或根据雨水多少而定，雨多就多喷，雨少就少喷。常用杀虫剂有毒死蜱、杀扑磷、联苯菊酯、三氟氯氰菊酯、灭幼脲、阿维菌素、扫螨净、三唑锡。杀菌剂有多菌灵、代森锌、代森锰锌、氟硅唑、戊醚甲环唑、戊唑醇、叶枯唑、春雷霉素、链霉素等。

十一 樱桃流胶

枝干流胶是核果类果树常发生的一种现象。流胶严重的可造成叶片发黄、小枝枯死、树势衰弱，甚至整树死亡。引起流胶的原因有冻害、虫害、病害、雹灾、机械损伤等，涝了流胶，旱了流胶，一般认为流胶是生理性病害。从6月开始，随着雨季来临发病加重。对于流胶防治，应从避免树体产生伤口、虫口入手，及时防治蛀干害虫，在管理过程中尽量减少树体创伤，枝干涂白预防冻害和日灼，加强果园排水，减轻流胶程度。对发生流胶的枝干，要及时刮治，把流胶刮干净，伤口涂抹杀菌剂。

附录B　无公害大樱桃生产技术操作规程

1. 范围

本部分规定了无公害农产品烟台大樱桃生产园地的选择与规划、栽植、土肥水管理、整形修剪、花果管理、病虫防治及果实采收等技术。

本部分适用于无公害农产品烟台大樱桃的生产。

2. 规范性引用文件

下列文件中的条款通过DB 3706/T004本部分的引用而成为本部分的条款。

GB 18406.2—2001《农产品安全质量无公害水果安全要求》。

GB/T 18407.2—2001《农产品安全质量无公害水果产地环境要求》。

3. 生产技术规程

3.1　园地选择

无公害大樱桃产地应选择在生态条件良好，远离污染源（造纸厂、水泥厂、印染厂等），具有可持续生产能力的农业生产区域。必须符合GB/T 18407.2—2001农产品安全质量无公害水果产地环境要求。

3.2　园地规划

科学合理确定株行距、搭配授粉树。

3.3　品种和砧木选择

品种应选用大果型，近一两年推广的优质高产品种：红灯、先锋、雷尼、拉宾斯、美早、滨库、友谊等。砧木以大青叶、酸樱桃为宜。

3.4　栽植

按 NY/T 441—2001 的 5.1～5.6 执行。栽植沟穴内施入的有机肥应是 NY/T 394—2000 中 3.4～3.5 规定的农家肥料和商品肥料，主栽品种与授粉树比例不少于 4∶1。

3.5　土肥水管理

3.5.1　土壤管理

3.5.1.1　深翻改土

分为开沟和全园整翻。山地果园，栽植前应先开沟，沟宽 100cm，深 60cm 左右，开沟后即可回填。回填时混以有机肥，表土放在底层，底土放在上层，然后充分灌水，使土沉实。全园整翻一般于秋季结合秋施基肥进行，深度以 20cm 左右为宜。

3.5.1.2　中耕

清耕制果园生长季节降雨或灌水后，及时中耕松土，保持土壤疏松无杂草。中耕深度 5～10cm，以利调温保墒。

3.5.1.3　覆草和埋草

覆草在春季施肥、灌水后进行。覆盖材料可以用麦秸、麦糠、玉米秸、干草等。把覆盖物覆盖在树冠下，厚度 10～15cm，上面压少量土，连覆 3～4 年后浅翻 1 次。也可结合深翻开大沟埋草，提高土壤肥力和蓄水能力。

3.5.1.4　种植绿肥和行间生草

行间种植三叶草、苜蓿草等，增加土壤有机质。

3.5.2　施肥

3.5.2.1　施肥原则

以有机肥为主，化肥为辅，保持或增加土壤肥力及土壤微生物活性。所施用的肥料不应对果园环境和果实品质产生不良影响。

3.5.2.2　允许使用的肥料种类

3.5.2.2.1　农家肥料

按 NY/T 394—2000 中 3.4 所述的农家肥料执行。包括堆肥、沤肥、厩肥、沼气肥、绿肥、作物秸秆肥、泥肥、饼肥等。

3.5.2.2.2 商品肥料

按 NY/T 394—2000 中 3.5 所述各种肥料执行。包括商品有机肥、腐殖酸类肥、微生物肥、有机复合肥、无机（矿质）肥、叶面肥、有机无机肥等。

3.5.2.2.3 其他肥料

不含有毒物质的食品、鱼渣、牛羊毛废料、骨粉、氨基酸残渣、骨胶废渣、家禽家畜加工废料、糖厂废料等有机物料制成的，经农业部门登记允许使用的肥料。

3.5.2.3 禁止使用的肥料

3.5.2.3.1 未经无害化处理的城市垃圾或含有金属、橡胶和有害物质的垃圾

3.5.2.3.2 硝态氮肥和未腐熟的人粪尿

3.5.2.3.3 未获准登记的肥料产品

3.5.2.4 施肥方法和数量

3.5.2.4.1 基肥

以农家肥为主，混加少量氮素化肥。施肥量按 1kg 鲜果施 1.5 ~ 2.0kg 优质农家肥计算，一般盛果期果园每亩施 2000 ~ 3000kg 有机肥。施用方法以沟施或撒施为主，施肥部位在树冠投影范围内。沟施为挖放射状沟或在树冠外围挖环状沟，沟深 20 ~ 30cm；撒施为将肥料均匀地撒于树冠下，并翻深 20cm。

3.5.2.4.2 追肥

3.5.2.4.2.1 土壤追肥

每年 3 次，第一次在萌芽前后，以氮肥为主；第二次在花芽分化及果实膨大期，以磷钾肥为主，氮磷钾混合使用；第三次在果实生长后期，以钾肥为主。施肥量以当地的土壤条件和施肥特点确定。结果树一般每生产 100kg 大樱桃需追施纯氮 1.0kg、纯磷（P_2O_5）0.5kg、纯钾（K_2O）1.0kg。施肥方法是树冠下开沟，沟深 15 ~ 20cm，追肥后及时灌水。最后一次追肥在距果实采收期 30 天以前进行。

3.5.2.4.2.2 叶面喷肥

全年 4 ~ 5 次，一般生长前期 2 次，以氮肥为主；后期 2 ~ 3 次，以磷、钾肥为主，可补施果树生长发育所需的微量元素。常用肥料浓度：尿素0.3%～0.5%，磷酸二氢钾0.2%～0.3%，硼砂0.1%～0.3%。最后一次叶面喷肥在距果实采收期20天以前进行。

3.5.3　水分管理

灌溉水的质量应符合GB/T 18407.2—2001标准3.2的要求。

3.5.4　整形修剪

按NY/T 441—2001的7.1～7.2规定执行。冬季修剪时剪除病虫枝，清除病僵果。加强大樱桃生长季节修剪，拉枝开角，及时疏除树冠内直立旺枝、密生枝和剪锯口处的萌蘖枝等，以增加树冠内通风度。

3.5.5　花果管理

重点抓好疏花疏果、人工辅助授粉，防止晚霜冻及科学浇水等。

3.5.6　病虫害防治

3.5.6.1　防治原则

以农业和物理防治为基础，生物防治为核心，按照病虫害的发生规律和经济阈值，科学使用化学防治技术，有效控制病虫危害。

3.5.6.2　农业防治

采取剪除病虫枝、清除枯枝落叶、刮除树干翘裂皮、翻树盘、地面秸秆覆盖、科学施肥等措施抑制病虫害发生。

3.5.6.3　物理防治

根据害虫生物学特性，采取人工刷杀、树干缠草绳和黑光灯等方法诱杀害虫。

3.5.6.4　化学防治

3.5.6.4.1　根据防治对象的生物学特性和危害特点，允许使用生物源农药、矿物源农药和低毒有机合成农药，有限度地使用中毒农药，禁止使用剧毒、高毒、高残留农药

3.5.6.4.2　允许使用的农药品种及使用技术（DB 3706/T004.2—2002）

3.5.6.4.2.1　杀虫杀螨剂

大樱桃园允许使用的主要杀虫杀螨剂见表B-1。

表 B-1　大樱桃园允许使用的主要杀虫杀螨剂

农药品种	毒性	稀释倍数和使用方法	防治对象
1.8%阿维菌素乳油	低毒	5000 倍液，喷施	叶螨、桃潜叶蛾
10%吡虫啉可湿粉剂	低毒	5000 倍液，喷施	蚜虫、绿盲蝽、梨网蝽等
25%灭幼脲Ⅲ号悬浮剂	低毒	1000 ~ 2000 倍液，喷施	桃潜叶蛾
50%蛾螨灵乳油	低毒	1500 ~ 2000 倍液，喷施	桃潜叶蛾、叶螨
50%马拉硫磷乳油	低毒	1000 倍液，喷施	蚜虫、叶螨、卷叶虫等
50%辛硫磷乳油	低毒	1000 ~ 1500 倍液，喷施	蚜虫、桃小食心虫等
5%尼索朗乳油	低毒	2000 倍液，喷施	叶螨类
10%浏阳霉素乳油	低毒	1000 倍液，喷施	叶螨类
20%螨死净胶悬剂	低毒	2000 ~ 3000 倍液、喷施	叶螨类
99.1%加德士敌死虫乳油	低毒	200 ~ 300 倍液，喷施	叶螨类、蚧类
5%卡死克乳油	低毒	1000 ~ 1500 倍液，喷施	卷叶虫、叶螨等
25%扑虱灵可湿粉剂	低毒	1500 ~ 2000 倍液，喷施	介壳虫、叶蝉
5%抑太保乳油	中毒	1000 ~ 2000 倍液，喷施	卷叶虫、桃小食心虫
48%乐斯本乳油	中毒	1000 ~ 1200 倍液，喷施	桑白蚧、草履蚧、绿盲蝽、梨网蝽等
52%农地乐乳油	中毒	1200 ~ 1500 倍液，喷施	同上

3.5.6.4.2.2　杀菌剂

大樱桃园允许使用的主要杀菌剂见表 B-2。

表 B-2　大樱桃园允许使用的主要杀菌剂

农药品种	毒性	稀释倍数和使用方法	防治对象
5%菌毒清水剂	低毒	萌芽前 30 ~ 50 倍液，涂抹；100 倍液，喷施	腐烂病
80%喷克可湿粉剂	低毒	800 倍液，喷施	褐斑穿孔病、叶斑病

（续）

农药品种	毒性	稀释倍数和使用方法	防治对象
80%大生 M-45 可湿粉剂	低毒	80 倍液，喷施	
70%甲基托布津可湿粉剂	低毒	800～1000 倍液，喷施	
50%多菌灵可湿粉剂	低毒	600～800 倍液，喷施	
1%中生菌素水剂	低毒	200 倍液，喷施	
27%铜高尚悬浮剂	低毒	500～800 倍液，喷施	
石灰倍量式或多量式波尔多液	低毒	200 倍液，喷施	
50%扑海因可湿粉剂	低毒	1000～1500 倍液，喷施	
70%代森锰锌可湿粉剂	低毒	600～800 倍液，喷施	
石硫合剂	低毒	发芽前 3～5 波美度，喷施	越冬病虫害
树康	低毒	原液，涂抹	保护伤口，干腐病

3.5.6.4.3　禁止使用的农药、科学合理使用农药

按 DB 3706/T004.1—2002　《无公害农产品苹果生产技术操作规程》3.8.5.4～3.8.5.5 执行。

3.5.6.5　大樱桃园病虫害的综合防治

大樱桃园全年病虫害综合防治（生育期、时间及物候期、防治对象、防治方法及措施）。

结果树

11 月上旬到 3 月上中旬（休眠期，针对越冬病虫害）

1. 彻底清园，扫净遗留在果园中的病落叶、果及杂草，减轻越冬基数。

2. 整翻园地，冬季冻垡，消灭在土壤中越冬的害虫。

3. 刮除老翘病皮，剪除病枝，集中烧毁，消灭在皮缝及枝条上越冬的病虫害。

4. 刮治流胶病斑，桑白蚧严重的果园，人工刷杀。

5. 对较大的伤口、剪锯口等涂以树康原液进行保护。

6. 结合修剪，剪除树上的病虫枝，集中销毁。

3 月上旬到 4 月上旬（干枝期）

草履蚧 药剂防治：幼龄期喷洒 48% 乐斯本 1200 倍或 52% 农地乐 1500 倍。基干涂药：在基干 65cm 处涂抹宽 10 ~ 15cm 的杀虫油剂带，阻杀上树害虫。方法是：废机油和废黄油各半溶化后加适量杀虫剂即可。

枝干潜伏病虫 全树普喷一遍 3 ~ 5 度石硫合剂或 50% 多菌灵 500 倍。

4 月上旬到 6 月中旬（花果期）

金龟子（越冬代） 人工防治：成虫发生期，利用其假死性，傍晚摇树振落，集中捕杀。地面防治：成虫出蛰时，于雨后地面喷洒辛硫磷或甲基异硫磷 300 倍，并与土混匀。树上防治：全树喷洒农地乐或乐斯本，浓度同上。

绿盲蝽 清除地面、园边杂草，消灭其寄主栖息地。树上防治：4 月中下旬展叶后，喷洒 2.5% 扑虱蚜或菊酯类速效杀虫剂 2000 ~ 4000 倍。

潜叶蛾 自 4 月中下旬，在成虫发生期，每月喷一次 25% 灭幼脲 1500 ~ 2000 倍，连续 2 ~ 3 次。

桑白蚧 药剂防治：于 5 月 20 日左右，一代幼蚧孵化盛期，喷洒 48% 乐斯本或农地乐 1200 ~ 1500 倍进行防治。

蝽类越冬代 成虫发生期，人工捕捉。树上防治：结合防治桑白蚧进行，重点保护幼果。

6 月中旬到 11 月中旬（采果后期）

梨网蝽 成若虫发生期：喷洒 2.5% 敌杀死 3000 倍、2.5% 扑虱蚜 2000 倍、10% 吡虫啉 4000 倍，10% 歼灭 4000 倍或万灵 6000 倍。

螨类 药剂防治：常用药剂及倍数：25% 三唑锡 1500 倍；75% 克螨特 2000 倍或 25% 虫螨特 1000 倍，兼治潜叶蛾。

穿孔性落叶病 防治时期：发病前或发病初期。常用药剂及浓度：80% 大生或喷克 600 ~ 800 倍，78% 科博 600 倍，倍量式波尔多液 180 ~ 200 倍。喷药次数 2 ~ 3 次。上述药剂最好交替使用。间隔天数 7 ~ 15 天，视降雨及病情酌定。

幼树生长发育期

潜叶蛾、红蜘蛛、穿孔性落叶病防治同结果树。叶蝉的防治：一是冬春清园，生长季节清除杂草。二是树干涂白，防止产卵。三是药剂防治：于4月下旬、5月下旬、7月下旬各喷一次25%扑虱蚜或20%灭扫利2000~3000倍液等。

3.5.6.6　植物生长调节剂类物质的使用

按DB 3706/T004.1—2002《无公害农产品苹果生产技术操作规程》3.9执行。

3.5.6.7　果实采收

3.5.6.7.1　根据果实成熟度、用途和市场需求综合确定采收期。成熟不一致的品种，应分期采收

3.5.6.7.2　就地销售，果实应充分成熟。长途贩运或储藏保鲜应在八、九成熟采收

4. 包装、标志、标签、运输、储存

按GB 18406.2—2001标准7的要求执行。

附录C　大樱桃标准化生产技术规程（山东莱州）

一　建园

（一）园地选择　应选择在生态条件良好，远离污染源，具有可持续生产能力的农业生产区域。

（二）园地规划　根据立地条件科学确定株行距、搭配授粉树，一般要求配置双授粉树，即主栽品种占50%，授粉品种各占25%。

（三）苗木品种和砧木选择　应选择具有完好健壮的根系、枝粗、节间短、芽饱满、皮色光亮、无检疫性病虫害，达到国家或部颁标准规定的苗木。栽植前进行品种核对、登记、挂牌，并进行苗木质量检查与分级。经过长途运输的苗木，因失水较多，应立即解包浸根一昼夜，充分吸水后再行栽植。

品种应选用大果型、市场畅销的优质高产品种：红灯、美早、拉宾斯、先锋、雷尼、萨米脱等。砧木以大青叶、酸樱桃为宜。

（四）栽植 要开大沟进行栽植，并施入腐熟的优质有机肥。

二 土肥水管理

1. 土壤管理

1）土壤翻刨。秋季为宜，深度15cm左右。可结合秋施基肥进行。

2）果园间作。间作物的种类，以不影响樱桃的生长为原则，一般以矮秆豆科作物为好，此类作物根系具有固氮能力，可提高土壤肥力。

3）树盘覆草。果园覆草对改良土壤理化性状，增加团粒结构，提高土壤肥力和保持土壤湿度等效果明显。一年中可在夏季和春季进行。以夏季为好，因为此时正是雨季，草腐烂快，还可调节树盘温度，起到保根的作用。

4）采用起垄覆盖、沟灌生草技术。在距树干两旁1~1.5m处，在行间挖宽40cm、深10cm左右的灌水沟，并将土培在树干基部，沿行形成中间高、两边低、1m左右宽的土垄。垄上覆草或覆膜，行间种植三叶草或豆科矮秆草类或自然生草，草长到30cm高时刈割，覆盖在土垄上。和清耕（锄地）比较，每年每亩果园减少生产用工2~3工日。在沟内灌溉，对土壤浸湿较均匀，减少肥料流失和提高肥料利用率，和传统的大水漫灌比较，可减少灌溉用水量，节省灌溉费用。

2. 合理施肥

1）施肥原则。以有机肥为主，配合施用有机钙肥和复合肥，全面合理地补充大樱桃生长发育所需要的养分，保持或增加土壤肥力及土壤微生物活性。所施用肥料不应对果园环境和果实品质产生不良影响。

追肥施用量要占到全年肥料投入成本的10%左右。花期追肥施用量要占到全年肥料投入成本的30%左右。采果后追肥施用量要占到全年肥料投入成本的20%左右。秋施基肥宜在9~11月间进行，以早施为好，可尽早发挥肥效，有利于树体储藏养分的积累。实验证明，春施基肥对大樱桃的生长结果及花芽形成都不利。施用量要占到全年肥料投入成本的40%左右。

2）施肥方法。在垄上或树盘内离中干50cm左右向外挖4～6条放射状沟至树冠外缘的地下，里窄外宽，里浅外深，沟深15～40cm，宽20～40cm（根据肥料的体积决定施肥沟宽度），遇到直径1.5cm以上的粗根尽量不要切断。施入肥料后要和土充分搅拌均匀，覆土后浇水。

3. 适时浇水

大樱桃对水分要求敏感，既不抗旱，也不耐涝，特别是谢花后到果实成熟前是需水临界期，更应保证水分的供应。一般大樱桃一年中要浇5次水。

三 花果管理

主要抓好花期授粉，放养壁蜂结合人工授粉（用鸡毛禅子在花上滚动）。谢花末期及时疏除晚花及弱花，尽早疏除畸形果及小果。在大樱桃生理落果结束后，如果坐果量较大，树体树势和营养又不是很好时，应及时疏除病果、小果、发育不良果和过密果，减少营养浪费，调整好树体负载。

1）利用昆虫访花授粉。壁蜂和蜜蜂在采集花粉花蜜时，传播花粉，效果很好。

2）疏花。在大樱桃开花前或开花期进行，主要是疏去树冠内膛细弱枝上的花及多年生花束状果枝上的弱质花、畸形花。每个花束状短果枝留2～3个花序。疏花可以改善保留花的养分供应，有利于坐果和促进幼果的生长发育。

3）疏果。一般在5月中旬大樱桃生理落果结束后进行。每个花束状短果枝留3～4个果。疏去小果、畸形果以及光线不易照到、着色不良的内膛果和下垂果，保留横向及向上的大果。通过疏果，可进一步调整植株的负载量，促进果实膨大，提高果实内在品质。

四 整形修剪

夏季修剪能改善光照，剪口易愈合，矮化树体，稳定树势，增加枝叶量，促进花芽形成。主要方法有：

1）开张枝条角度。方法有拉枝、坠枝、别枝、拿枝等，最常用的是拉枝。拉枝可缓和顶端和先端优势，改善光照，促使中后部多出短枝，提早结果，是整形、缓势促花的重要手段。拉枝在3月下旬树液流动后或6月底采收后进行。

幼树早拉枝，一般定植第二年即开始，因大樱桃分枝角度小，过晚拉枝易劈裂流胶。拉枝的同时需配合刻芽、摘心、扭梢等措施，以增加发枝量，减少无效生长。

2）摘心。可控制旺长，促发二次枝，增加枝量，加速整形，促进成花。摘心可分为早期摘心和生长旺季摘心。早期摘心一般在花后10天左右进行，对幼嫩新梢保留10cm左右摘除，摘心后，除顶端发生1条中枝以外，其他各芽均可形成短枝，主要用于控制树冠和培养小型结果枝组。生长旺季摘心在5月下旬至7月中旬进行，对旺枝留40cm左右把顶端摘除，用以增加枝量，对幼树连续摘心2~3次能促进短枝形成，提早结果。

3）刻芽。用于幼树整形和弥补缺枝，应在芽顶变绿尚未萌发时进行，否则易流胶。在搞好夏季修剪的基础上，大樱桃冬季修剪量极轻。冬剪时避免强求树形，修剪过重，刺激树体旺长，主要对直立旺枝或竞争枝进行极重短截，促发中短枝，对中庸枝和平斜枝可缓放。

五 病虫害防治

防治原则：以农业和物理防治为基础，生物防治为核心，按照病虫害发生规律和经济阈值，科学使用化学防治技术，有效控制病虫危害。

1. 落叶后至第二年萌芽前枝干病虫害防治

1）枝干涂白。防冻及杀死在枝干越冬的病虫。

2）清理杂草、落叶，集中烧毁，消灭园内病虫越冬来源。

3）浅刨果园，消灭土壤表层越冬害虫。

4）介壳虫发生较重的园片，冬季用钢丝刷子刷越冬介壳虫。

5）浇灌封冻水，以利安全越冬。

6）刮除老翘皮，集中烧毁。

7）草履介壳虫发生较重的园片，在树下堆40cm的沙堆，阻止其上树危害，并集中诱杀。

8）根癌病较重的树，可扒开根颈凉根，用30倍K84灌根，用量可根据树龄大小灌1～3kg。

9）花芽萌动时（3月20日前后）水洗式喷5波美度石硫合剂，防治枝干病害及螨类、介壳虫等。

2. 萌芽后到采收前病虫害防治

（1）喷药技术要求 喷雾时要喷头向上，距离枝干或叶片30～50cm，喷雾时压力要大，雾化要好，使叶片反面或枝干下部均匀着药。

（2）喷药顺序 先喷树冠上部，再喷树冠下部，先喷树冠内膛，再喷树冠外围。

1）3月下旬（开花前）至10月，检查枝干，发现天牛和吉丁虫危害的虫道，及时人工挖除，用毒签或稀释后的杀虫剂注射杀灭幼虫。

2）谢花后（“五一”前后）喷农用链霉素＋灭幼脲Ⅲ号（吉林通化产）1500倍＋尿素液400倍＋600倍磷酸二氢钾液，细致均匀喷雾，主要防治细菌性穿孔病和绿盲蝽、顶梢卷叶虫等。

3）间隔10天左右（5月中旬）喷甲基托布津＋磷酸二氢钾600倍＋“卡利奥”有机钙肥2000倍或1500倍痘丽净，主要防治樱桃褐腐病、褐斑病等，如有红蜘蛛或其他害虫，加喷阿维哒螨灵。

4）5月下旬（晚熟品种）喷多菌灵＋磷酸二氢钾600倍＋“卡利奥”有机钙肥2000倍或1500倍痘丽净，防治樱桃褐腐病、褐斑病等。已采收的早熟品种混加杀虫剂，如乐斯本、灭扫利等，防治桑白蚧。

3. 采收后至落叶前

采收后以保叶为主，并重点做好红颈天牛的防治。喷2～3次杀菌剂，根据虫螨发生情况混加杀虫杀螨剂。

六 果实采收

1）根据果实成熟度、用途和市场需求综合确定采收期。成熟不一致的品种，应分期采收。

2）就地销售，果实应充分成熟。长途贩运或储藏保鲜应在八、九成熟时采收。

附录D 甜樱桃苗木质量标准

辽宁省地方标准 DB21/T 1425—2006

1 范围

本标准规定了术语和定义、质量要求、检验方法、检验规则及起苗、出圃、包装、保管和运输。

本标准适用于2年生甜樱桃嫁接苗。

2 规范性引用文件

下列文件中的条款通过本标准的引用而成为本标准的条款。凡是注日期的引用文件，其随后所有的修改单（不包括勘误的内容）或修订版均不适用于本标准，然而，鼓励根据本标准达成协议的各方研究是否可使用这些文件的最新版本。凡是不注日期的引用文件，其最新版本适用于本标准。

GB 9847—1998 苹果苗木

3 术语和定义

3.1 2年生苗

指从培育砧木、嫁接品种到苗木出圃，须经历两年的生长期。

3.2 一批苗木

指在同一苗圃，用同一批繁殖材料，采用基本相同的育苗技术培育的二年生苗木。

3.3 根皮与茎皮损伤

包括自然、人畜、机械、病虫损伤。无愈合组织的为新损伤处；有愈合组织的为老损伤处。

3.4 侧根数量

从地下部砧木直接生长出的侧根数。

3.5 侧根粗度

指第一侧根距基部1.5cm处平均粗度。

3.6 侧根长度

指侧根基部至先端的距离。

3.7 苗木高度

指根嫁接口至苗木顶端的距离。

3.8 苗木粗度

指嫁接口以上5cm处的直径。

3.9 整形带

指苗木定干剪口下20~25cm的范围。

3.10 饱满芽

指整形带内生长发育良好的健康芽（如该芽已发出副梢，一个木质化副梢，计一个饱满芽；未木质化的副梢不计）。

3.11 接合部愈合程度

指嫁接口处接穗与砧木的愈合情况。

4 质量要求

4.1 分级地点

苗木分级在阴凉背风处进行，分级后做好标志。

4.2 检疫对象

植物检验部门列入检疫范围的有害生物。

4.3 苗木的质量标准

表D-1甜樱桃苗木质量标准。

表D-1 甜樱桃苗木质量标准

项目		规格	
		一级	二级
品种与砧木纯度		≥95%	
侧根	侧根长度/cm	≥15	
	侧根粗度/cm	≥0.6	≥0.4
	侧根数量/条	≥5	≥3
	侧根分布	均匀、舒展	
须根		多	较多
苗木高度/cm		≥80	≥60

（续）

项　目	规　格	
	一　级	二　级
苗木粗度/cm	≥0.8	≥0.6
根皮与茎皮	无干缩皱皮、无新损伤；旧损伤总面积≤1.0cm²	
饱满芽个数/个	≥8	≥6
结合口愈合程度	完全愈合	
苗木成熟度	及时封顶，木质化程度好	
一般病虫害及检疫对象	无	

5　检验方法

5.1　检验苗木地点

在苗圃中进行。

5.2　检验苗木质量与数量

采取随机抽样法。取样方法按 GB 9847“苹果苗木”的 6.2 执行。

5.3　砧木和品种纯度

依据砧木和品种的植物学特征进行纯度检验。

5.4　侧根数量

目测，计数。

5.5　侧根粗度、枝干粗度

用游标卡尺测量直径，读数精确到 0.05mm。

5.6　侧根长度、茎长度

用米尺测量，读数精确到 0.1cm。

5.7　接口部愈合程度

目测或对接合部纵剖观察。

5.8　芽眼数

目测，计数。

5.9　芽眼饱满程度

目测。

5.10 病虫危害

一般病虫害目测，检疫对象采用产地检疫。

5.11 机械损伤

目测。

5.12 检疫

植物检疫部门取样检疫。

5.13 合格率

每批苗木抽样检验时对不合格等级标准的苗木的各项目进行记录，如果一株苗木存在任何一种缺陷，按一株不合格品计算。计算合格率。

6 检验规则

6.1 苗木检验地点

在原苗圃中背阴避风处。

6.2 苗木检验允许范围

同一批苗木中一级苗木不合格百分率不得超过5%；二级、三级的不合格百分率不能超过10%。不符合上述要求的降为邻级，不够三级的视为等外品。各级苗木标准不合格苗木只能是邻级，不能是隔级苗木。

6.3 苗木复检

检验结果不符合规定，如需进行复检，以复检结果为准。

6.4 填写标签与质量检验证书

检验结束后，填写标签和苗木质量检验证书。

7 起苗、出圃、包装

7.1 起苗时间

秋末至上冻前起苗。

7.2 苗木出圃条件

苗木出圃必须附有苗木生产许可证、苗木标签和苗木质量检验证书。

7.3 包装

每捆50株，或根据用户要求的数量，并附有苗木标签（甜樱桃苗木标签模型见图D-1）。远运时，需将苗木包装严密。

8 保管与运输

8.1 保管

按GB 9847的7.1执行。

8.2 运输

按GB 9847的7.2执行。

<table>
<tr><td></td><td colspan="2">○</td><td></td></tr>
<tr><td colspan="4">甜樱桃苗木</td></tr>
<tr><td colspan="2">品种</td><td colspan="2">砧木</td></tr>
<tr><td colspan="2"></td><td colspan="2"></td></tr>
<tr><td colspan="2">苗级</td><td colspan="2">株数</td></tr>
<tr><td colspan="2"></td><td colspan="2"></td></tr>
<tr><td colspan="4">质量检验证书编号</td></tr>
<tr><td colspan="4"></td></tr>
<tr><td colspan="4">生产单位和地址</td></tr>
<tr><td colspan="4"></td></tr>
</table>

图D-1 甜樱桃苗木标签模型

附录E 常见计量单位名称与符号对照表

量的名称	单位名称	单位符号
长度	千米	km
	米	m
	厘米	cm
	毫米	mm
面积	公顷	ha
	平方千米（平方公里）	km^2
	平方米	m^2

（续）

量的名称	单位名称	单位符号
体积	立方米	m^3
	升	L
	毫升	mL
质量	吨	t
	千克（公斤）	kg
	克	g
	毫克	mg
物质的量	摩尔	mol
时间	小时	h
	分	min
	秒	s
温度	摄氏度	℃
平面角	度	(°)
能量，热量	兆焦	MJ
	千焦	kJ
	焦［耳］	J
功率	瓦［特］	W
	千瓦［特］	kW
电压	伏［特］	V
压力，压强	帕［斯卡］	Pa
电流	安［培］	A

参考文献

[1] 韩凤珠，赵岩. 甜樱桃优质高效生产技术 [M]. 北京：化学工业出版社，2012.

[2] 孙玉刚，张福兴. 甜樱桃栽培百问百答 [M]. 北京：中国农业出版社，2009.

[3] 孙玉刚，王金政. 甜樱桃优质高效安全生产技术 [M]. 济南：山东科学技术出版社，2008.

[4] 于国合，姜远茂，彭福田. 大樱桃 [M]. 北京：中国农业出版社，2006.

[5] 徐继忠，边卫东，邵建柱. 樱桃优良品种及无公害栽培技术 [M]. 北京：中国农业出版社，2006.

[6] 张鹏，王有年，张四维. 樱桃无公害高产栽培 [M]. 北京：金盾出版社，2006.

[7] 朱德兴，董清华. 樱桃栽培技术问答 [M]. 北京：中国农业出版社，2008.

[8] 王志强. 甜樱桃实用栽培技术 [M]. 北京：中国劳动社会保障出版社，2001.

[9] 滕人贵，韩明珠. 樱桃栽培技术问答 [M]. 北京：中国农业出版社，1996.

[10] 邵达元，丁菊凤. 高效水果大樱桃 [M]. 青岛：青岛出版社，1996.

[11] 张开春. 无公害甜樱桃标准化生产 [M]. 北京：中国农业科学技术出版社，2008.

[12] 张毅，孙岩. 樱桃推广新品种图谱 [M]. 济南：山东科学技术出版社，2002.

[13] 巨荣峰. 樱桃栽培新技术问答 [M]. 北京：中国林业出版社，1999.

[14] 高新一，王玉英. 樱桃丰产栽培图说 [M]. 北京：中国林业出版社，1999.

[15] 张鹏. 樱桃高产栽培 [M]. 北京：金盾出版社，1993.

[16] 蒋锦标，夏国京. 无公害水果生产技术 [M]. 北京：中国计量出版社，2002.

[17] 赵改荣，黄贞光. 樱桃优质丰产栽培技术彩色图说 [M]. 北京：中国农业出版社，2001.

[18] 于泽源. 果树栽培 [M]. 2 版. 北京：高等教育出版社，2011.

书　　目

书　　名	定价
草莓高效栽培	22.80
葡萄高效栽培	25.00
苹果高效栽培	22.80
甜樱桃高效栽培	29.80
棚室大樱桃高效栽培	18.80
棚室桃高效栽培	22.80
棚室甜瓜高效栽培	25.00
棚室西瓜高效栽培	25.00
果树安全优质生产技术	19.80
图说葡萄病虫害诊断与防治	25.00
图说樱桃病虫害诊断与防治	22.80
图说苹果病虫害诊断与防治	25.00
图说桃病虫害诊断与防治	25.00
枣高效栽培	23.80
葡萄优质高效栽培	25.00
猕猴桃高效栽培	26.80
无公害苹果高效栽培与管理	25.00
李杏高效栽培	29.80
砂糖橘高效栽培	29.80
图说桃高效栽培关键技术	25.00
图说果树整形修剪与栽培管理	49.80
图解庭院花木修剪	29.80
板栗高效栽培	22.80
核桃高效栽培	25.00
图说猕猴桃高效栽培（全彩版）	39.80
图说鲜食葡萄栽培与周年管理（全彩版）	39.80
图说葡萄高效栽培（全彩版）	45.00
图说苹果高效栽培（全彩版）	29.80

书　　名	定价
花生高效栽培	16.80
茶高效栽培	25.00
黄瓜高效栽培	22.80
番茄高效栽培	25.00
大蒜高效栽培	19.80
葱高效栽培	25.00
生姜高效栽培	19.80
辣椒高效栽培	22.80
棚室黄瓜高效栽培	25.00
棚室番茄高效栽培	25.00
图说番茄病虫害诊断与防治	25.00
图说黄瓜病虫害诊断与防治	19.90
棚室蔬菜高效栽培	25.00
图说辣椒病虫害诊断与防治	22.80
图说茄子病虫害诊断与防治	25.00
图说玉米病虫害诊断与防治	29.80
食用菌高效栽培	29.80
平菇类珍稀菌高效栽培	25.00
耳类珍稀菌高效栽培	26.80
苦瓜高效栽培（南方本）	19.90
百合高效栽培	25.00
图说黄秋葵高效栽培（全彩版）	25.00
马铃薯高效栽培	22.80
果园无公害科学用药指南	39.80
天麻高效栽培	29.80
图说三七高效栽培	35.00
图说生姜高效栽培（全彩版）	29.80
图说西瓜甜瓜病虫害诊断与防治	25.00

详情请扫码